なるほど量子力学　I

村上　雅人　著

なるほど量子力学　I

――行列力学入門――

海鳴社

はじめに

　量子力学の重要性は、いまさら強調するまでもないであろう。かつては、ごく一部の物理学者だけが興ずる特殊な学問と考えられていたが、量子力学を基礎としたエレクトロニクスなどの発展や超伝導の登場によって、工学の分野においても、その重要性が認識されるようになっている。このため、大学の教養課程でも量子力学を早い段階で学習するようになった。また、元素の周期律や、その化合物の構造なども量子力学によって理解されるようになり、その応用版である量子化学でさえも大学の基礎課程で取り扱われている。

　しかし、その重要性にもかかわらず、それがきちんと理解されているかどうかは疑わしい面もある。それは、量子力学に関する教科書の多くが、入門や初学者向けという謳い文句を掲げながら、いきなり非常に難解な概念からスタートしているからである。

　たとえば、量子力学において古典論から量子論への導入において、運動量は機械的に$-ih(d/dx)$という微分演算子に変換すればよいという説明が出てくる。なぜ、そのような変換が必要なのかあるいは可能なのかの説明はいっさいない。そのあとは、単なる微分方程式（シュレーディンガー方程式）の解法が羅列的に続いていく。

　実は、このような展開にならざるをえない理由もある。なにしろ、大学の講義で使える時間は、半期でたかだか15時限程度である。この時間内に、何とか量子力学を実学に応用できるレベルまで持っていくには、導入部分をかなり削るしかないのである。

　量子力学を応用するという観点からは、シュレーディンガー方程式を、ある条件（適当なポテンシャル場）の下で解法するということが重要である。そして、驚くことに、多くの場合、シュレーディンガー方程式の解法

さえできれば、その前提や途中経過は抜きにして、必要な結果がえられてしまうのである。

しかし、量子力学にはじめて接する人間にとって、教える側のこのような拙速は、かえって、この学問に対するアレルギー反応を高めるだけで、決してよい方向には導かないと思われる。そして、さらに悪いことには、シュレーディンガー方程式を解法するという演習を重ねていくうちに、その本質を理解していなくとも、あたかも量子力学をマスターしたような錯覚に陥ってしまうことである。

このため、量子力学を教える側でさえ、その本質を理解していないというケースもたくさんある。もちろん、量子力学には、常識では受け入れがたい概念が数多く登場するため、もともと、その本質を理解するのは不可能であるという諦観にも似た考えを持つひとも多い。かくいう著者のわたしも、量子力学を理解しているかと問われれば、否と答えるしかないのが実情である。

たとえば、量子力学では、波である光に粒子の性質があり、粒子であるはずの電子に波の性質があるという 2 面性が存在する。しかし、常識で考えれば、波と粒子は明らかに異なるものであり、これらが同一のものとは認めがたい。だからといって、量子力学の理解を諦めるのは早計である。量子力学を建設した学者たちの苦悩や、このような非常識な結論をえるに至った経過を知ることで、完全な理解とはいかないまでも、ある程度、その背景を理解することができるようになるからである。

実は、量子力学は、ハイゼンベルクやボルンらによって、行列力学というかたちで、その扉が開かれている。この力学は、物理量が行列で表現できるという奇妙なものであるが、その成立過程を知ることは、量子力学を理解するうえで非常に重要なステップになる。

残念ながら、量子力学を応用するという立場からは、行列力学よりもシュレーディンガーによって提唱された波動力学の方がはるかに便利かつ簡単であるため、行列力学を取り上げる教科書はほとんど無くなってしまった。あるいは、それを取り扱っていても、非常に簡単な記述で済ましている場合が多い。その理由のひとつは、その後の研究で、行列力学と波動力学が本質的に同じものであることが明らかとなったため、わざわざ難解な

はじめに

行列力学を学習する必要がないと考えられているからである。

ただし、行列力学で培われた概念なくして、量子力学を深く理解することは困難である。また、行列力学を学習することは、初学者にとってもっとも重要な量子力学がいかにして生まれたかを理解するうえで重要となる。さらに、シュレーディンガーの波動力学においても、行列力学の手法は大いに活用されており、その手法を理解することは、現在の量子力学においても重要となっている。

そこで、本書では、行列力学がどのような概念のもとに形成されていったかを振り返る。このことにより、量子力学がどのような生成過程をたどったかを、より深く理解することができる。そして、シュレーディンガーの波動力学と比較することにより、その形式的な差異と、本質的な共通点を理解することで、現在、主流となっているシュレーディンガー方程式の意味をより深く理解することができるようになる。

本書は、量子力学3部作の初編にあたり、行列力学に重点を置いている。このため、次編で取り扱う波動力学については、その簡単な導入だけに記述をとどめている。しかし、行列力学と波動力学が本質的に同じものであるという基礎については、かなり明確になるであろう。また、シュレーディンガー方程式の演算子と波動関数という関係についても、波動力学から、いきなりはじめるよりも、その概念が明らかとなるはずである。

量子力学は確かに難解な学問であるが、まったく手に負えない代物では決してない。そのえられた成果の皮相的な面だけではなく、それが建設される過程と背景を知れば、より身近なものとなろう。本書が、その一助になれば幸いである。

最後に、本書をまとめるにあたり、芝浦工業大学の小林忍さんには、原稿の校正などで大変お世話になった。ここに謝意を表する。

平成18年1月　著者

もくじ

はじめに・・・・・・・・・・・・・・・・・・・5

第1章 オイラーの公式・・・・・・・・・・・・・13
  1.1. 級数展開 13
  1.2. 指数関数の展開 16
  1.3. 三角関数の展開式 17
  1.4. オイラーの公式 19
  1.5. 複素平面と極形式 23
  1.6. 微分方程式 26
  1.7. 周回積分 31

第2章 光の二面性・・・・・・・・・・・・・・・34
  2.1. 光の正体 34
  2.2. 光電効果 36
  2.3. プランク定数と光子 40
  2.4. レーリー - ジーンズの式 43
  2.5. ウィーンの輻射式 45
  2.6. プランクの輻射式 48
  2.7. 光の粒子性 49
  2.8. コンプトン効果 54

第3章 原子の構造と電子軌道・・・・・・・・・・62
  3.1. 原子構造モデル 62
  3.2. 線スペクトル 68
  3.3. ボーアの原子モデル 70
  3.4. 電子の2面性 78

第 4 章　電子の運動——古典論からのアプローチ・・・・・・・・ 81
　4.1.　単振動　82
　4.2.　古典論による電子の運動の解析　87

第 5 章　対応原理——古典論から量子論へ・・・・・・・・・・ 98
　5.1.　軌道上の電子の運動　98
　5.2.　対応原理　101
　5.3.　新しい力学における単振動の解析　107
　5.4.　n が小さい場合の問題　112

第 6 章　ハイゼンベルクの量子暗号・・・・・・・・・・・・ 116
　6.1.　遷移式のかけ算　116
　6.2.　単振動のエネルギー　120
　6.3.　ハイゼンベルクの手法　123

第 7 章　行列力学の誕生・・・・・・・・・・・・・・・・・ 126
　7.1.　行列　127
　7.2.　ハイゼンベルクの遷移式　132
　7.3.　量子化条件　138

第 8 章　行列力学の建設・・・・・・・・・・・・・・・・・ 152
　8.1.　正準交換関係　152
　8.2.　ハミルトニアン　157
　8.3.　ハイゼンベルクの運動方程式　162
　8.4.　行列力学の完成　165
　　8.4.1.　エネルギー保存の法則　165
　　8.4.2.　ボーアの振動数関係　167
　　8.4.3.　振幅行列と遷移成分　169

第 9 章　固有値問題・・・・・・・・・・・・・・・・・・・ 172
　9.1.　行列と物理量　172

9.2.　エルミート行列の対角化　*175*
　　9.3.　量子力学におけるユニタリー変換　*187*

第10章　物理量に対応した行列・・・・・・・・・・・・・*193*
　　10.1.　正準な交換関係　*193*
　　10.2.　単振動に対応したエルミート行列　*195*

第11章　行列力学とベクトル・・・・・・・・・・・・・・*204*
　　11.1.　ハイゼンベルクの手法　*204*
　　11.2.　行列への展開　*206*
　　11.3.　実数条件　*208*
　　11.4.　行列とベクトル　*211*
　　11.5.　状態ベクトル　*216*
　　11.6.　エルミート行列と固有値　*218*
　　11.7.　行列力学を越えて　*225*

第12章　シュレーディンガー方程式・・・・・・・・・・・*226*
　　12.1.　電子の波長　*226*
　　12.2.　電子波の方程式　*229*
　　12.3.　シュレーディンガー方程式の解　*235*
　　12.4.　時間に依存しないシュレーディンガー方程式の解法　*237*
　　12.5.　波動関数の規格化　*245*

第13章　波動関数と状態ベクトル・・・・・・・・・・・・*251*
　　13.1.　波動関数の解空間　*251*
　　13.2.　行列力学との対応　*257*

第14章　調和振動子・・・・・・・・・・・・・・・・・・*260*
　　14.1.　調和振動子のシュレーディンガー方程式　*260*
　　14.2.　時間依存項　*269*
　　14.3.　ハイゼンベルク表示とシュレーディンガー表示　*274*

補遺 1　　定常振動 ･････････････････････ 279

補遺 2　　ボルツマン分布 ････････････････ 285
　2A.1.　ボルツマン分布の導出　*285*
　2A.2.　エントロピー最大化法　*289*

補遺 3　　角運動量 ･･･････････････････････ 294

補遺 4　　量子化条件の導出 ･･････････････ 298
　4A.1.　円運動の量子化条件　*298*
　4A.2.　量子化条件の一般化　*299*

補遺 5　　行列の対角化 ･･････････････････ 303
　5A.1.　固有ベクトルと固有値　*303*
　5A.2.　固有方程式　*306*
　5A.3.　固有ベクトルの正規化　*314*

補遺 6　　波の方程式 ･･････････････････････ *318*

　索引 ･･････････････････････････････････ *323*

第1章　オイラーの公式

　本書の目的は、量子力学を理解することである。量子力学を理解するうえで、最も重要な数学的道具は、オイラーの公式

$$e^{\pm i\theta} = \exp(\pm i\theta) = \cos\theta \pm i\sin\theta$$

である。この公式が量子力学の根幹にあり、その理解なくして量子力学の理解はないと考えた方がよい。
　そこで、本章では、オイラーの公式の導出と、その意味について解説する。そのためには、級数展開という手法を知っておく必要がある。実は、直接的ではないものの、級数展開の手法そのものも量子力学の理解には重要となる。

1.1. 級数展開

　数学を理工学に利用する場合に、非常に便利な手法として**級数展開** (series expansion) がある。これは、関数 $f(x)$ を、次のような**無限べき級数** (infinite power series) に展開する手法である。

$$f(x) = a_0 + a_1 x + a_2 x^2 + a_3 x^3 + a_4 x^4 + a_5 x^5 + \ldots$$

　いったん、関数がこういうかたちに変形できれば、取り扱いが便利である。例えば、微分と積分が簡単にできる。それではどのような方法で、関数の展開を行うのか。それを次に示す。
　まず級数展開の式

$$f(x) = a_0 + a_1 x + a_2 x^2 + a_3 x^3 + a_4 x^4 + a_5 x^5 + \ldots$$

に $x = 0$ を代入する。すると、x を含んだ項がすべて消えるので $f(0) = a_0$ となって、**最初の定数項** (first constant term) が求められる。

後ほど級数展開式を紹介するが、例えば、三角関数の

$$f(x) = \cos x$$

では

$$f(0) = \cos 0 = 1 = a_0$$

となって、最初の係数が 1 と求められる。

次に、$f(x)$ を x に関して微分すると

$$f'(x) = a_1 + 2a_2 x + 3a_3 x^2 + 4a_4 x^3 + 5a_5 x^4 + \ldots$$

となる。この式に $x = 0$ を代入すれば $f'(0) = a_1$ となって、a_2 以降の項はすべて消えて、a_1 のみが求められる。

同様に順次微分を行いながら、$x = 0$ を代入していくと、それ以降の係数が求められる。例えば

$$f''(x) = 2a_2 + 3 \cdot 2a_3 x + 4 \cdot 3a_4 x^2 + 5 \cdot 4a_5 x^3 + \ldots$$
$$f'''(x) = 3 \cdot 2a_3 + 4 \cdot 3 \cdot 2a_4 x + 5 \cdot 4 \cdot 3a_5 x^2 + \ldots$$

であるから、$x = 0$ を代入すれば、それぞれ a_2, a_3 が求められる。

よって、定数は

$$a_0 = f(0) \qquad a_1 = f'(0) \qquad a_2 = \frac{1}{1 \cdot 2} f''(0) \qquad a_3 = \frac{1}{1 \cdot 2 \cdot 3} f'''(0)$$

$$\ldots\ldots\ldots \quad a_n = \frac{1}{n!} f^n(0)$$

第1章 オイラーの公式

と与えられ、展開式は

$$f(x) = f(0) + f'(0)x + \frac{1}{2!}f''(0)x^2 + \frac{1}{3!}f'''(0)x^3 + \ldots + \frac{1}{n!}f^{(n)}(0)x^n + \ldots$$

となる。これをまとめて書くと**一般式** (general form)

$$f(x) = \sum_{n=0}^{\infty} \frac{1}{n!} f^{(n)}(0) x^n$$

がえられる。

演習 1-1 $f(x) = 2x^3 + 4x^2 + 3x + 5$ を級数展開せよ。

解） まず $f(0) = 5$ である。次に

$$f'(x) = 6x^2 + 8x + 3, \quad f''(x) = 12x + 8,$$
$$f'''(x) = 12, \quad f^{(4)}(x) = 0, \ldots\ldots f^{(n)}(x) = 0$$

であるから、係数は $f'(0) = 3$ $f''(0) = 8$ $f'''(0) = 12$ と与えられる。
よって $f(x)$ は

$$f(x) = 5 + 3x + \frac{1}{2!}8x^2 + \frac{1}{3!}12x^3 + 0 = 5 + 3x + 4x^2 + 2x^3$$

と展開できる。

当たり前であるが、多項式を級数展開すれば、もとの関数がえられる。

1.2. 指数関数の展開

級数展開の一般式を見るとわかるように、展開するためには、n 階の導関数 (nth order derivative) を求める必要がある。よって、その導関数を求める計算が複雑な関数では級数展開する意味がない。逆に言えば、n 階の微分が簡単にできる関数のみが、その対象となる。

このような関数の代表が**指数関数** (exponential function) である。なぜなら、指数関数 e^x では、**微分** (differentiation) したものがそれ自身になるように定義されているからである。

確認の意味で、その関係を示すと

$$\frac{df(x)}{dx} = \frac{de^x}{dx} = e^x = f(x)$$

となる。よって

$$\frac{d^2 f(x)}{dx^2} = \frac{d}{dx}\left(\frac{df(x)}{dx}\right) = \frac{de^x}{dx} = e^x$$

となって e の場合は、$f^{(n)}(x) = e^x$ と簡単となる。ここで、$x = 0$ を代入すると、すべて $f^{(n)}(0) = e^0 = 1$ となる。よって、e の展開式は

$$e^x = 1 + x + \frac{1}{2!}x^2 + \frac{1}{3!}x^3 + \frac{1}{4!}x^4 + \ldots + \frac{1}{n!}x^n + \ldots$$

で与えられることになる。

ここで、e^x の展開式を利用すると**自然対数** (natural logarithm) の**底** (base) である e の値を求めることができる。e^x の展開式に $x = 1$ を代入すると、

$$e = 1 + 1 + \frac{1}{2} + \frac{1}{6} + \frac{1}{24} + \ldots$$

これを計算すると

第 1 章　オイラーの公式

$$e = 2.718281828.......$$

がえられる。このように、級数展開を利用すると、**無理数** (irrational number) の e を求めることも可能となる。

1.3. 三角関数の展開式

三角関数 (trigonometric function) も級数展開を行うと便利なことが多い。そこで、その展開を試みる。

まず $f(x) = \sin x$ を考える。この場合

$$f'(x) = \cos x, \quad f''(x) = -\sin x, \quad f'''(x) = -\cos x$$
$$f^{(4)}(x) = \sin x, \quad f^{(5)}(x) = \cos x, \quad f^{(6)}(x) = -\sin x$$

となり、4 回微分するともとに戻る。その後、順次同じサイクルを繰り返す。ここで、$\sin 0 = 0, \cos 0 = 1$ であるから、

$$\sin x = x - \frac{1}{3!}x^3 + \frac{1}{5!}x^5 - \frac{1}{7!}x^7 + ... + (-1)^n \frac{1}{(2n+1)!}x^{2n+1} + ...$$

と展開できることになる。x が十分小さい場合は x^3 以降の項が無視できるので、近似式

$$\sin x \cong x$$

が成立することが、この展開式からわかる。

次に $f(x) = \cos x$ について展開式を考えてみよう。この場合の導関数は

$$f'(x) = -\sin x, \quad f''(x) = -\cos x, \quad f'''(x) = \sin x,$$
$$f^{(4)}(x) = \cos x, \quad f^{(5)}(x) = -\sin x, \quad f^{(6)}(x) = -\cos x$$

で与えられ、$\sin 0 = 0, \cos 0 = 1$ であるから、

$$\cos x = 1 - \frac{1}{2!}x^2 + \frac{1}{4!}x^4 - \frac{1}{6!}x^6 + ... + (-1)^n \frac{1}{(2n)!}x^{2n} + ...$$

となる。

演習 1-2　　$(1+x)^n$ を級数展開せよ。

　解）　　$f(x) = (1+x)^n$ と置いて、その導関数を求める。

$$f'(x) = n(1+x)^{n-1}$$
$$f''(x) = n(n-1)(1+x)^{n-2}$$
$$f'''(x) = n(n-1)(n-2)(1+x)^{n-3}$$
$$f^{(4)}(x) = n(n-1)(n-2)(n-3)(1+x)^{n-4}$$
$$\vdots$$
$$f^{(n)}(x) = n!$$

となる。ここで $x = 0$ を代入すると

$$f'(0) = n$$
$$f''(0) = n(n-1)$$
$$f'''(0) = n(n-1)(n-2)$$
$$f^{(4)}(0) = n(n-1)(n-2)(n-3)$$
$$\vdots$$
$$f^{(n)}(0) = n!$$

となる。これを

$$f(x) = f(0) + f'(0)x + \frac{1}{2!}f''(0)x^2 + \frac{1}{3!}f'''(0)x^3 + ... + \frac{1}{n!}f^{(n)}(0)x^n$$

に代入すると

$$f(x) = 1 + nx + \frac{1}{2!}n(n-1)x^2 + \frac{1}{3!}n(n-1)(n-2)x^3 + \ldots + x^n$$

となる。
　これを一般式にすると

$$f(x) = (1+x)^n = \sum_{k=0}^{n} \frac{n!}{k!(n-k)!} x^k$$

がえられる。

　この演習でえられた関係は、**2項定理** (binomial theorem) と呼ばれるよく知られた関係である。このとき

$$\frac{n!}{k!(n-k)!} = \binom{n}{k}$$

と書くこともでき

$$(1+x)^n = \sum_{k=0}^{n} \binom{n}{k} x^k$$

と表記される。

1.4. オイラーの公式

　冒頭でも紹介したが、**オイラーの公式** (Euler's formula)とは次式のように、指数関数と三角関数を虚数を仲立ちにして関係づける公式である。

$$e^{\pm i\theta} = \cos\theta \pm i\sin\theta \qquad (\exp\pm i\theta = \cos\theta \pm i\sin\theta)$$

オイラーの公式にθとしてπを代入してみよう。すると

$$e^{i\pi} = \cos\pi + i\sin\pi = -1 + i\cdot 0 = -1$$

という値がえられる。つまり、自然対数の底であるeを$i\pi$乗したら-1になるという摩訶不思議な関係である。eもπも無理数であるうえ、iは想像の産物である。にもかかわらず、その組み合わせから-1という有理数がえられるというのだから神秘的である。さらに、この式を変形すると

$$e^{i\pi} + 1 = 0$$

と書くことができる。この等式を、オイラーの等式と呼ぶ場合もある。数学で最も美しい式とも呼ばれている。なぜなら、たった、これだけの式に、数学において重要となる数がすべて含まれているからである。

演習 1-3 オイラーの公式をつかって、$\exp\left(i\dfrac{\pi}{2}\right)$, $\exp\left(i\dfrac{3\pi}{2}\right)$, $\exp(i2\pi)$ を計算せよ。

解）
$$\exp\left(i\frac{\pi}{2}\right) = \cos\frac{\pi}{2} + i\sin\frac{\pi}{2} = 0 + i\cdot 1 = i$$
$$\exp\left(i\frac{3\pi}{2}\right) = \cos\frac{3\pi}{2} + i\sin\frac{3\pi}{2} = 0 + i\cdot(-1) = -i$$
$$\exp(i2\pi) = \cos 2\pi + i\sin 2\pi = 1 + i\cdot 0 = 1$$

ここで、オイラーの公式がどうして成立するかを考えてみよう。ここで、あらためてe^xの展開式と$\sin x$, $\cos x$の展開式を並べて示すと

第1章　オイラーの公式

$$\exp x = 1 + x + \frac{1}{2!}x^2 + \frac{1}{3!}x^3 + \frac{1}{4!}x^4 + \frac{1}{5!}x^5 + \cdots + \frac{1}{n!}x^n + \cdots$$

$$\sin x = x - \frac{1}{3!}x^3 + \frac{1}{5!}x^5 - \frac{1}{7!}x^7 \cdots + (-1)^n \frac{1}{(2n+1)!}x^{2n+1} + \cdots$$

$$\cos x = 1 - \frac{1}{2!}x^2 + \frac{1}{4!}x^4 - \frac{1}{6!}x^6 \cdots + (-1)^n \frac{1}{(2n)!}x^{2n} + \cdots$$

となる。

　これら展開式を見ると、e^x は $\sin x, \cos x$ の展開式によく似ていることがわかる。同じべき項の係数はすべて等しい。惜しむらくは $\sin$ と $\cos$ では $(-1)^n$ の係数により符号が順次反転するので、単純に exp と対応させることができない。せっかく、うまい関係を築けそうなのに、いま一歩でそれができないのである。ところが、ここで虚数(i)を使うと、この三者がみごとに関係づけられる。

　まず、指数関数の展開式に $x = ix$ を代入してみよう。すると

$$\exp(ix) = 1 + ix + \frac{1}{2!}(ix)^2 + \frac{1}{3!}(ix)^3 + \frac{1}{4!}(ix)^4 + \frac{1}{5!}(ix)^5 + \cdots + \frac{1}{n!}(ix)^n + \cdots$$

$$= 1 + ix - \frac{1}{2!}x^2 - \frac{i}{3!}x^3 + \frac{1}{4!}x^4 + \frac{i}{5!}x^5 - \frac{1}{6!}x^6 - \frac{i}{7!}x^7 + \cdots$$

と計算できる。

　この**実部** (real part) と**虚部** (imaginary part) を取り出すと、実部は

$$1 - \frac{1}{2!}x^2 + \frac{1}{4!}x^4 - \frac{1}{6!}x^6 + \cdots + (-1)^n \frac{1}{(2n)!}x^{2n} + \cdots$$

であるから、まさに $\cos x$ の展開式となっている。一方、虚部は

$$x - \frac{1}{3!}x^3 + \frac{1}{5!}x^5 - \frac{1}{7!}x^7 + \cdots + (-1)^n \frac{1}{(2n+1)!}x^{2n+1} + \cdots$$

となっており、まさに $\sin x$ の展開式である。よって $e^{ix} = \cos x + i\sin x$ という関係がえられることがわかる。

これがオイラーの公式である。実数では、何か密接な関係がありそうだということはわかっていても、関係づけることが難しかった指数関数と三角関数が、虚数を導入することで見事に結びつけることが可能となったのである。

演習 1-4 オイラーの公式を利用して、次の関係式が成立することを確かめよ。

$$\cos x = \frac{e^{ix} + e^{-ix}}{2} \qquad \sin x = \frac{e^{ix} - e^{-ix}}{2i}$$

解） オイラーの公式から

$$e^{ix} = \cos x + i\sin x \qquad e^{-ix} = \cos x - i\sin x$$

となる。両辺の和と差をとると

$$e^{ix} + e^{-ix} = 2\cos x \qquad e^{ix} - e^{-ix} = 2i\sin x$$

となって、これを整理すれば $\sin x, \cos x$ の表式がえられる。

演習 1-5 オイラーの公式を利用して i^i（つまり $\sqrt{-1}^{\sqrt{-1}}$）を計算せよ。

解） $i^i = k$ と置いて、両辺の対数をとると

$$i \ln i = \ln k$$

となる。

ここで、オイラーの関係式より $i = \exp i(\pi/2)$ であるから $\ln i$ に代入すると

$$i \ln i = i \cdot i \frac{\pi}{2} = i^2 \frac{\pi}{2} = -\frac{\pi}{2} \qquad \therefore -\frac{\pi}{2} = \ln k \qquad k = e^{-\frac{\pi}{2}}$$

となる。

つまり

$$\sqrt{-1}^{\sqrt{-1}} = i^i = \exp\left(-\frac{\pi}{2}\right)$$

と変形できる。ここで

$$e^x = 1 + x + \frac{1}{2!}x^2 + \frac{1}{3!}x^3 + \frac{1}{4!}x^4 + \frac{1}{5!}x^5 + \dots + \frac{1}{n!}x^n + \dots$$

の展開式の x に $-\pi/2$ を代入して計算すると

$$\sqrt{-1}^{\sqrt{-1}} = i^i = \exp\left(-\frac{\pi}{2}\right) = 0.2078\dots$$

となる。

1.5. 複素平面と極形式

オイラーの公式は**複素平面** (complex plane) で図示してみると、その幾何学的意味がよくわかる。そこで、その下準備として複素平面と**極形式** (polar form) について復習してみる。

複素平面は、x 軸が**実数軸** (real axis)、y 軸が**虚数軸** (imaginary axis) の平面である。実数は、**数直線** (real number line) と呼ばれる1本の線で、すべての数を表現できるのに対し、複素数を表現するためには、平面が必要である。このとき、複素数を表現する方法として極形式と呼ばれる方式がある。これは、すべての複素数は

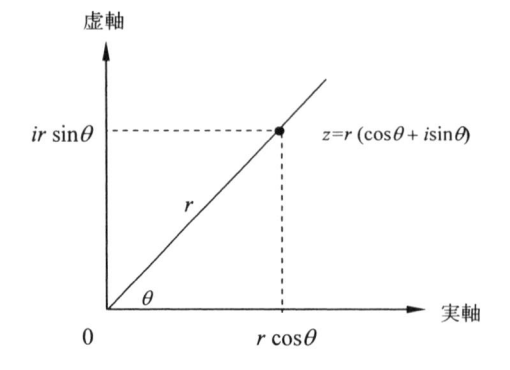

図1-1 複素平面における極形式表示。

$$z = a + bi = r(\cos\theta + i\sin\theta)$$

で与えられるというものである（図 1-1 参照）。ここでθは、実数軸となす**角度** (argument)、r は原点からの**距離** (modulus) であり

$$r = |z| = \sqrt{a^2 + b^2}$$

という関係にある。ここで、複素数の**絶対値** (absolute value) を求める場合、実数の場合と異なり単純に 2 乗したのでは求められない。a^2+b^2 をえるためには、$a+bi$ に虚数部の符号が反転した $a-bi$ をかける必要がある。これら複素数を**共役複素数** (complex conjugate) と呼んでいる。

ここで、極形式のかっこ内を見ると、オイラー公式の右辺であることがわかる。つまり

$$z = r(\cos\theta + i\sin\theta) = re^{i\theta}$$

と書くこともできる。すべての複素数が、この形式で書き表される。

さて、ここで、オイラーの公式の右辺 $(\cos\theta + i\sin\theta)$ について見てみよう。これは、$r=1$ の極形式であるが、θを変数とすると、図 1-2 に示したように、複素平面における半径 1 の円（**単位円**: unit circle と呼ぶ）を示してい

第1章　オイラーの公式

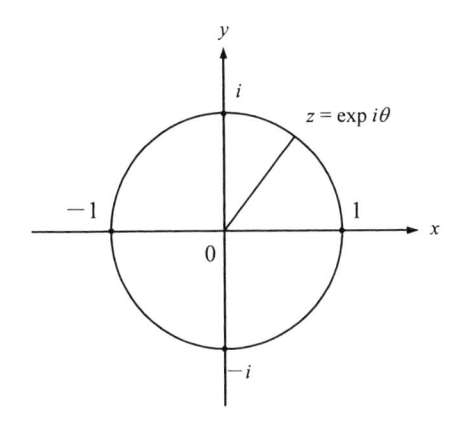

図 1-2　$z = \exp i\theta$ を複素平面に図示すると、半径 1 の円となる。このとき θ を増加させると、この円に沿って回転する運動となる。

る。よって、$\exp(i\theta)$ は複素平面において半径 1 の円に対応する。ここで、θ はこの円の実数軸からの傾角を示している。

このとき、θ を増やすという作業は、単位円に沿って回転するということに対応している。例えば、$\theta=0$ から $\theta=\pi/2$ への変化は、ちょうど 1 に i をかけたものに相当している。これは

$$e^{i\frac{\pi}{2}} = e^{i(0+\frac{\pi}{2})} = e^0 \cdot e^{i\frac{\pi}{2}}$$

と変形すれば

$$e^0 = 1, \quad e^{i\frac{\pi}{2}} = i$$

ということから、$1 \times i$ であることは明らかである。さらに $\pi/2$ だけ増やすと、$i^2=-1$ となる。つまり、$\pi/2$ だけ増やす、あるいは回転するという作業は、i のかけ算になる。よって、i は回転演算子とも呼ばれる。このように、単位円においては角度のたし算が指数関数のかけ算と等価であるという事実が重要である。

さらに、オイラーの公式を利用すると回転運動を表現することが可能と

なる。いま

$$\theta = \omega t$$

としてみよう。t は時間である。そして ω を**角速度** (angular velocity) とすると、ω が一定の場合、これは等速円運動に相当する。つまり

$$\exp(i\omega t)$$

は、一定の角速度 ω で回転する運動を記述することができるのである。もちろん、複素平面であるから、われわれが普段観測できる実空間の運動と直接的に対応するわけではないが、物理現象を記述するときに重要な表現方法となっている。これは、回転周波数あるいは振動数 (ν) を使うと

$$\exp(i2\pi\nu t)$$

と表記することもできる。

　実空間でなければ気に入らないというひとのために、つぎのような解釈も可能である。$\exp(i\omega t)$ は、オイラーの公式を使うと

$$\exp(i\omega t) = \cos\omega t + i\sin\omega t$$

と書き換えられるが、図 1-3 に示すように実数部は $\cos\omega t$ の波に対応している。また、虚数部は $\sin\omega t$ の波に対応している。それぞれ独立に進行していく。このように、波の性質を表現するのに非常に便利な数学的表現である。

　つまり、$\exp i\theta$ は複素平面では回転運動に対応しているが、実軸あるいは虚軸に沿ってみると単振動を表現しているのである。

1.6. 微分方程式

　実は、$\exp i\theta$ は微分方程式の解としても登場する。つぎの定係数の 2 階線形微分方程式を考えてみよう。

第 1 章　オイラーの公式

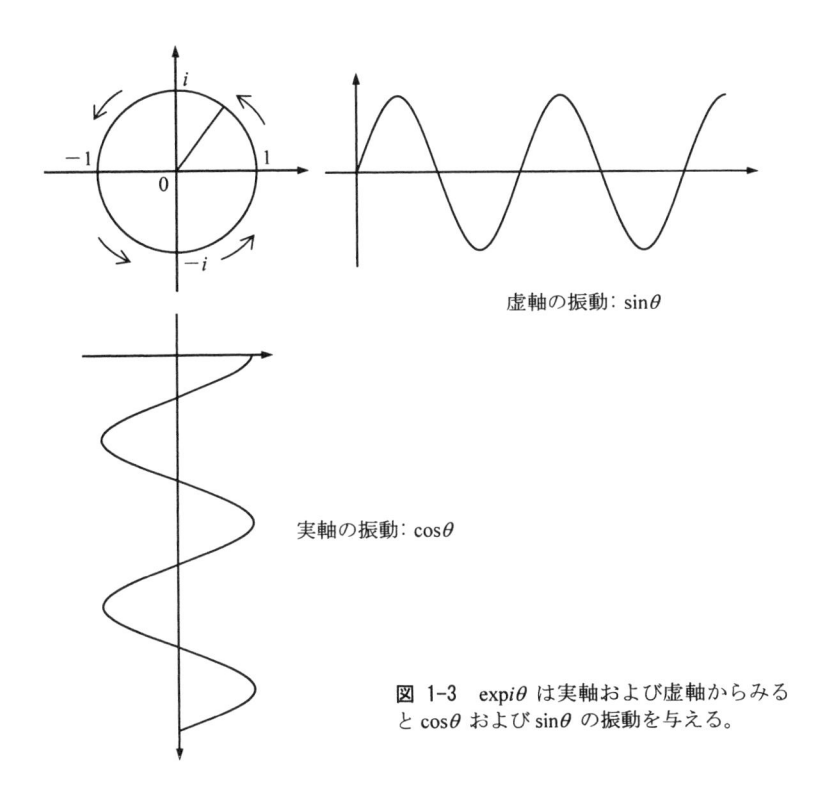

虚軸の振動：$\sin\theta$

実軸の振動：$\cos\theta$

図 1-3　$\exp i\theta$ は実軸および虚軸からみると $\cos\theta$ および $\sin\theta$ の振動を与える。

$$a\frac{d^2x}{dt^2}+b\frac{dx}{dt}+cx=0$$

この微分方程式の解は $x=\exp(\lambda t)$ というかたちをしていることが知られている。これを微分方程式に代入すると

$$a\lambda^2\exp(\lambda t)+b\lambda\exp(\lambda t)+c\exp(\lambda t)=0$$

となるが、結局

$$a\lambda^2 + b\lambda + c = 0$$

という2次方程式を満足するλを求めれば解がえられることになる。この方程式のことを**特性方程式** (characteristic equation) と呼んでいる。この方程式の解は

$$\lambda = \frac{-b \pm \sqrt{b^2 - 4ac}}{2a}$$

である。よって解は

$$x = A\exp\left(\frac{-b + \sqrt{b^2 - 4ac}}{2a}\right)t + B\exp\left(\frac{-b - \sqrt{b^2 - 4ac}}{2a}\right)t$$

と与えられる。ただし、A, B は任意定数である。

ところで、判別式が負

$$b^2 - 4ac < 0$$

の場合にはλは複素数となる。

例として、振り子の単振動 (simple harmonic motion) に関する微分方程式を考えてみよう。xを変位、tを時間とし、振り子の質量をm、ばね定数をkとすると、単振動の方程式は

$$m\frac{d^2x}{dt^2} + kx = 0$$

となる。これは、定係数の2階同次線形微分方程式である。

$a = m, b = 0, c = k$ であるから、判別式

$$b^2 - 4ac = 0 - 4mk = -4mk$$

となるが、m も k も正であるから、判別式は負となり、その解は虚数を含んだものとなる。

このときの一般解は

$$x = A\exp\left(i\sqrt{\frac{k}{m}}t\right) + B\exp\left(-i\sqrt{\frac{k}{m}}t\right)$$

となる。このように、虚数 i の入った解がえられる。このままでも良いが、少し変形を加えてみよう。

$\omega^2 = k/m$ と置くと

$$y = A\exp(i\omega t) + B\exp(-i\omega t)$$

と変形できる。ここで、オイラーの公式

$$\exp(\pm i\theta) = \cos\theta \pm i\sin\theta$$

を使って、この式を実部と虚部に分けると

$$y = A(\cos\omega t + i\sin\omega t) + B(\cos\omega t - i\sin\omega t) = (A+B)\cos\omega t + i(A-B)\sin\omega t$$

となり、実部と虚部を取り出すと

$$\mathrm{Re}(x) = (A+B)\cos\omega t; \quad \mathrm{Im}(x) = (A-B)\sin\omega t$$

がえられる。これらをもとの微分方程式に代入すれば、両方とも**解**(solution)であることがわかる。このように、2階の同次線形微分方程式において、特性方程式に虚数解がえられる場合には、それぞれの解の実部と虚部がもとの微分方程式の解となる。あるいは、つぎのように考えられる。いまの微分方程式では

$$\cos\omega t \quad と \quad i\sin\omega t$$

が特殊解であるが、これらの線形結合である

$$C_1\cos\omega t + iC_2\sin\omega t$$

が一般解となる。ここで、係数として複素数も許せば

$$C_1\cos\omega t + C_2'\sin\omega t$$

も一般解となる。ただし、C_2'は実数でもよい。

　2階の線形微分方程式は、物理現象や電気回路の解析など理工系では頻出する微分方程式である。その解に虚数が入っていることに対して疑問に思うかもしれないが、実は、物理現象としては、むしろ虚数が入っている方が面白いのである。なぜならば、指数の肩が実数の場合、それが正ならば発散、負ならば減衰となって、定常状態がえられないからである。虚数の場合にのみ、今回紹介したような定常状態がえられる。

　よって、量子力学の電子の運動状態を記述する際に、それが定常状態ならば、必ず虚数が入っていることになる。また、虚数が入っているといっても、実際に観測される物理量は実数になる。

　さらに$\exp i\theta$には重要な性質がある。それは

$$|\exp(i\theta)| = 1$$

というように、その大きさが 1 という事実である。つまり、ある複素数の物理量ψがあったとき、それに$\exp(i\theta)$を作用した

$$\psi\exp(i\theta)$$

も、絶対値の大きさは変わらない。観測される物理量は、その絶対値であるから、$\exp(i\theta)$をかけても、物理量の大きさそのものは変わらないという

ことになる。あるいは、われわれが物理量ψを観測したとしても、それは常に$\exp(i\theta)$という不確定性を有することになる。ミクロの世界では、これがあらわに表に出てくる。

　さらに、この項をかけるという操作は重要な意味を含んでいる。$\exp(i\theta)$は、複素平面において単位円の回転に相当するが、図 1-3 に示したように、波の性質をも付与することができる。つまり、ミクロ粒子の有する波動性を示すことができるのである。実際に、量子力学では、この項が重要であり、θのことを**位相** (phase) と呼んでいる。

　しかし、実質的な問題として、$\exp(i\theta)$をかけても物理量に変化はないのであるから、あまり意味がないのではなかろうかと思うかもしれない。実際、古典論では、このθが表に顔を出すことはない。ところが、ミクロな量子の世界を取り扱う量子力学では位相は重要な役割を果たす。ただし、はじめから位相の重要性が認められているわけではない。

　その存在が大きくクローズアップされたのは、**超伝導** (superconducting state) の発見によってである。常伝導では、電子が有する電子波の位相はばらばらであるため、その存在があまり意味をなさなかった。これに対し、超伝導現象は、電子波の位相が完全にそろった状態に対応しているのである。この結果、電気抵抗のない状態が実現される。超伝導では位相がそろっているので、**コヒーレント** (coherent) な状態と呼ばれている。

　通常の光は、位相がバラバラであるが、レーザー光では位相がそろっており、これもコヒーレントな状態と呼ばれている。普通の光がすぐに散乱されるのに対し、レーザー光がどこまでも進んでいくのは、超伝導とよく似ているのである。

1.7. 周回積分

オイラーの公式を物理現象に適用するにあたって重要な性質のひとつに

$$\oint \exp(i\theta) d\theta = 0$$

というものがある。これは、複素平面において、半径 1 の円に沿って一周した積分が 0 になるという意味であるが、この周回積分は、θ に関しては 0 から 2π までの積分となるから

$$\int_0^{2\pi} \exp(i\theta)d\theta = 0$$

と書くこともできる。この証明は、簡単でオイラーの公式を使えばよい。すると左辺は

$$\int_0^{2\pi} \exp(i\theta)d\theta = \int_0^{2\pi}(\cos\theta + i\sin\theta)d\theta = \int_0^{2\pi}\cos\theta d\theta + i\int_0^{2\pi}\sin\theta d\theta$$

と変形できるが、ここで

$$\int_0^{2\pi}\cos\theta d\theta = \left[\sin\theta\right]_0^{2\pi} = \sin 2\pi - \sin 0 = 0$$

であり、同様にして

$$\int_0^{2\pi}\sin\theta d\theta = \left[-\cos\theta\right]_0^{2\pi} = 0$$

となるから

$$\int_0^{2\pi}\exp(i\theta)d\theta = \int_0^{2\pi}\cos\theta d\theta + i\int_0^{2\pi}\sin\theta d\theta = 0$$

となる。同様にして、n を 0 以外の整数とすると

$$\int_0^{2\pi}\exp(in\theta)d\theta = 0$$

となることもわかる。そして $n=0$ のときだけ

$$\int_0^{2\pi} \exp(in\theta)d\theta = \int_0^{2\pi} \exp 0 d\theta = \int_0^{2\pi} 1 d\theta = [\theta]_0^{2\pi} = 2\pi$$

となってゼロとはならないのである。複素指数関数が持っているこの性質は、量子力学において重要な役割を演ずるのである。

第2章　光の2面性

19世紀末には、物理の分野には、もはや新しいことは何もないと思われていた。質量のある物体の運動は、**ニュートン力学** (Newton's mechanics) によってすべて予測でき、電気や磁気に関する現象は**マックスウェル電磁気学** (Maxwell's electrodynamics) で説明できると考えられていたからである。当時、**原子構造** (atomic structure) については謎のままであったが、ニュートン力学とマックスウェル電磁気学の両方を駆使することで、いずれ説明がつくものと予想されていた。

ところで、初期条件さえ与えれば運動方程式によって、すべての物体の運動が記述できるとしたら、われわれの未来は、現在の状態によってあらかじめ決定されてしまうことになり、本人がいくら努力しても、その未来はすでに決まっていることになる。このような決定論的な世界観は、哲学にも影響を及ぼし、一部には、「努力しても意味がない」という厭世観を生み出すことにもなったのである。

しかし、物理の世界はそれほど単純ではなく、予想さえしなかった混沌が待ち受けていたのである[1]。これが**量子力学** (quantum mechanics) の誕生へとつながるのであるが、その一方で、量子力学の登場によって、人類はそれまでの古典的な常識という殻を打ち破る必要に迫られることになった。

1.1. 光の正体

紀元前の大学者**アリストテレス** (Aristotle) は、光の本質は**白色光** (white light) であり、その対照 (contrast) として闇 (darkness) があると考えた。そ

---

[1] しかし、この混沌は、未来は決してあらかじめ決まっているのではなく、自らの運命は自分で切り拓くことができるという好ましい結果ももたらしたのである。

第 2 章 光の 2 面性

して、光（白）と闇（黒）の混ざり具合で、赤や青などの色採が生じると考えたのである。この考えは、何世紀にもわたって科学界を支配するが、1672 年に**ニュートン** (Newton) はアリストテレスの考えをくつがえす「**色と光に関する新理論**」という論文を発表する。

ニュートンは、白色光が基本光ではないことを、太陽光 (sun light) つまり白色光が**プリズム** (prism) によって異なった色に分解できることで証明した。そして、太陽光は**屈折性** (refractivity) の異なる光からできており、それぞれが異なる色を担っているという結論に達するのである。ニュートンは、さらに、プリズムを 2 個使い、最初のプリズムで異なる色に分解した光を、つぎのプリズムで逆方向に屈折させて集光させると、もとの白色光に戻ることも確認した。

ニュートンの実験によって、光に対する理解は大きく前進したが、まだ、未解決の問題があった。それは、光が粒子であるのか、波であるのかという問題である。ニュートンは光の直進性などから、光は発光物質から発せられる微粒子であると考えていた。この問題に決着をつけたのが、有名な**ヤングの実験** (Young's experiment) である[2]。

この実験は、図 2-1 に示すように、ひとつの光源から発した**単色光**

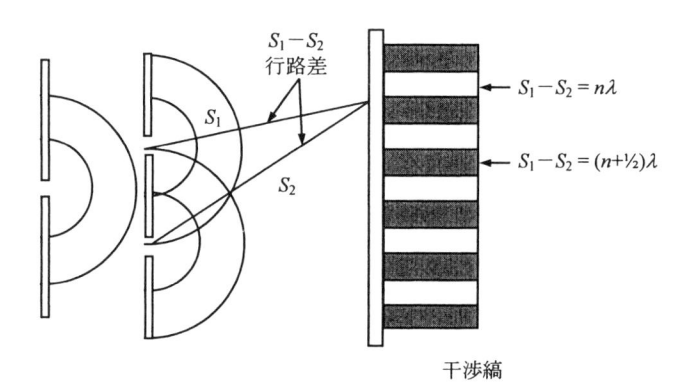

図 2-1 ヤングによる光の干渉実験。

---

[2] ヤングの実験は、その理論的解釈に誤解があったこともあり、当時大科学者と崇められていたニュートンの「光は粒子」という考えに反する説を提出したということで当初は非難を受けた。

(monochromatic light) を、2 つのスリットを通すと、それぞれの波の**干渉** (interference) によって、**干渉縞** (interference fringe pattern) が生じるというものである。干渉縞が生じるのは、2 つのスリットから来る波の行路の長さの違いにより、行路差が波長の整数倍のとき ($S_1-S_2 = n\lambda$) には、互いに強め合って明るくなり、行路差が半波長だけずれたとき ($S_1-S_2 = (n+\frac{1}{2})\lambda$) には、波が打ち消しあって暗くなるためである。光が粒子であるとすると、この現象を説明することができない。

その後、光は電場と磁場が交互に振動する**電磁波** (electromagnetic wave) の一種であることがマックスウェルらの研究によって明らかとなり、光が波であるということは、ゆるぎない科学の共通認識となったのである。

光の中で人間の視神経が感じることのできる波長（あるいは振動数）の範囲にあるものを**可視光** (visible light) と呼んでいる。可視光は、太陽光のプリズム分光で、長波長の赤から、短波長の紫までの範囲における色が知られている。また、光には目に見えない光 (invisible light) も存在し、赤よりも波長が長いものを**赤外線** (infrared ray)、紫よりも波長が短いものを**紫外線** (ultraviolet ray) と呼んでいる。しかし、19 世紀後半から 20 世紀初頭にかけて、光が波であるという事実をゆるがす実験結果が続々と登場する。そのひとつが 1899 年に発見された**光電効果** (photoelectron effect) と呼ばれる現象である。

2.2. 光電効果

光電効果とは、光を金属板にあてると電子が飛び出す現象であり、この電子を**光電子** (photoelectron) と呼んでいる（図 2-2 参照）。光の正体は電場と磁場が振動している電磁波であるから、当初、物理学者は、磁場の振動（電場でもよい）にゆすられて自由電子が金属から飛び出してくるのだろうと予測した。それならば、強い光をあてれば、それだけ飛び出る電子の量も増えるはずである。

ところが、奇妙なことに、ある**波長** (wave length) よりも長い光[3]では、ど

---

[3] あるいは、ある値よりも振動数が小さい光と言い換えることもできる。

第 2 章　光の 2 面性

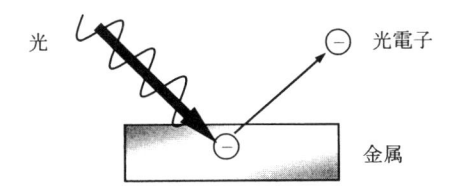

図 2-2　金属に光をあてると、電子が飛び出してくる。この現象を光電効果と呼んでいる。

んなに光の量を増やしても、電子が飛び出てこないのである。これに対し、ある波長よりも短い光の場合には、光の量がわずかでも電子が飛び出してくる。

　これでは、電子が光の波にゆすられて金属から出てくるという考えでは説明がつかない。ただし、電子が飛び出る波長の範囲にある光の場合には、飛び出てくる電子の量も光の量に比例して多くなる。

　電子は負に帯電しており、金属を形成している**格子** (lattice) の正電荷（あるいは＋イオン化した原子）からクーロン引力を受けるので、格子に引き寄せられている。このため、通常は、金属の外に飛び出すことはない。光を当てたときに電子が飛び出すのは、電子が光からエネルギーをもらって、格子の束縛から逃れることができるからである。

　当然、このエネルギーには**しきい値** (threshold value) があるはずである。つまり、電子が格子の束縛から逃れるために必要な最低エネルギーが存在するはずである。実際に、このエネルギーは金属によって決まっており、**仕事関数** (work function) と呼ばれている。

　しかし、それではなぜ光の強さを大きくしても、波長が長い光では、電子が飛び出てこないのであろうか。この現象を説明するために、光のエネルギーは、その強さではなく、**波長** (wave length) あるいは**振動数** (frequency) に依存するという考えが提案された（図 2-3 参照）。このイメージは、普段われわれが波に対して持っているものとは大きく異なる。例えば、海岸に打ち寄せる波を考えてみよう。当然、そのエネルギーは波の高低、すなわち振幅の 2 乗に比例する。船が転覆するような大きな力を受け

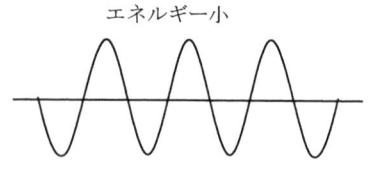

図 2-3 光のエネルギーの大小関係。通常の波のエネルギーは、その振幅の 2 乗に比例する。しかし、光のエネルギーは、その振幅ではなく振動数に比例するのである。

るのは、うねりが強いとき、つまり波の振幅が大きいときである。波の長さは、ほとんどエネルギーには関係がない。しかし、光電効果を説明するには、この常識とは異なり、光のエネルギーは波長（あるいは振動数）に依存すると考えるしかないのである。

そして、振動数が大きいほど（あるいは波長が短いほど）光のエネルギーは大きいと考える。すると、光のエネルギーは

$$E = h\nu = h\frac{c}{\lambda}$$

のように振動数 ν に比例、あるいは波長 λ に反比例する。後ほど紹介するが、このときの比例定数 h は**プランク定数** (Planck constant) と呼ばれる定数であり、$c\,(=\lambda\nu)$ は光速である。

よって光電効果が生じる最小の仕事関数を W_0、その時の振動数と波長を ν_0, λ_0 とすると

$$W_0 = h\nu_0 = h\frac{c}{\lambda_0}$$

となって、λ_0 よりも波長が短い光（あるいは ν_0 よりも振動数の大きい光）でないと、光電効果が生じないことになる。これらがしきい値を与えることになる。このように、光のエネルギーが、波長に依存すると考えると、なぜ、ある波長よりも短い光でないと光電効果が起こらないかということ

第 2 章　光の 2 面性

を説明できる。
　しかし、常識的に考えると、光が波であるとすれば、光を強くすれば、**振幅** (amplitude) が大きくなって、そのエネルギーは大きくなるはずである。さらに、たとえ基本波のエネルギーが $h\nu$ としても、波であれば重ね合わせが可能であるから

$$E = kh\nu$$

のように、重ね合わせることで、エネルギーを大きくできるはずである。光が波という考えでは、そのエネルギーが波長だけに依存するということを説明できない。つまり、光が波という常識に頼っていたのでは、矛盾が生じることになる。

光電効果のまとめ
1. 金属から電子が飛び出すためには、ある振動数 (ν_0) よりも大きい光をあてる必要がある。
2. 振動数が ν_0 以下の光では、どんなに強い光をあてても電子は飛び出てこない。
3. 振動数が ν_0 以上の光では、飛び出る電子の数は光の強さに比例する。

　この光電効果を説明するために、大胆な仮説が**アインシュタイン** (Einstein) によって提唱された。それが**光子** (photon) という考えである。アインシュタインは、光が波ではなく、エネルギー $E = h\nu$ を有する粒子、つまり光子で構成されていると考えたのである。
　もし、光子のエネルギーが仕事関数以下であるとすると、電子が光子からエネルギーをもらったとしても、電子は金属から飛び出ることができない。一方、光子のエネルギーが仕事関数よりも大きい場合には、電子がそのエネルギーをもらって、格子からの引力に逆らって、金属から飛び出ることができる（図 2-4 参照）。どんなに光が弱くとも、振動数が同じならば光子 1 個の有するエネルギーは変わらない。したがって、ν_0 以上の光が金属に当たりさえすれば、その光子と衝突した電子は、金属から飛び出ることができる。一方、振動数が ν_0 よりも小さい光では、どんなに多くの量の光子を浴びせたとしても、電子は金属から飛び出ることができない。

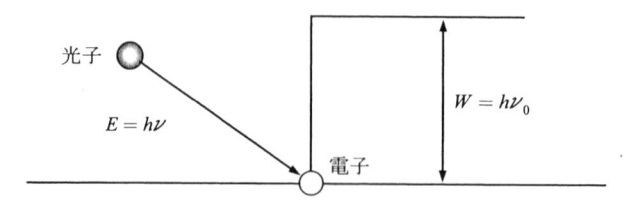

図 2-4　光子による光電効果の説明。

このように光が波ではなく、あるエネルギーを持った光子の集まりという仮説を立てると、光電効果をうまく説明できるのである。もちろん、この考えがすんなりと受け入れられたわけではない。何しろ、当時は、光が波であるという証拠が数多く存在したのである。これに対し、光子仮説が必要となるのは、光電効果だけであった。

実は、アインシュタインは、やみくもに光子説を掲げたわけではない。そのアイデアが登場する背景には、伏線があったのである。そこで、アインシュタインの光子説の基礎を与えたプランクの仕事を紹介しよう。

2.3. プランク定数と光子

光が連続的な波であるという考えで説明できないものに、**黒体放射** (black body radiation) の実験結果がある。そこで、まず、この実験から説明しよう。

鏡のように、表面に光沢のある物質は光を反射する。これに対し、炭や黒いベルベットのように黒色をした物質は、光をよく吸収する。よって、その究極の存在として、あらゆる波長の光を吸収する能力を有する物体を**黒体** (black body) と呼んでいる。つまり、光の**反射率** (reflectance) が完全に 0 の理想物体である。もちろん、実際に黒体は存在しないが、それに近い物質は存在する。

ところで、有限の温度の物体は、光（電磁波）を**放射** (radiation) することが知られている。温度が低い場合には、放射される光は目に見えない赤外線である。毒蛇のハブは、獲物から放出される赤外線に反応することが

第 2 章 光の 2 面性

知られている。また、最近ではハイテクの戦闘用具として、暗闇でも相手の動きを捕らえることのできる赤外線カメラは有名である。一方、温度が上昇するにしたがって、物体から放射される光の振動数は次第に高くなり、可視光の領域に入る。人類が火を手に入れることで、夜でも明かりがえられるようになったのは、高温物体から放射される光のおかげである。

シュテファン (Stefan) は、絶対温度 T の物質から単位面積・単位時間あたりに放射される光のエネルギーは

$$E = \sigma T^4$$

のように絶対温度の 4 乗に比例することを実験的に示した。ここで、σ は比例定数で

$$\sigma = 5.67 \times 10^8 \ (J/m^2 \cdot s \cdot K^4)$$

という値となる。この定数を**シュテファン・ボルツマン定数** (Stefan-Boltzmann constant) と呼んでいる。

この光によって、エネルギーが伝達される。光は真空中でも伝わることができるので、たとえ真空で断熱したとしても、光によって熱が伝わる。これを輻射熱と呼んでいる。しかし、有限の温度の物質が常に光（電磁波）を放射しているということは奇妙ではある。

ここで、つぎのような実験を考えてみよう。図 2-5 のように、完全に黒体で周囲を囲まれた真空の空洞を考える。

図 2-5 黒体の空洞放射。

この黒体を加熱したら、中の空洞はどうなるであろうか。当然、温度が

上昇すると壁から光が放出される。しかし、放射された光は、すぐに黒体の壁によって吸収される。つまり、光の放射と吸収が繰り返されることになり、空洞の中は光で満たされるが、当然、放射量と吸収量がつりあう**平衡状態** (equilibrium state) に落ちつくものと予想される。もちろん、この実験をそのまま再現することはできないが、同様の実験を行うことはできる。磁器で囲まれた空洞の壁に小さな穴を開けて、磁器を電気炉などで加熱して、穴から飛び出してくる光を**分光器** (spectroscope) で測定すればよいのである。

この実験そのものに、それほど大きな魅力は感じられないが、19世紀後半には、かなりの研究者が、この実験に関わっていた。その理由のひとつは、他に面白いテーマが無かったことが挙げられる。何しろ、ほとんどの物理現象はニュートン力学とマックスウェル電磁気学で説明できると考えられていた時代である。いずれ、黒体放射の実験も、これら古典論で説明できると多くのひとは考えていた。しかし、この実験から、**古典物理学** (classical physics) を根底から覆す新しいアイデアが登場するのである。

さて、黒体放射の実験に戻ろう。完全な理想状態ではないが、磁器の空洞を使って黒体放射の模擬実験を行い、温度を変化させながら空洞内部の光の**エネルギースペクトル** (energy spectrum) を分析すると、図2-6のような結果がえられることがわかった。このグラフからわかるように、温度が上昇すると、放射される光のスペクトルのピークは、高振動数側にシフト

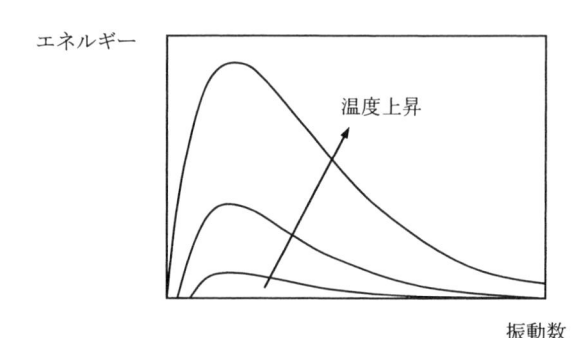

図2-6 空洞放射実験における光の振動数とエネルギー分布の関係。

していく。**ウィーン** (Wien) は、この結果から、ある重要な法則を発見する。それは、物体から放射される光の密度が最も高くなる光（つまりスペクトルでピークに相当する光）の波長は絶対温度（T）に反比例するという法則である。すなわち、この最も頻度の高い波長をλ_mとすると

$$\lambda_m = \frac{b}{T}$$

という関係式がえられる。これを**ウィーンの変位則** (Wien's displacement law) と呼んでいる。b は比例定数で

$$b = 2.89 \times 10^{-3} \text{ (m·K)}$$

となる。この法則によれば、高温物体から放射される光ほど波長が短い（あるいは振動数が大きい）ということになる。

また、図 2-6 からわかるように、加熱する温度を高くしていくと、空洞内の光の量が増えている。つまり、温度上昇とともに、放出される光の波長が短くなるとともに、光の放出量も増えていくのである。少し考えれば、ごく当たり前の結果のようにも見える。

ところが、ここで問題が生じた。それは、振動数の分布である。温度上昇とともに、振動数の高い光の割合が増えていくのは、われわれの経験と合致していて問題はない。鉄を加熱すると、最初は黒いが、ある温度から赤くなりだす。そしてさらに加熱を続けると、色が高振動数側に移っていく。かつて、鉄工所の熟練工は、この色で鉄の温度を推測できるといわれていた。それならば、何が問題なのか。それは、振動数の分布を古典論ではうまく説明できないという事実である。

2.4. レーリー - ジーンズの式

古典的な理論（補遺 1 に詳しい導出方法を書いている）によれば、ν と $\nu + \Delta \nu$ の間に振動数を持つ 3 次元の空洞の固有振動の密度は

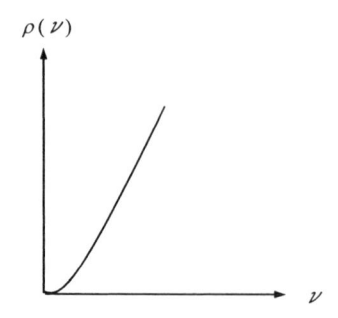

図2-7 3次元の空洞内に存在する定常波の数（密度）の振動数依存性。

$$\rho(\nu)d\nu = \frac{8\pi}{c^3}\nu^2 d\nu$$

と与えられる。よって、振動数が増えるにしたがって、定常波の密度は図2-7に示すように、2次関数的に急激に増えていくことになる。

　もちろん、この分布は、3次元の箱の中に定常波として許されるものの、振動数依存性を反映したものである。これを光が放出するエネルギーに換算するには、それぞれの振動数の光が有するエネルギーをかけて足す必要がある。

　ここで、古典論では**等分配の法則** (quipartition law) という考え方がある。例えば、気体分子の場合は、その運動の自由度ごとに $(1/2)kT$ のエネルギーを等しく分配する。この考えによって、比熱などのマクロな物理量をうまく説明することができる。

　そこで、光の場合にも、その定常波ごとに kT だけのエネルギーを割り当てるという考えをとる。つまり、ある一定の温度では、いろいろな光の波長が考えられるが、その振幅は、どの波も等しいと考える。温度とはミクロ粒子の運動の大きさを反映した指標であるから、光の場合にも、温度が同じならば、その運動の程度、すなわち波の振幅が等しいと考えても良さそうである。ミクロ粒子の場合、1自由度ごとに配分されるエネルギーは $(1/2)kT$ であるが、3次元空間における定常波の場合には、2個の自由度があ

る。よって、ひとつの波に対して kT だけのエネルギーを配分するのである。

このように考えると、空洞の中に定常的に存在する光のエネルギーは

$$E(\nu)d\nu = \rho(\nu)kTd\nu = \frac{8\pi\nu^2}{c^3}kTd\nu$$

という分布をとるはずである。これを**レーリー‐ジーンズの法則** (Rayleigh-Jeans law) と呼んでいる。しかし、すぐにわかるように、この分布式は、実際の測定値である図 2-6 のエネルギースペクトルとは大きく異なっている。これは、光のエネルギーの場合には、すべての波長の波に対してエネルギーが等しいとする等分配法則が成立しないことを示している。

2.5. ウィーンの輻射式

図 2-6 の分布を説明するために、ウィーンはつぎのような実験式を提案する。

$$E(\nu)d\nu = \frac{8\pi\nu^2}{c^3}h\nu\exp\left(-\frac{h\nu}{kT}\right)d\nu = \frac{8\pi\nu^2}{c^3}\frac{h\nu}{\exp\left(\frac{h\nu}{kT}\right)}d\nu$$

ここで、ν は振動数、c は光速、T は絶対温度である。これを**ウィーンの輻射法則** (Wien's law of radiation) と呼んでいる。

ここで、光のエネルギーが

$$E = h\nu$$

のように、振動数に比例するという関係があったことを思い出してほしい。すると、ウィーンが kT のかわりに乗じた項は

$$h\nu \exp\left(-\frac{h\nu}{kT}\right) = E \exp\left(-\frac{E}{kT}\right)$$

となる。この exp の項は、熱力学における熱活性や平衡条件をはじめとして、いろいろな分野で顔を出すが、ここでは、古典粒子が熱平衡にあるときに従う**ボルツマン分布** (Boltzmann distribution) を考える。（ボルツマン分布に関しては補遺 2 に詳しく解説している）。この分布では、エネルギー E を有する古典粒子の数は

$$\exp\left(-\frac{E}{kT}\right)$$

という因子（ボルツマン因子）に比例することが知られている。つまり、この係数を、定常波の密度にかけているということは、光の振動のエネルギー分布が、この統計分布に従うことを仮定して、レーリー‐ジーンズの式を補正したことになる。つまりウィーンの補正は、波の平均エネルギーを

$$kT \to h\nu \exp\left(-\frac{h\nu}{kT}\right)$$

としたのである。

ウィーンの分布式を、振動数依存性が明らかになるように、簡単化すると

$$E(\nu)d\nu = a\nu^3 \exp(-b\nu)d\nu$$

となる。ここで、a, b は正の比例定数であり、定数 b は温度に反比例する項である。よって、ν が大きくなると、低振動数側では ν^3 の項の影響で $E(\nu)$ は大きくなるが、ある値を境にして $\exp(-b\nu)$ の項の影響で低下することになり、図 2-6 の分布をうまく表現することができる。

それでは、実際のウィーンの分布式の極値を求めてみよう。すると

$$\frac{dE(\nu)}{d\nu} = \frac{24h\pi\nu^2}{c^3}\exp\left(-\frac{h\nu}{kT}\right) + \frac{8h\pi\nu^3}{c^3}\left(-\frac{h}{kT}\right)\exp\left(-\frac{h\nu}{kT}\right)$$

$$= \frac{8h\pi\nu^2}{c^3}\exp\left(-\frac{h\nu}{kT}\right)\left(3-\frac{h\nu}{kT}\right)$$

より、極値が存在し、その値は

$$h\nu = 3kT \qquad \text{すなわち} \quad \nu = \frac{3kT}{h}$$

と与えられることになり、ピークが存在することもわかる。また、ピークは、温度とともに振動数が高い側に移動していくことになる。

このように、ウィーンの分布式は、レーリー - ジーンズの式よりも、はるかに空洞放射の実験結果をうまく説明できる。ただし、残念ながら実際のエネルギー分布を完全には表現できないこともわかった。特に、低振動数側でのフィッティングがうまくいかないのである。むしろ、低振動数側では、図2-8に示すように、レーリー - ジーンズの分布式の方が実験結果をうまく説明できるのである。

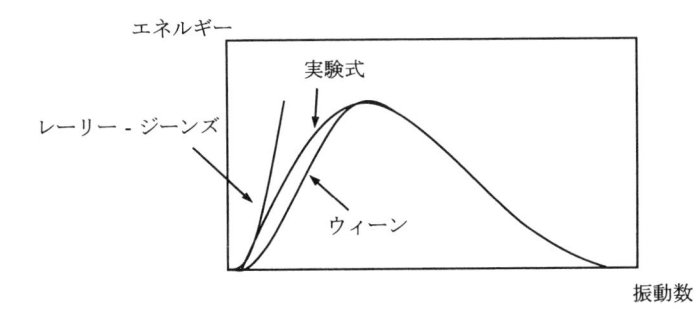

図2-8 空洞放射のエネルギースペクトルとレーリー - ジーンズとウィーンの式によるフィッティング。

2.6. プランクの輻射式

プランク (Planck) は、これらふたつの分布式の欠点を補って、空洞放射のエネルギースペクトルをうまく説明できる分布式を見つけた。それは

$$E(\nu)d\nu = \frac{8\pi\nu^2}{c^3} \frac{h\nu}{\exp\left(\frac{h\nu}{kT}\right)-1} d\nu$$

というかたちをしており、**プランクの輻射式** (Planck radiation formula) と呼ばれている。よく見ると、ウィーンの分布式において $\exp(h\nu/kT)$ のかわりに、それから 1 を引いた値で割っただけのものである。つまり、除する値を

$$\exp\left(\frac{h\nu}{kT}\right) \rightarrow \exp\left(\frac{h\nu}{kT}\right) - 1$$

と修正しただけのものである。この簡単な修正が、なぜ黒体放射の光のエネルギー分布を見事に表現することができるのであろうか。

その前に、まずプランクの分布式が、低振動数側では、レーリー‐ジーンズの分布式で、また高振動数側では、ウィーンの分布式で近似できるかどうかを確かめてみよう。このため、指数関数の級数展開式を利用する。

$$\exp x = 1 + x + \frac{x^2}{2!} + \frac{x^3}{3!} + \frac{x^4}{4!} + \ldots + \frac{x^n}{n!} + \ldots$$

であったから

$$\exp\left(\frac{h\nu}{kT}\right) = 1 + \frac{h\nu}{kT} + \frac{1}{2}\left(\frac{h\nu}{kT}\right)^2 + \frac{1}{6}\left(\frac{h\nu}{kT}\right)^3 + \ldots$$

と展開することができる。よって、ν が小さいときには 2 乗以降の項を無

視すると

$$\exp\left(\frac{h\nu}{kT}\right) - 1 \cong \frac{h\nu}{kT}$$

と近似できる。これをプランクの式に代入すると

$$E(\nu)d\nu = \frac{8\pi\nu^2}{c^3} \frac{h\nu}{\exp\left(\frac{h\nu}{kT}\right) - 1} d\nu \cong \frac{8\pi\nu^2}{c^3} \frac{h\nu}{\frac{h\nu}{kT}} d\nu = \frac{8\pi\nu^2}{c^3} kT d\nu$$

となって、レーリー - ジーンズの分布式となることが確かめられる。

それでは ν が大きい場合にはどうであろうか。この場合には

$$\exp\left(\frac{h\nu}{kT}\right) \gg 1$$

であるから

$$\exp\left(\frac{h\nu}{kT}\right) - 1 \cong \exp\left(\frac{h\nu}{kT}\right)$$

とみなせるのでウィーンの分布式と等価となる。このように、プランクの分布式は、低振動数側ではレーリー - ジーンズの式に、高振動数側ではウィーンの式に一致する。

2.7. 光の粒子性

プランクの輻射式はウィーンの式に対して、分母から 1 を引くという簡単な修正を加えることで、見事に空洞放射のエネルギー分布を全振動数領域にわたって表現することができるようになっている。しかし、分母から 1 を引くということにどんな意味があるのであろうか。

ここで、**無限等比級数** (infinite series of even ratio) の和を思い出して欲しい。**初項** (initial term) が a で、**公比** (common ratio) が r の無限等比級数の

和

$$S = a + ar + ar^2 + ar^3 + ar^4 + ... + ar^n + ...$$

は、$r<1$ のとき

$$S = \frac{a}{1-r}$$

となるのであった。プランクは、これをヒントにウィーンの式と自分の式との違いを吟味し、ある重要な結論に達するのである。それは、空洞に閉じ込められた光のエネルギーは連続ではなく、とびとびになっているという事実である。

それをつぎに示そう。振動数 ν の光のエネルギーを

$$E = h\nu$$

としよう。

そして、光がとることのできるエネルギーは、この整数倍しか許されないと考える。すると、光に許されるエネルギーは

$$0h\nu,\ 1h\nu,\ 2h\nu,\ 3h\nu,\ 4h\nu ...$$

のような飛び飛びの値となる。ここで、ボルツマン分布を思い出すと、これらエネルギーを有する光の存在確率は、ボルツマン因子

$$\exp\left(-\frac{0h\nu}{kT}\right),\ \exp\left(-\frac{1h\nu}{kT}\right),\ \exp\left(-\frac{2h\nu}{kT}\right),\ \exp\left(-\frac{3h\nu}{kT}\right),...$$

に比例することになる。

すると、光のエネルギーの総和 ΣE は、エネルギー ($nh\nu$) に、その頻度つまりボルツマン因子をかけて足し合わせれば求められる。よって

第 2 章　光の 2 面性

$$\sum_{n=0}^{\infty} nh\nu \exp\left(-\frac{nh\nu}{kT}\right) = h\nu \exp\left(-\frac{h\nu}{kT}\right) + 2h\nu \exp\left(-\frac{2h\nu}{kT}\right) + ... + nh\nu \exp\left(-\frac{nh\nu}{kT}\right) + ...$$

が光のエネルギーの総和となる。この式を変形すると

$$\sum E = h\nu \left\{ \exp\left(-\frac{h\nu}{kT}\right) + \exp\left(-\frac{2h\nu}{kT}\right) + \exp\left(-\frac{3h\nu}{kT}\right) + ... + \exp\left(-\frac{nh\nu}{kT}\right) + ...\right\}$$

$$+ h\nu \left\{ \exp\left(-\frac{2h\nu}{kT}\right) + \exp\left(-\frac{3h\nu}{kT}\right) + \exp\left(-\frac{4h\nu}{kT}\right) + ... + \exp\left(-\frac{nh\nu}{kT}\right) + ...\right\}$$

$$+ h\nu \left\{ \exp\left(-\frac{3h\nu}{kT}\right) + \exp\left(-\frac{4h\nu}{kT}\right) + \exp\left(-\frac{5h\nu}{kT}\right) ... + \exp\left(-\frac{nh\nu}{kT}\right) + ...\right\}$$

$$\cdots\cdots\cdots$$

$$+ h\nu \left\{ \exp\left(-\frac{nh\nu}{kT}\right) + \exp\left(-\frac{(n+1)h\nu}{kT}\right) + \exp\left(-\frac{(n+2)h\nu}{kT}\right) + ...\right\}$$

$$\cdots\cdots\cdots$$

という足し算になる。ここで、最初の項の {} 内をみると、これは初項が $\exp(-h\nu/kT)$ で公比が $\exp(-h\nu/kT)$ の無限級数の和となっている。よって、その値は

$$\exp\left(-\frac{h\nu}{kT}\right) \frac{1}{1 - \exp\left(-\frac{h\nu}{kT}\right)}$$

となる。つぎの {} 内は初項が $\exp(-2h\nu/kT)$ で公比が $\exp(-h\nu/kT)$ の無限級数の和であるから

$$\exp\left(-\frac{2h\nu}{kT}\right) \frac{1}{1 - \exp\left(-\frac{h\nu}{kT}\right)}$$

となる。つぎの {} 内の和は、同様にして

$$\exp\left(-\frac{3h\nu}{kT}\right)\frac{1}{1-\exp\left(-\frac{h\nu}{kT}\right)}$$

となる。したがって、エネルギーの総和は

$$\sum E = h\nu \left\{ \exp\left(-\frac{h\nu}{kT}\right) + \exp\left(-\frac{2h\nu}{kT}\right) + \exp\left(-\frac{3h\nu}{kT}\right) + \ldots \right.$$
$$\left. + \exp\left(-\frac{nh\nu}{kT}\right) + \ldots \right\} \frac{1}{1-\exp\left(-\frac{h\nu}{kT}\right)}$$

となる。
　ここで、{ } 内を見ると、初項が $\exp(-h\nu/kT)$ で、公比が $\exp(-h\nu/kT)$ の無限級数の和であるから、その値は

$$\exp\left(-\frac{h\nu}{kT}\right)\frac{1}{1-\exp\left(-\frac{h\nu}{kT}\right)}$$

となる。結局、エネルギーの総和は

$$\sum E = h\nu \exp\left(-\frac{h\nu}{kT}\right) \left\{ \frac{1}{1-\exp\left(-\frac{h\nu}{kT}\right)} \right\}^2$$

と与えられることになる。
　次に、光の波の総数 N は、それぞれの頻度を足せばよいので

第 2 章　光の 2 面性

$$\sum_{n=0}^{\infty} \exp\left(-\frac{nh\nu}{kT}\right) = \exp\left(-\frac{0h\nu}{kT}\right) + \exp\left(-\frac{1h\nu}{kT}\right) + \exp\left(-\frac{2h\nu}{kT}\right) + ... + \exp\left(-\frac{nh\nu}{kT}\right) + ...$$

$$= 1 + \exp\left(-\frac{1h\nu}{kT}\right) + \exp\left(-\frac{2h\nu}{kT}\right) + ... + \exp\left(-\frac{nh\nu}{kT}\right) + ...$$

となるが、この和は、初項が 1 で公比が $\exp(-h\nu/kT)$ の無限等比級数の和であるので

$$N = \frac{1}{1 - \exp\left(-\frac{h\nu}{kT}\right)}$$

となる。
　よって、振動数 ν の光の平均的なエネルギーは

$$<E> = \frac{\sum E}{N}$$

という式で与えられるから

$$<E> = \frac{\sum E}{N} = h\nu \exp\left(-\frac{h\nu}{kT}\right) \left\{\frac{1}{1-\exp\left(-\frac{h\nu}{kT}\right)}\right\}^2 \bigg/ \frac{1}{1-\exp\left(-\frac{h\nu}{kT}\right)}$$

整理すると

$$<E> = h\nu \frac{\exp\left(-\frac{h\nu}{kT}\right)}{1-\exp\left(-\frac{h\nu}{kT}\right)}$$

ここで分子分母に $\exp(h\nu/kT)$ を乗ずると

$$<E> = \frac{h\nu}{\exp\left(\dfrac{h\nu}{kT}\right) - 1}$$

となって、まさにプランクの輻射式の中のエネルギー項に対応した式がえられる。このように、プランクは、空洞放射のエネルギースペクトルを見事に表現できる式を発見したが、その結果、光のエネルギーは飛び飛びの値しかとれないという当時の常識では受け入れがたい結果に直面するのである。

しかし、プランクは、この結果から、すぐには光が波ではなく粒子であるという結論を出さなかった。むしろ、この一見奇妙な結果は、いずれ古典論を使うことで解明できると期待していたのである。

空洞放射のエネルギースペクトルを説明できるプランクの輻射式や、光電効果の結果を見て、光が波ではなく粒子であるという新しい考えを提案したのはアインシュタインであった。光が $h\nu$ というエネルギーを有する粒子と考えれば、両方の実験結果をうまく説明することができる。

とはいっても、光が波であるということを明確に示す光の干渉や回折などの現象も観察されている。このため、光子説には疑問を抱く研究者も多かったのである。

光電効果の発見から 18 年後に、再び光が粒子であるということを明確に示す実験が登場する。それが**コンプトン** (Compton) の行った実験である。

2.8. コンプトン効果

X 線 (X ray) は、通常の光よりは透過性が強いが、物質によっては強く散乱される。これを利用したのが X 線写真である。骨は X 線を散乱するので、人体の骨格を観察することができる。胃などの検査の場合には、X 線散乱能の大きいバリウム（実際には毒性のない硫酸バリウム）を液に溶かしたものを飲みこむことで、胃のかたちを鮮明に観察することができる。

第 2 章　光の 2 面性

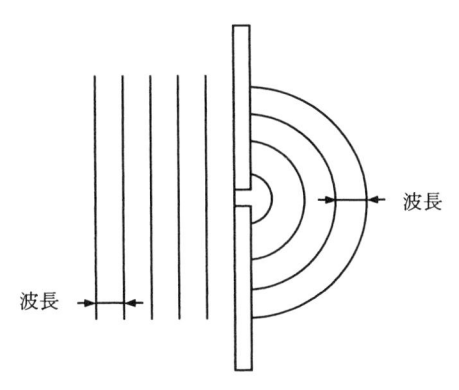

図 2-9　左から進行してきた波がスリットを通ると図のように変形するが波の波長は変化しない。

　X 線散乱は応用にも利用されるように、よく知られた現象であったが、実は、1923 年まで、うまく説明できない実験結果があった。それは、物質によって散乱された X 線には、入射線と同じ波長 λ のもののほかに、λ よりも波長の長いもの（あるいは振動数が小さくなるもの）が見つかったのである。

　当時、X 線は電磁波の一種であることが知られていた。しかし、波であるならば、図 2-9 に示すように、障害物に当たって散乱されたとしても、波長は変わらないはずである。例えば、川面を移動する波は、杭や岩などに散乱されるが、その後でも波長は変わらないことが知られている。

　現在、われわれは結晶構造を決定するときに**X 線回折**（X-ray diffraction）という手法を使う。この手法は、結晶に X 線を照射したとき、結晶面によって反射される X 線の方向から、結晶面の面間距離を求めるものである。X 線の入射角と反射角を θ とし、面間距離を d、X 線の波長を λ とすると

$$2d\sin\theta = n\lambda \quad (n = 1, 2, 3, \ldots)$$

という条件を満足するとき、X 線の波の山と山が一致するので、回折された線が強めあう。この式の左辺は図 2-10 に示すように、上の面で反射される X 線と、その下の面で反射される X 線の行路の長さの差に相当する。これが、波長の整数倍であれば、光は互いに強めあうことになる。

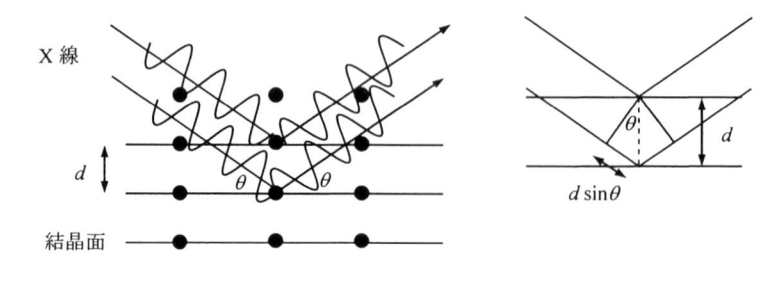

図2-10 結晶面によるX線のブラッグ反射。

これが有名な**ブラッグの法則** (Bragg's law) であり、1912年にブラッグ親子によって発見された。このような現象が起こるのは、X線が波であり、その波長λが反射によって変化しないからである。

しかしながら、コンプトンは結晶に照射して散乱されるX線の波長を詳しく解析することで、一部の波では、その波長が変化することに気づくのである。この変化は入射角（反射角）が大きくなるほど大きいこともわかった。コンプトンは、X線が波ということを基本として、この変化を説明しようとしたが、いくら考えても、うまく説明できない。

ここで、コンプトンはアインシュタインという若い研究者が提唱した**光子** (photon) というアイデアのことを思い出した。光電効果や空洞輻射の説明が可能だからといっても、光が粒子という説に対しては、多くの物理学者は当時、懐疑的であった。しかし、コンプトンは彼の実験結果が「光が粒子である」という仮定をしたら説明が可能かどうかを検討した。

光電効果のところで、説明したように、光子は電子と衝突し、電子にエネルギーを与えることができる。そこで、X線の場合にも、結晶面で反射されるものの他に、電子と衝突するものがあるのではないかと考えた。そこで、光子と電子の衝突という観点からデータを見直すことにしたのである。すると、簡単な力学の計算になり、**エネルギー保存の法則** (Law of conservation of energy) と**運動量保存の法則** (Law of conservation of momentum) を使うことで、相互作用を計算することができる。

まず、入射するX線をエネルギー$E = h\nu$を有する粒子と考える。ここ

で、問題は運動量(p)である。運動量保存の法則を利用するためには、運動量を求める必要がある。しかし光の場合は質量がないので運動量を求めようがない。

そこで、質量がある場合のエネルギーと運動量の関係を参考にしてみる。それぞれの値は

$$E = \frac{1}{2}mv^2 \qquad p = mv$$

となっている。ここで、質量を両辺から消去して、エネルギーと運動量の関係に整理すると

$$p = \frac{2E}{v}$$

となって、質量がわからなくとも、エネルギーと速度がわかれば、運動量を出すことができる。コンプトンは光の速度 c を使って

$$p = \frac{E}{c}$$

を光の運動量とした。この式は $E = h\nu$ を使うと

$$p = \frac{h\nu}{c}$$

となるが、$\nu = c/\lambda$ の関係にあるから

$$p = \frac{h\nu}{c} = \frac{hc}{\lambda c} = \frac{h}{\lambda}$$

となる。

ここで、コンプトンによる X 線粒子と電子の衝突を考えてみよう。図 2-11 のように入射線の波長が λ_1 とする。これが電子に衝突して、角度 φ だ

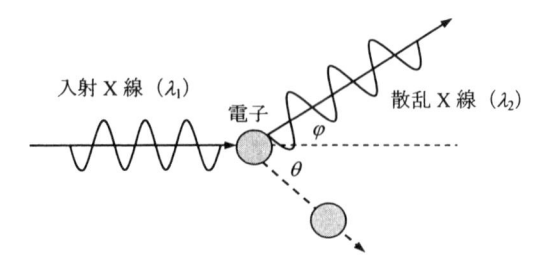

図 2-11 コンプトン散乱の模式図。

け散乱され、波長が λ_2 に変わったものとする。このとき、電子は角度 θ で反対側に散乱されるものとする。ここで、電子の質量を m_e とし、速度を v とすると、まず運動量保存の法則から、x 方向と y 方向に対して

$$\frac{h}{\lambda_1} = \frac{h}{\lambda_2}\cos\varphi + m_e v \cos\theta$$

$$0 = \frac{h}{\lambda_2}\sin\varphi - m_e v \sin\theta$$

という式がえられる。よって

$$m_e v \cos\theta = \frac{h}{\lambda_1} - \frac{h}{\lambda_2}\cos\varphi$$

$$m_e v \sin\theta = \frac{h}{\lambda_2}\sin\varphi$$

両辺を平方して足し合わせると

$$m_e^2 v^2 \cos^2\theta + m_e^2 v^2 \sin^2\theta = \left(\frac{h}{\lambda_1} - \frac{h}{\lambda_2}\cos\varphi\right)^2 + \left(\frac{h}{\lambda_2}\sin\varphi\right)^2$$

となり、まとめると

$$m_e^{\ 2}v^2 = \left(\frac{h}{\lambda_1} - \frac{h}{\lambda_2}\cos\varphi\right)^2 + \left(\frac{h}{\lambda_2}\sin\varphi\right)^2$$

となる。次にエネルギー保存の法則より

$$\frac{hc}{\lambda_1} = \frac{hc}{\lambda_2} + \frac{1}{2}m_e v^2$$

という関係がえられる。よって

$$m_e v^2 = 2\left(\frac{hc}{\lambda_1} - \frac{hc}{\lambda_2}\right)$$

となるが、これを上式に代入すると

$$2m_e c\left(\frac{h}{\lambda_1} - \frac{h}{\lambda_2}\right) = \left(\frac{h}{\lambda_1} - \frac{h}{\lambda_2}\cos\varphi\right)^2 + \left(\frac{h}{\lambda_2}\sin\varphi\right)^2$$

となる。右辺を展開すると

$$2m_e c\left(\frac{h}{\lambda_1} - \frac{h}{\lambda_2}\right) = \left(\frac{h}{\lambda_1}\right)^2 - 2\frac{h^2}{\lambda_1 \lambda_2}\cos\varphi + \left(\frac{h}{\lambda_2}\right)^2$$

となる。ここで、両辺を $h/\lambda_1\lambda_2$ で除してみよう。すると

$$2m_e c(\lambda_2 - \lambda_1) = h\frac{\lambda_2}{\lambda_1} - 2h\cos\varphi + h\frac{\lambda_1}{\lambda_2}$$

となり、まとめると

$$2m_e c(\lambda_2 - \lambda_1) = h\left(\frac{\lambda_2}{\lambda_1} + \frac{\lambda_1}{\lambda_2}\right) - 2h\cos\varphi$$

という関係がえられる。

　ここで、終わりであるが、コンプトンは近似的に、この式をさらに次のように変形した。衝突後はわずかに波長が伸びるので

$$\lambda_2 = \lambda_1 + \Delta\lambda$$

と置き、これを上式に代入すると

$$2m_e c\Delta\lambda = h\left(\frac{\lambda_1 + \Delta\lambda}{\lambda_1} + \frac{\lambda_1}{\lambda_1 + \Delta\lambda}\right) - 2h\cos\varphi$$

となるが、右辺の（　）内は

$$\frac{\lambda_1 + \Delta\lambda}{\lambda_1} + \frac{\lambda_1}{\lambda_1 + \Delta\lambda} = \frac{(\lambda_1 + \Delta\lambda)^2 + \lambda_1^2}{\lambda_1(\lambda_1 + \Delta\lambda)} = \frac{2\lambda_1(\lambda_1 + \Delta\lambda) + (\Delta\lambda)^2}{\lambda_1(\lambda_1 + \Delta\lambda)}$$

と変形できる。$\Delta\lambda$ は小さい値であるから、その2乗の項を無視すると

$$\frac{\lambda_1 + \Delta\lambda}{\lambda_1} + \frac{\lambda_1}{\lambda_1 + \Delta\lambda} = \frac{2\lambda_1(\lambda_1 + \Delta\lambda) + (\Delta\lambda)^2}{\lambda_1(\lambda_1 + \Delta\lambda)} \cong 2$$

となり、もとの式に代入すると

$$2m_e c\Delta\lambda = 2h - 2h\cos\varphi$$

さらに、整理すると

$$\Delta\lambda = \frac{h}{m_e c}(1 - \cos\varphi)$$

第 2 章 光の 2 面性

となって、波長の変化の散乱角度依存性がえられる。この式がみごとに X 線散乱の波長変化を示していたことから、コンプトンは電磁波の一種である X 線が波ではなく粒子であるということを仮定すれば、波長の長い X 線が飛び出してくる理由が説明できると考えた。

その後、X 線を照射した物質から電子が飛び出してくることも確認され、コンプトンの仮説が実証されたのである。かくして、ようやく、光が粒子であるということが認知されたのである。ただし、光が波であるという事実が否定されたわけではない。

ここに至って、われわれは奇妙な事実を受け入れなければならなくなった。それは、光は時として波として振る舞い、また、ある時は粒子としても振舞うという 2 面性である。

この考えは、後ほど電子が粒子であると同時に波でもあるという電子の 2 面性の発見につながり、それが量子力学の建設へとつながっていくのであるが、いまだに量子力学に対して異をとなえる研究者は、この 2 面性を問題としている。確かに、常識では受け入れにくい考えである。

第3章　原子の構造と電子軌道

　光の2面性が明らかとなり、完全無欠と考えられていた古典論のニュートン力学とマックスウェル電磁気学にほころびが見え始めた頃、さらに古典論では説明できない物理現象が頻出した。そのひとつが、原子の中の電子の運動である。

3.1. 原子構造モデル

　われわれのまわりには50000種にも及ぶ材料があるが、これら物質は、たかだか50個程度の元素（あるいは原子）からできている。しかし、その最小単位と考えられていた原子の構造については20世紀になって、はじめて解明された。
　ドイツの**ローレンツ** (Lorentz) は原子から放出される光を研究する過程で、光とともに電子が放出されることを発見する。これによって、原子の構成要素のひとつが電子であることが明らかとなった。
　1903年に**トムソン** (J. J. Thomson)[1]は、図3-1に示すような原子モデルを発表した。彼は、プラスの電気を帯びた球の中に、いくつかの軌道に電子がつまっているという構造を提唱したのである。そして、これら軌道への電子の分配によって、当時すでに知られていた元素の**周期律** (periodicity) が説明できるとした。
　さらに、トムソンは、電子は原子の中の安定な位置に静止していると考え、この位置からずれた時に振動して光を出すと考えた。このモデルは、

---

[1] 1897年、トムソンは陰極線の研究から電子の存在を発見した。彼は、陰極線が磁場や電場で曲がることから、それがマイナスの電気を帯びた小さな粒子の流れであると結論し、この小さな粒子を電子 (electron) と名づけた。

第3章 原子の構造と電子軌道

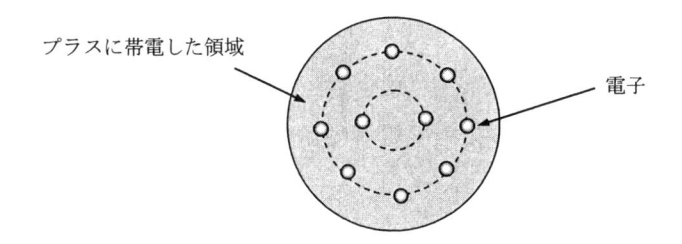

図 3-1 トムソンの原子モデル。

原子はすいかのようなもので、ちょうどすいかの種が電子に相当するというものである。

これに対し、同じ 1903 年に日本の長岡半太郎はトムソンとは異なる原子モデルを提唱する。それは原子の中心にプラスに帯電した領域が存在し、そのまわりを土星の環のように電子がまわっているという構造である（図 3-2 参照）。彼は、この構造の方が力学的に安定であるという考えから土星モデルを提唱した。

1911 年に、**ラザフォード** (Rutherford) は、師のトムソンの原子モデルの正当性を実証するため、ある実験を行った。彼は、**自然放射性元素** (natural radioisotope) のウランやラジウムを利用して、強くプラスに帯電したα**粒子** (alpha particle) を放射する装置を完成させていた。そして、この装置を使って、金箔にα粒子[2]を照射する実験を行ったのである。トムソンの原子モデルが正しいとすると、原子の大部分は弱くプラスに帯電した領域である。

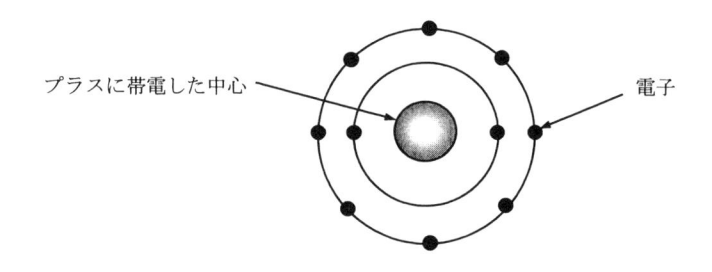

図 3-2 長岡の原子モデル。

---

[2] α粒子はヘリウムの原子核である。つまり 2 個の陽子と 2 個の中性子からなり、プラス (+2) に帯電している。

よって、プラスに強く帯電したα粒子を照射しても、簡単に通り抜けてしまうと予想したのである。もちろん、トムソンモデルでは電子が点在しているが、α粒子の重量は電子に対して中性子 2 個、陽子 2 個で 1840×4=7360 倍の質量があるうえ、マイナスの電荷も平均的に分布しているので、その運動にほとんど影響はないと考えられる。

ラザフォードが実験結果を調べると、予想通りほとんどの α 粒子は金箔を通り抜けたが、驚いたことに 20000 個に 1 個の割合で α 粒子がはじき返されることがわかったのである[3]。この実験事実は何を示しているだろうか。それは、原子の中にはプラス電荷が薄く全体に分布しているのではなく、それが集中した部分が存在するということである。

α粒子はプラスに帯電しており、質量は電子の 7000 倍以上もある。この粒子が散乱されるのは、プラスに強く帯電した重い粒子にぶつかった時だけと考えられる。ただし、その大きさは面積にして 20000 分の 1 程度と非常に小さい。この実験結果から、ラザフォードは、原子は、その中心にプラスに帯電した**原子核** (atomic nucleus) という小さな重い粒子が存在し、そのまわりのはるか遠くの軌道を電子がまわっているという原子モデルを提唱するのである（図 3-3 参照）。皮肉なことに、ラザフォードは、師のトムソンの原子モデルの正当性を証明しようとして、逆にそれを否定する結果をえたのである。このモデルを提唱した時、ラザフォードは長岡の原子モデルは知らなかったようであるが、後ほど長岡のものとよく似ていることを言及している。

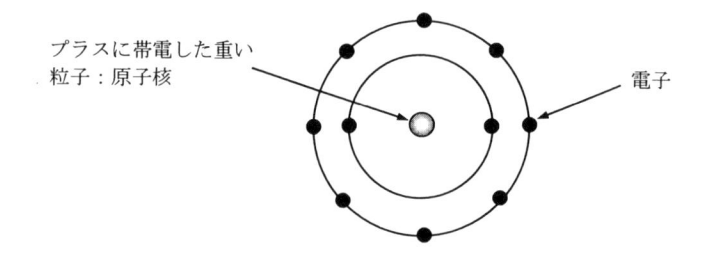

図 3-3 ラザフォードの原子モデル。

---

[3] この実験結果は、「ティッシュペーパーに大砲の弾を撃ち込んだら、跳ね返されてしまった」と比喩される。ラザフォードの驚きを表現した言葉である。

第3章　原子の構造と電子軌道

　原子構造を知っているわれわれにとっては、ラザフォードの実験によって、原子の構造は明らかになったように思えるが、実は、当時の研究者からは、それほど支持をえられなかったのである。それは、古典論では、ラザフォードの原子構造が安定とは考えられなかったからである。

　長岡やラザフォードが提唱したように、原子の中心にプラスの電荷を持った原子核が存在し、そのまわりを電子がまわっているものとしよう。すると、原子核と電子の間には必ずクーロン引力が働く。簡単のために、原子核は+1に帯電し、そのまわりを電子1個がまわっているというモデルを考える。これは、水素原子の構造に相当する。この時、電子と原子核の間には

$$F = -k\frac{e^2}{r^2}$$

という引力が働く。ただし、e は**電気素量** (elementary electric charge) で、電子1個（あるいは陽子1個）の電荷の大きさに相当する。また、k は**クーロン定数** (Coulomb constant) と呼ばれる比例定数であり、ε_0 を**真空の誘電率** (dielectric constant in vacuum) とすると

$$k = \frac{1}{4\pi\varepsilon_0}$$

と与えられ

$$k = 8.99 \times 10^9 \, \frac{\text{Nm}^2}{\text{C}^2}$$

という値となる。

　この引力によって、電子は原子核に引き寄せられる。ただし、この引力だけでは電子は原子核に引き寄せられるので、原子の大きさを保つことができない。そこで、原子の大きさ（あるいは電子軌道の大きさ）を保つためには、電子はある一定の速度でまわる必要がある。電子の質量を m、軌道半径を r とし、電子が速度 v で回転しているとすると、この電子には

$$F = \frac{mv^2}{r}$$

という**遠心力** (centrifugal force) が働くことになる。この遠心力とクーロン引力がつりあった時に軌道が安定となる。よって

$$\frac{mv^2}{r} - k\frac{e^2}{r^2} = 0$$

という条件を満足する時に、半径 r の軌道が安定となる（図3-4参照）。
　この関係式より、軌道半径 r に対応した電子の速度 v は

$$v = \sqrt{\frac{k}{mr}}\, e$$

と与えられることになる。また、この軌道上の電子の運動エネルギーは

$$E = \frac{1}{2}mv^2 = \frac{ke^2}{2r}$$

となる。

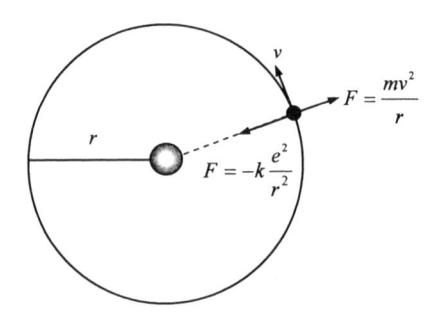

図3-4　円運動している電子の遠心力とクーロン引力のつりあい。

第 3 章　原子の構造と電子軌道

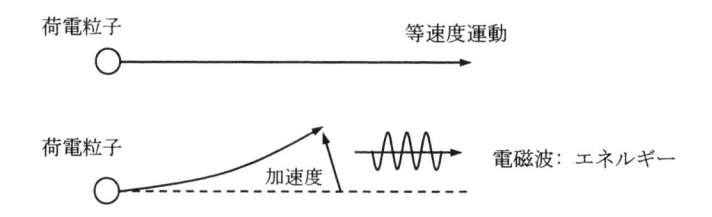

図 3-5　荷電粒子の運動が曲げられると電磁波が発生する。

これで問題がなさそうであるが、実は深刻な問題がある。それは、**荷電粒子** (charged particle) が加速運動をすると電磁波を発生するという事実である（図 3-5 参照）。電子の円運動は、**等速度運動** (motion with uniform velocity) ではなく、**等加速度運動** (motion with uniform acceleration) である。よって、回転運動している電子からは常に電磁波が放出されることになる。あるいは、このように考えるとわかりやすいかもしれない。当時、光は**電磁波** (electromagnetic wave) であることが知られていた。つまり、電場と磁場が交互に振動しているのが光である。電子が円運動している様子を横から眺めると、図 3-6 のように電荷が振動していることになる。よって、この振動に対応した電磁波が放出されると考えられるのである。

電磁波の放出によって、電子は運動エネルギーを失うため、速度が低下する。すると遠心力も小さくなるので、電子は最後には原子核に引き寄せられてしまう。つまり、電子の回転運動は安定ではないということになる。このように、ラザフォードによって明らかにされた原子の構造は、明らかに古典論と矛盾するのである。

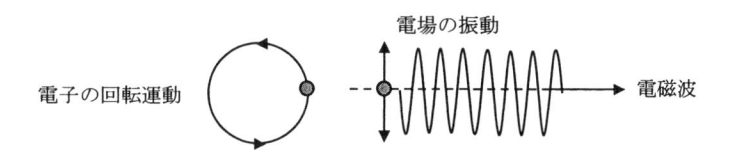

図 3-6　電子の回転運動は、電子つまり電荷の振動となり電磁波を発生する。

3.2. 線スペクトル

原子の構造を説明するためには、古典論とは異なる新たな理論が必要となるが、その探索にあたって大きなヒントとなる現象があった。それは、元素から放出される電磁波の有する特徴である。実は、ある元素から放出される電磁波は連続ではなく、いくつかの振動数に限られるのである。

例えば、水素原子だけ入った容器を加熱して、放出される電磁波のスペクトルを調べると図 3-7 に示すように、ある決まった振動数の光しか出てこない。

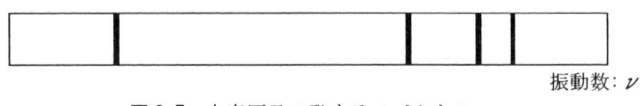

図 3-7 水素原子の発するスペクトル。

電子が原子核のまわりをまわって円運動しているとすると、円運動の半径は任意であるから、連続的に変化できるはずである。よって、すべての振動数の光が出てきても良さそうである。ある決まった振動数の光しか出てこないという現象は、非常に奇妙なものであったのである。

元素から放出される光のスペクトルを**線スペクトル** (line spectrum) と呼んでいる。そして、元素の種類が決まれば、線スペクトルは常に同じであるということもわかった。

1885 年、中学校の数学教師であった**バルマー** (Balmer) は、水素原子から出る光のスペクトルにある規則性があることを発見する。当時、可視領域では、赤、青、藍、紫の 4 色のスペクトルが水素原子から発せられることが知られていた。バルマーは、これら 4 色の光の振動数を吟味することで、つぎの規則性に気づくのである。それは、水素原子から出る光の振動数は

$$\nu = cR\left(\frac{1}{2^2} - \frac{1}{n^2}\right) \ (n = 3,\ 4,\ 5,\ 6)$$

という公式に従うという規則である。ここで、c は光速であり、R はリュー

ドベリ定数と呼ばれる定数である。つまり、水素から発せられる光の振動数は

$$\nu_1 = cR\left(\frac{1}{2^2} - \frac{1}{3^2}\right) \qquad \nu_2 = cR\left(\frac{1}{2^2} - \frac{1}{4^2}\right)$$

$$\nu_3 = cR\left(\frac{1}{2^2} - \frac{1}{5^2}\right) \qquad \nu_4 = cR\left(\frac{1}{2^2} - \frac{1}{6^2}\right)$$

という式で与えられることになる。バルマーは、物理的な背景に基づいたわけではなく、純粋に数学的な考察から、現在バルマーの公式と呼ばれる規則性を導き出した。まさに驚嘆すべき成果である。

バルマーの公式に出会った分光学者の**リュードベリ** (Rydberg) は水素原子だけではなく、他の原子についても同様の公式が成立するのではないかと考え、実験を行ったところ、水素原子以外の原子についても発光スペクトルがバルマー公式に従うことを見出した。そして、定数 R が、原子の種類に関係なく普遍であることを発見するのである。これが、現在定数 R のことを**リュードベリ定数** (Rydberg constant) と呼んでいる所以である。R は

$$R = 1.097373154 \times 10^7 \, (\mathrm{m}^{-1})$$

と与えられる。

さらに、可視光以外の光も含めると、水素原子から発する光の振動数は

$$\nu = cR\left(\frac{1}{m^2} - \frac{1}{n^2}\right) \; (n > m)$$

という一般式で表されることがわかったのである。バルマーの公式は $m = 2$ に相当する。しかし、バルマーやリュードベリは、なぜ水素の発光スペクトルが、このような式に従うかはわからなかったのである。

3.3. ボーアの原子モデル

バルマーやリュードベリが見つけた水素原子から出てくる光の振動数の公式

$$\nu = cR\left(\frac{1}{m^2} - \frac{1}{n^2}\right)$$

は何を意味しているのであろうか。

ここで、両辺にプランク定数 h をかけてみよう。すると

$$h\nu = hcR\left(\frac{1}{m^2} - \frac{1}{n^2}\right) \quad \rightarrow \quad E = E_m - E_n$$

となり、左辺は光のエネルギーとなる。この式は、元素から発生する光のエネルギー (E) が、ある 2 つのエネルギーの引き算 ($E_m - E_n$) となっていることを示唆している。つまり

$$E_m = \frac{hcR}{m^2} \qquad E_n = \frac{hcR}{n^2}$$

という 2 つのエネルギー差と考えられる。そして、これらエネルギーは、整数の 2 乗の逆数となっていることから、連続ではなく飛び飛びとなっていることも示している。

ボーア (Bohr) は、ラザフォードの原子モデルと古典論の間にある矛盾を取り除くために、プランクやアインシュタインの量子論を使って説明できないかと思い立った。

ここで、ボーアは大胆な仮説をたてる。そもそもラザフォードの原子モデルが破綻するのは、荷電粒子である電子が原子核のまわりを等速円運動すると電磁波を放出して、そのエネルギーを失ってしまうことにある。そこで、ボーアは、ある特定の軌道を電子がまわっている時には、円運動を

第3章　原子の構造と電子軌道

行っても電磁波を放出しないと仮定した。

そして、電磁波を放出しない軌道のみが安定な軌道としたのである。それでは、どのような軌道が安定か？　ボーアは、リュードベリの公式に現れるエネルギー（E_n, E_m）を有する軌道が安定な軌道と仮定した。そして、これら軌道間を電子が遷移する時に、その差に相当するエネルギーが電磁波として放出されると考えたのである（図 3-8 参照）。

すると、一般式としてある軌道にある電子のエネルギーは

$$E_n = \frac{hcR}{n^2}$$

となる。ボーアは、原子核に近いほど n が小さいと考えたが、このままでは矛盾が生じる。なぜなら、この式によると n が小さい軌道のエネルギーは大きいということになり、原子核の近くをまわっている電子のエネルギーが最も大きくなってしまうからである。

ここで $n \to \infty$ としてみよう。すると

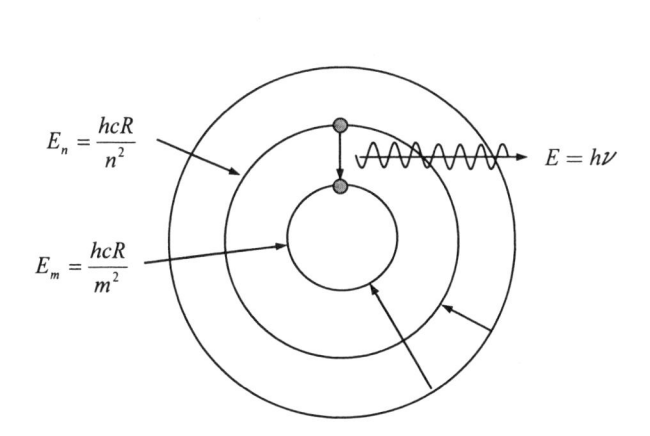

$$E_n(n \to \infty) = 0$$

図 3-8　電子が軌道間を遷移する時に、そのエネルギー差に相当する電磁波が放出される。

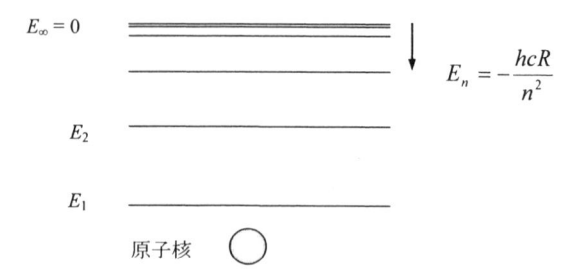

```
E_∞ = 0  ═══════════
         ───────────      ↓    $E_n = -\dfrac{hcR}{n^2}$
         ───────────

    $E_2$  ───────────

    $E_1$  ───────────

         原子核  ◯
```

図 3-9 エネルギー準位は無限遠をゼロとして考える。

となって、最も外殻軌道の電子のエネルギーがゼロとなる。この軌道は、原子核の束縛から電子が逃れた自由な状態と考えられる。ここで、つぎのような発想の転換を行う。まず、n 軌道のエネルギーは

$$E_n = -\frac{hcR}{n^2}$$

とする。そして、エネルギーが負となるのは、電子が自由な状態から原子核にとらわれた時のエネルギーの深さに相当すると考えるのである（図 3-9 参照）。すると、最も原子核に近い電子のエネルギー準位が最も深い位置にあることになる。

このような仮定をしても、軌道間の遷移に伴うエネルギー差は

$$E = E_n - E_m = \left(-\frac{hcR}{n^2}\right) - \left(-\frac{hcR}{m^2}\right) = \frac{hcR}{m^2} - \frac{hcR}{n^2} \quad (n > m)$$

となって、リュードベリの公式と矛盾しない。

このように、電子軌道のエネルギーは飛び飛びの値になっているが、量子化という観点からは、すっきりしないかたちとなっている。量子論というからには、何かの基本単位の整数倍になっている必要がある。

実は、ボーアは電子軌道のエネルギーではなく、その**角運動量** (angular

momentum) に注目すると、量子化に関して非常に興味ある結果がえられることに気づいた（量子化に至る過程は補遺 3 に詳しく書いた）。角運動量とは円運動や楕円運動に使われる運動量のことで、通常の運動量 $p = mv$ に軌道半径 r を乗じたものであり

$$M = pr = mvr$$

と与えられる（補遺 3 参照）。

そして、ボーアは、n 軌道の電子の角運動量が

$$M = n\frac{h}{2\pi}$$

というように $h/2\pi$ を単位として量子化されていることに気づくのである[4]。ここで h はプランク定数であり、n はもちろん整数である。これを**ボーアの量子化条件** (Bohr's quantization rule) と呼んでいる（補遺 4 参照）。

実は、ボーア自身も気づかなかったが、この条件式は、ド・ブロイ (de Broglie) によって提唱された電子波という考えを使うとうまく説明できるのである。光の場合

$$p = \frac{h\nu}{c} = \frac{h}{\lambda}$$

という関係にあることを前に示した。すると角運動量は

$$M = pr = \frac{hr}{\lambda}$$

となる。

これをボーアの量子化条件に代入すると

---

[4] プランク定数を 2π で割ったものを $\hbar$ と表記し、エイチバーあるいはディラックエイチと読む。量子力学では、こちらの表記を好んで使う場合も多い。

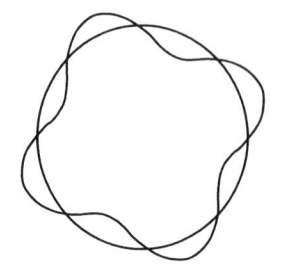

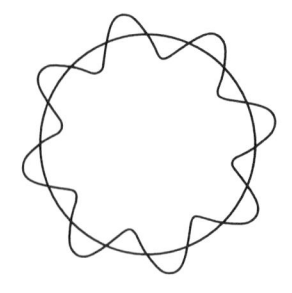

図 3-10 安定な電子軌道は、その周長が電子波の波長の整数倍となる。

$$\frac{hr}{\lambda} = n\frac{h}{2\pi} \qquad となり \qquad 2\pi r = n\lambda$$

という関係がえられる。この式は、電子軌道の周長はその波長の整数倍に限られるという有名な関係である（図 3-10 参照）。ボーアは、自身が提唱した量子化条件が電子波動説の強固な証拠となるとは、この時点では気づいていなかったのである。

それでは、ボーアの量子化条件をもとに、電子軌道の特徴を導き出してみよう。まず、力のつりあい方程式と量子化条件

$$\frac{mv^2}{r} = \frac{ke^2}{r^2} \qquad mvr = n\frac{h}{2\pi}$$

を使って、未知の値である電子の速度 v を消去して、軌道半径 r を求めてみよう。

量子化条件より

$$v = \frac{nh}{2\pi mr}$$

となる。力のつりあい方程式から

$$r = \frac{ke^2}{mv^2}$$

第3章　原子の構造と電子軌道

となるから

$$r = \frac{(2\pi)^2 r^2 mke^2}{n^2 h^2}$$

よって軌道半径は

$$r = \frac{n^2 h^2}{(2\pi)^2 mke^2} \quad \left(= \frac{\varepsilon_0 n^2 h^2}{\pi me^2} \right)$$

と与えられ

$$r_1 = \frac{h^2}{(2\pi)^2 mke^2} \qquad r_2 = \frac{2^2 h^2}{(2\pi)^2 mke^2} \qquad r_3 = \frac{3^2 h^2}{(2\pi)^2 mke^2}$$

のように飛び飛びの値をとることがわかる。

ここで、安定な電子軌道の半径を決める数字 n を**量子数** (quantum number) と呼んでいる。水素原子の場合には、電子が 1 個しかないので、その**基底状態** (ground state) は $n = 1$ となり、これが原子半径となる。この値

$$a = \frac{h^2}{(2\pi)^2 mke^2}$$

を**ボーア半径** (Bohr radius) と呼んでいる。

$$a = 5.28 \times 10^{-11} \, m$$

程度となる。つまり、水素原子の半径は 0.5Å 程度ということになる。水素原子内の電子に許される軌道は、ボーア半径を使うと

$$r_n = n^2 a$$

となるので、基底状態の次の軌道の半径は 4 倍、その次は 9 倍と大きくなっていく。ただし、水素原子より質量の大きい元素の場合には、電子の数

も増え、軌道もより複雑になるので、その軌道半径の計算は水素原子のように単純ではない。

それでは、安定な電子軌道の半径がえられたので、つぎに、電子軌道のエネルギーを求めてみよう。エネルギーは電子の運動エネルギーとポテンシャルエネルギーの和となる。ここで、ポテンシャルエネルギーは、どこに基準点を置くかに依存する。いままでの取り扱いでは無限遠に原点を置いているので、ここでも同様の取り扱いをする。まず、原子核が$+e$の電荷とすると、距離rだけ離れた電子に働くクーロン引力は

$$F = -\frac{ke^2}{r^2}$$

である。すると無限遠から見たポテンシャルエネルギーUは

$$U = \int_{\infty}^{r} -F dr = \int_{\infty}^{r} \frac{ke^2}{r^2} dr = \left[-\frac{ke^2}{r}\right]_{\infty}^{r} = -\frac{ke^2}{r}$$

となる。これは、無限遠から電子をこの位置まで持ってくるのに要するエネルギーとなる。つぎに、運動エネルギーは座標に関係がなく一定である。電子の遠心力とクーロン力のつりあい方程式

$$\frac{mv^2}{r} = \frac{ke^2}{r^2}$$

から

$$K = \frac{1}{2}mv^2 = \frac{ke^2}{2r}$$

と与えられる。よって、全エネルギーは

$$E = K + U = \frac{ke^2}{2r} - \frac{ke^2}{r} = -\frac{ke^2}{2r}$$

となる。これに、先ほど求めた軌道半径の式

$$r_n = \frac{n^2 h^2}{(2\pi)^2 mke^2}$$

を代入すると

$$E_n = -\frac{ke^2}{2r_n} = -\frac{(2\pi)^2 mk^2 e^4}{2h^2}\frac{1}{n^2}$$

となる。このエネルギーは、ボーアがリュードベリの式からヒントをえて仮定した軌道エネルギーの式

$$E_n = -\frac{hcR}{n^2}$$

と同じ n 依存性のかたちをしている。ここで、これらが一致すると置くと

$$hcR = \frac{(2\pi)^2 mk^2 e^4}{2h^2} = \frac{2\pi^2 mk^2 e^4}{h^2}$$

となり、リュードベリ定数は

$$R = \frac{2\pi^2 mk^2 e^4}{ch^3} \quad \left(= \frac{me^4}{8\varepsilon_0^2 ch^3}\right)$$

と与えられる。実際に数値を代入して計算すると

$$R = 1.0968 \times 10^7 \ m^{-1}$$

となって、リュードベリが実験的に求めた値 $R = 1.097373154 \times 10^7$ (m^{-1})と非常によい一致をみせるのである。このようにボーアの理論によって、原子内の電子軌道を説明することが可能となった。しかし、依然として問題は残っている。それは、なぜ粒子である電子の運動に対して、角運動量の量

子化という規定がなされるかという問題である。粒子の円運動であれば、その軌道半径は自由に決められるはずである。それが飛び飛びの軌道半径しか許されないという理由がわからないのである。

　ボーアの理論は、リュードベリやバルマーが実験的に見つけた元素から発する光のスペクトルが連続ではなく、ある規則に従うという事実をもとにして、構築されたものである。これによって、原子の構造を説明することができるようになったのであるが、まだ電子の本質には迫っていなかったのである。

3.4. 電子の2面性

　ボーアの量子化条件のなぞは、思わぬところから解明される。すでに紹介した**ド・ブロイ** (de Broglie) による**電子の波動説** (electron wave theory) である。

　ド・ブロイは貴族の出身であるが、本格的な物理教育を受けたことのない歴史学者であった。兄は物理学者であり、参加したソルベー会議で聞いた光の2面性の話を弟に聞かせたところ、大きな感銘を受けたという。そして、弟は物理に興味を抱くようになり、1924年にとんでもない理論を発表する。それは、彼の学位論文で、「電子には波の性質がある」ということを提唱するのである。波と考えられていた光に粒子性があるならば、粒子と考えられている電子に波動性があってもよいだろうという逆転の発想である。

　ド・ブロイは、アインシュタインが光量子仮説で示した光の性質が電子にもあてはまると考えた。光子のエネルギーは

$$E = h\nu$$

と与えられ、その運動量は

$$p = \frac{E}{c} = \frac{h\nu}{c} = \frac{h}{\lambda}$$

と与えられる。電子の場合は、質量があるので、エネルギーと運動量は

$$E = \frac{1}{2}mv^2 \qquad p = mv$$

と与えられるが、光と同様に扱うことで、電子の場合は、その振動数および波長が

$$\nu = \frac{E}{h} = \frac{mv^2}{2h} \qquad \lambda = \frac{h}{p} = \frac{h}{mv}$$

で与えられる波として振舞うと提唱したのである。

　さらにド・ブロイは、この関係式を電子だけでなく、すべての物質に対して成り立つと考え、**物質波** (matter wave) と命名した。学位論文を審査する側は、物理学の素人がとんでもないことを発表したものだと半ばあきれかえったといわれている。しかし、ド・ブロイは貴族であり、物理界に対するよきスポンサーであったため、その学位論文をないがしろにすることもできなかったのである。論文審査の際に、審査員から、電子波の存在をどのように検証したらよいか尋ねられたド・ブロイは、電子の回折現象がみられるはずだと答えたという。

　荒唐無稽と思われたド・ブロイの電子波仮説が実験によって確かめられることになる。アメリカのベル研でデヴィッソン (Davisson) と**ガーマー** (Germer) は、電子線を使ってニッケルの結晶構造を調べる実験をしていた。2人は、ニッケルの表面に電子ビームをあて、それが結晶によって反射される様子を調べることで結晶がどのような構造をしているかを調べる研究を行っていた。ところが、測定結果にうまく説明のできないデータがあらわれた。その時、彼らはド・ブロイの電子波の仮説のことを知り、電子が粒子ではなく波という仮定でデータを解析したところ、電子線の干渉現象によって、データをうまく説明することに成功したのである。ド・ブロイが電子波仮説を発表してから3年後の1927年のことである。

　その後、電子を発見したトムソン (J. J. Thomson) の息子の **J. P. トムソ**

ン (J. P. Thomson) は、金箔に電子線を透過した時にデバイシェラー環と呼ばれる電子線の回折による干渉縞の観測に成功する。また、日本の菊池正士も薄い雲母に電子線を透過させ、X線の**ラウエ斑点** (Laue spot) に似た**電子線回折** (electron diffraction) による斑点の写真撮影に成功した。

これらの実験的検証によって、ド・ブロイの電子波の理論は認知されることになる。興味深いことに、菊池以外のド・ブロイ、デヴィッソン、ガーマー、トムソンはすべてノーベル賞を受賞した。

電子に波動性があることが明らかになって、ボーアの量子化条件の意味が明らかとなった。すでに紹介したように、ボーアの式を変形すると

$$2\pi r = n\lambda$$

となって、電子軌道として許されるものは、その周長が電子波の整数倍となる軌道である。

第4章　電子の運動──古典論からのアプローチ

　ボーアの功績によって、電子がある軌道 (n) から別の軌道 (m) に遷移するときに、そのエネルギー差 ($\Delta E=E_n-E_m$) に相当する振動数 ($\nu = \Delta E/h$) の電磁波が元素から放出されることが明らかとなり、元素の発光スペクトルがなぜある決まった振動数だけに限られるかという謎が解明された。さらに、電子軌道の角運動量が量子化されていることも明らかとなり、ド・ブロイの「電子が波の性質を有する」という着想により、電子軌道が飛び飛びとなる原因は、定常波として許される軌道周長 ($2\pi r$) が電子波の波長の整数倍 ($n\lambda$) に限られるということも明らかとなった。

　しかし、原子の発光スペクトルの振動数（あるいは波長）については、それが飛び飛びの値をとる機構は明らかになったものの、電子の運動そのものについては依然不明のままであった。さらに、ド・ブロイによる電子波は、電子が粒子でありながら波であるという常識では受け入れがたい2面性を顕在化することとなった。

　かくして、電子の運動を記述するためには、まったく新しい物理が必要となった。しかし、ゼロから新理論を構築することは不可能である。やはり、古典論に立脚しながら、それに補正を加えるという手法が常套である。

　そこで、本章では電子が原子核のまわりを運動するという描像を古典論的な運動方程式で解析し、さらにボーアの量子化条件を加味するという手法で電子の運動について考えてみる。元素から放出される電磁波が、電子軌道間の遷移に基づくという点は、この章では、とりあえず無視して式の展開を行う。

4.1. 単振動

電子は原子核の周りを円運動[1]しているものと考えられる。しかし、この円運動は x 軸および y 軸から眺めると、古典力学でよく知られた単振動に相当する。そこで、まず、単振動について簡単に復習してみよう。

古典力学においては、物体の運動は**ニュートンの運動方程式** (Newton's law of motion):

$$F = m\frac{d^2 x}{dt^2}$$

に支配される。ここで、F は物体に作用する**力** (force)、m は物体の**質量** (mass)、x は物体の**変位** (displacement)、t は**時間** (time) である。これは、

$$（力）=（質量）\times（加速度）$$

という式である。

ばねにつながれた振り子の**単振動** (simple harmonic motion) においては、**ばね定数** (spring constant) を k とすると

$$F = -kx$$

という**復元力** (restoring force) が働く。よって、その微分方程式は

$$-kx = m\frac{d^2 x}{dt^2} \qquad m\frac{d^2 x}{dt^2} + kx = 0$$

となる。

これは、**定係数の 2 階 1 次線形微分方程式** (linear equation of second order and first degree with constant coefficient) であり、第 1 章で紹介したように、$x = \exp(\lambda t)$ という解を仮定して、微分方程式に代入することで解法すること

---

[1] 必ずしも円ではなく楕円などの運動も考えられる。

が可能である。微分方程式に代入すると

$$m\lambda^2 \exp(\lambda t) + k \exp(\lambda t) = 0$$

となり、**特性方程式** (characteristic equation) は

$$m\lambda^2 + k = 0 \qquad \lambda^2 = -\frac{k}{m}$$

となるが、k も m の正の数であるから

$$\lambda = \pm\sqrt{\frac{k}{m}}\,i$$

のように λ は虚数となる。よって、一般解は

$$x = C_1 \exp\left(i\sqrt{\frac{k}{m}}t\right) + C_2 \exp\left(-i\sqrt{\frac{k}{m}}t\right)$$

と与えられる。オイラーの公式

$$\exp\left(\pm i\sqrt{\frac{k}{m}}t\right) = \cos\sqrt{\frac{k}{m}}t \pm i\sin\sqrt{\frac{k}{m}}t$$

を使うと、この解は

$$x = (C_1 + C_2)\cos\sqrt{\frac{k}{m}}t + i(C_1 - C_2)\sin\sqrt{\frac{k}{m}}t$$

のように三角関数で表現できる。微分方程式において一般解が複素数の場合には、その実部と虚部

$$x = (C_1 + C_2)\cos\sqrt{\frac{k}{m}}t \qquad x = (C_1 - C_2)\sin\sqrt{\frac{k}{m}}t$$

が特殊解となる。

　ここで、任意定数は初期条件や境界条件によって決定される。例えば、初期条件として $t = 0$ のとき $x = 0$ という条件を与えると

$$C_1 + C_2 = 0$$

という条件が課せられるので、この単振動は

$$x = (C_1 - C_2)\sin kt = 2C_1 \sin\sqrt{\frac{k}{m}}t$$

という式に従うことになる。

　以上は 1 次元の場合の単振動であるが、等速円運動を繰り返す物体の運動も x 軸および y 軸から眺めると、単振動となる。この円運動の**角速度** (angular velocity) を ω とすると

$$\omega = \sqrt{\frac{k}{m}}$$

となる。

　図 4-1 のように円運動している電子を考えてみよう。y 軸方向の運動をみると、半径 A を振幅として単振動していることがわかる。これを横軸に時間をとると図に示したように sin カーブとなる。

$$y(t) = A\sin\omega t$$

一方、x 軸に着目してみると

$$x(t) = A\cos\omega t$$

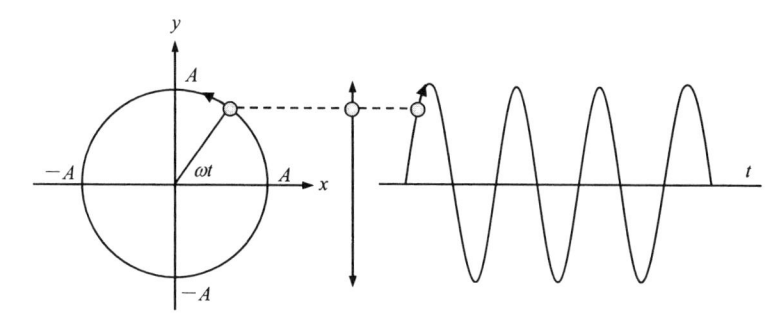

第4章 電子の運動──古典論からのアプローチ

図4-1 円運動している電子は y 軸方向から眺めると単振動となる。

となり、cos カーブとなるが、これも単振動の微分方程式の特殊解となっている。電子の場合に働く外力は、クーロン引力であり

$$F = -\frac{e^2}{4\pi\varepsilon_0 r^2}$$

と、その大きさは中心に向かって常に一定である。その x, y 成分は

$$F_x = -\frac{e^2}{4\pi\varepsilon_0 r^2}\cos\omega t = -\frac{e^2}{4\pi\varepsilon_0 r^3}r\cos\omega t = -kx \quad \left(k = \frac{e^2}{4\pi\varepsilon_0 r^3} = \text{constant}\right)$$

$$F_y = -\frac{e^2}{4\pi\varepsilon_0 r^2}\sin\omega t = -\frac{e^2}{4\pi\varepsilon_0 r^3}r\sin\omega t = -ky \quad \left(k = \frac{e^2}{4\pi\varepsilon_0 r^3} = \text{constant}\right)$$

のように、単振動の場合と同じかたちをしている。

ここで、等速円運動をしている物質の運動は

$$A\exp(i\omega t)\,(= Ae^{i\omega t})$$

という表記をすると便利である。また、単振動に対応した微分方程式は ω を使うと

$$m\frac{d^2x}{dt^2}+kx=0 \quad \rightarrow \quad \frac{d^2x}{dt^2}+\frac{k}{m}x=0 \quad \rightarrow \quad \frac{d^2x}{dt^2}+\omega^2 x=0$$

となる。

　量子力学では好んで $\exp(i\omega t)$ という表記方法を使う。ここで、振動数と角速度[2]の間には

$$\omega = 2\pi\nu$$

という関係があるので

$$\exp(i2\pi\nu t) \ (= e^{i2\pi\nu t})$$

と表記することもある。ここで、光（あるいは電子波）のエネルギーは

$$E = h\nu$$

であるから

$$\exp(i2\pi\nu t) = \exp\left(i\frac{2\pi E}{h}t\right)$$

という表記も使う。さらに、角速度 (ω) とエイチバー ($\hbar$) を使って

$$E = h\nu = \left(\frac{h}{2\pi}\right)2\pi\nu = \hbar\omega$$

と表記することもある。同様にして

$$\exp(i\omega t) = \exp\left(i\frac{E}{\hbar}t\right)$$

---

[2] ω のことを角振動数 (angular frequency) あるいは角周波数と呼ぶこともある。

という表記も使う。今後、これらの表記が登場するが、すべて同じことを表現していると記憶にとどめておいてほしい。

4.2. 古典論による電子の運動の解析

まず、最も単純なケースを解析するため、原子核のまわりの電子の運動が等速円運動（単振動）であると仮定する。ただし、電子は、この円軌道に沿って振動するはずであり、その運動も考慮する必要がある。

そこで、ある解を仮定して、それを単振動の微分方程式に代入して、それを満足するものを選び出すという手法をとってみよう。ここで、n 軌道にあり、k 回だけ振動する波（第 k 高調波）を

$$Q(n,k)\exp\{i2\pi\nu(n,k)t\}$$

あるいは

$$Q(n,k)\exp\{i\omega(n,k)t\}$$

と置いてみる。ここで、k は任意であり、どんな整数値もとれる。そして、負の場合には

$$\omega(n,k) = -\omega(n,-k)$$

となって、図 4-2 に示したように逆方向の運動に対応する[3]。

したがって、k としては $-\infty$ から $+\infty$ までの値をとることができ、n 軌道にある電子の運動を記述する一般式は

$$q_n(t) = \sum_{k=-\infty}^{+\infty} Q(n,k)\exp i\omega(n,k)t$$

のように、種々の角速度（振動数）を有する波の和となる[4]。

---

[3] 物理的に意味のある実数となるためには、必ず共役複素数項が必要となるということとも対応している。
[4] 古典論によれば、ω で振動している電子からは、その整数倍の振動数の電磁波が放出されることが知られている。よって、フーリエ級数となる。

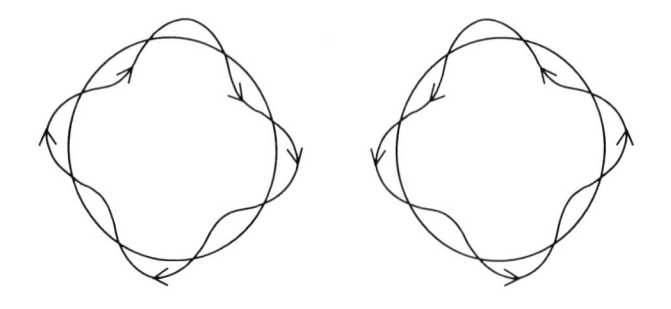

図4-2 定常状態の電子波の進行方向には、時計回りと反時計回りがある。

参考までに各項を書くと

$$q_n(t) = Q(n,1)\exp i\omega(n,1)t + Q(n,-1)\exp i\omega(n,-1)t$$
$$+ Q(n,2)\exp i\omega(n,2)t + Q(n,-2)\exp i\omega(n,-2)t + ...$$
$$... + Q(n,k)\exp i\omega(n,k)t + Q(n,-k)\exp i\omega(n,-k)t + ...$$

となる。ここで

$$\omega(n,k) = k\omega(n,1)$$

という関係にあることに注意すると

$$q_n(t) = \sum_{k=-\infty}^{+\infty} Q(n,k)\exp\{ik\omega(n,1)t\}$$

と書くこともできる。このように表記すれば、これが複素フーリエ級数であることが明らかとなる。

$q_n(t)$ は時刻 t における電子の位置を示しているが、それを解析するためには、振幅に相当する $Q(n,k)$ と角速度（あるいは振動数）$\omega(n,k) = 2\pi\nu(n,k)$ を求める必要がある。ここでは、電子が定常状態にあり円運動（あるいは

第4章 電子の運動――古典論からのアプローチ

単振動）をしているものとする。すると

$$\frac{d^2q}{dt^2}+\omega^2 q = 0$$

という単振動の微分方程式を満足するはずである。

ここで

$$\frac{dq_n(t)}{dt}=i\omega(n,1)Q(n,1)\exp i\omega(n,1)t+i\omega(n,-1)Q(n,-1)\exp i\omega(n,-1)t+...$$
$$...+i\omega(n,k)Q(n,k)\exp i\omega(n,k)t+i\omega(n,-k)Q(n,-k)\exp i\omega(n,-k)t+...$$
$$\frac{d^2q_n(t)}{dt^2}=-\{\omega(n,1)\}^2 Q(n,1)\exp i\omega(n,1)t-\{\omega(n,-1)\}^2 Q(n,-1)\exp i\omega(n,-1)t-...$$
$$...-\{\omega(n,k)\}^2 Q(n,k)\exp i\omega(n,k)t-\{\omega(n,-k)\}^2 Q(n,-k)\exp i\omega(n,-k)t-...$$

となるから、まとめて

$$\frac{d^2q_n(t)}{dt^2}=-\sum_{k=-\infty}^{+\infty}\{\omega(n,k)\}^2 Q(n,k)\exp i\omega(n,k)t$$

となる。これを微分方程式に代入すると

$$-\sum_{k=-\infty}^{+\infty}\{\omega(n,k)\}^2 Q(n,k)\exp i\omega(n,k)t+\omega^2\sum_{k=-\infty}^{+\infty}Q(n,k)\exp i\omega(n,k)t=0$$

整理して

$$\sum_{k=-\infty}^{+\infty}\left[\omega^2-\{\omega(n,k)\}^2\right]Q(n,k)\exp i\omega(n,k)t=0$$

となる。よって、微分方程式を満足するためには

$$\omega^2 = \{\omega(n,k)\}^2$$

あるいは

$$Q(n,k)=0$$

となる。ここで$\omega(n,k)$について少し考えてみよう。まず

$$\omega(n,-k) = -\omega(n,k)$$

という関係がある。また、kが違えば振動数が異なるので

$$\omega(n,k) \neq \omega(n,m) \quad (k \neq m)$$

という関係にある。再び、微分方程式の解に戻る。いま仮に

$$\omega = \omega(n,1)$$

とすると

$$-\omega = \omega(n,-1)$$

となり、これら項でのみ、振幅に対応した項が

$$Q(n,1) \neq 0 \qquad Q(n,-1) \neq 0$$

のように非ゼロとなる。そして、残りの項はすべて

$$Q(n,k) = 0$$

でなければならない。したがって

$$q_n(t) = Q(n,1)\exp(i\omega t) + Q(n,-1)\exp(-i\omega t)$$

第4章　電子の運動──古典論からのアプローチ

が解として許されることになる。いまの場合 $k=1$ のときに角速度が ω としたが、$k=2$ あるいは $k=3$ の場合に角速度が ω としても同じ結果となる。

つぎの課題は、振幅に対応した項を求めることにある。ここで、量子化条件を使う。軌道が安定するためには

$$\oint p\,dq = nh$$

という条件を満足する必要がある。

これは、p の q に関する周回積分であるが、これを t に変数変換する。すると一周するのに要する時間は

$$t = \frac{2\pi}{\omega}$$

となるので、積分範囲は t が 0 から $2\pi/\omega$ となる。つぎに

$$p = mv = m\frac{dq}{dt}$$

であり

$$dq = \frac{dq}{dt}dt$$

であるから

$$\oint p\,dq = \int_0^{2\pi/\omega} m\left(\frac{dq}{dt}\right)^2 dt$$

と変換できる。ここで

$$q_n(t) = Q(n,1)\exp(i\omega t) + Q(n,-1)\exp(-i\omega t)$$

より

$$\frac{dq_n(t)}{dt} = i\omega Q(n,1)\exp(i\omega t) - i\omega Q(n,-1)\exp(-i\omega t)$$

であるから

$$\left(\frac{dq_n(t)}{dt}\right)^2 = -\omega^2 \{Q(n,1)\}^2 \exp(i2\omega t)$$

$$-\omega^2 \{Q(n,-1)\}^2 \exp(-i2\omega t) + 2\omega^2 Q(n,1)Q(n,-1)$$

よって

$$\int_0^{2\pi/\omega} m\left(\frac{dq_n(t)}{dt}\right)^2 dt = -m\omega^2 \{Q(n,1)\}^2 \int_0^{2\pi/\omega} \exp(i2\omega t)dt$$

$$-m\omega^2 \{Q(n,-1)\}^2 \int_0^{2\pi/\omega} \exp(-i2\omega t)dt + 2m\omega^2 Q(n,1)Q(n,-1)\int_0^{2\pi/\omega} dt$$

となる。ここで

$$\int_0^{2\pi/\omega} \exp(i2\omega t)dt = \int_0^{2\pi} \exp(i2\theta)\frac{d\theta}{\omega} = \frac{1}{\omega}\int_0^{2\pi} \exp(i2\theta)d\theta$$

と変形できる。さらにオイラーの公式を使うと

$$\int_0^{2\pi} \exp(i2\theta)d\theta = \int_0^{2\pi} \cos 2\theta d\theta + i\int_0^{2\pi} \sin 2\theta d\theta = 0$$

となるので第 1 項はゼロとなり、同様にして第 2 項もゼロとなる。結局、求める積分は

$$\int_0^{2\pi/\omega} m\left(\frac{dq_n(t)}{dt}\right)^2 dt = 2m\omega^2 Q(n,1)Q(n,-1)\frac{2\pi}{\omega} = 4\pi m\omega Q(n,1)Q(n,-1)$$

量子化条件から

$$4\pi m\omega Q(n,1)Q(n,-1) = nh$$

よって

$$Q(n,1)Q(n,-1) = \frac{nh}{4\pi m\omega}$$

となる。

　このままでは、変数が 2 個あるので単純には解がえられない。そこで、最初の仮定を考えてみよう。n 軌道に沿って k 回振動する電子波を

$$Q(n,k)\exp i\omega(n,k)t$$

と定義した。そして、その逆方向に動く電子波は

$$Q(n,-k)\exp i\omega(n,-k)t$$

となった。定常状態で安定ということは、これらの波は、運動方向が逆だけで、振幅の大きさは等しいはずであるから

$$|Q(n,k)| = |Q(n,-k)|$$

となるはずである。すると

$$\{Q(n,1)\}^2 = \{Q(n,-1)\}^2 = Q(n,1)Q(n,-1) = \frac{nh}{4\pi m\omega}$$

となって

$$|Q(n,1)| = |Q(n,-1)| = \sqrt{\frac{nh}{4\pi m\omega}}$$

となる。結局、電子波の式は

$$q_n(t) = \sqrt{\frac{nh}{4\pi m\omega}} \exp(i\omega t) \pm \sqrt{\frac{nh}{4\pi m\omega}} \exp(-i\omega t)$$

と与えられることになる。
　ここで、オイラーの公式

$$\exp(\pm i\omega t) = \cos\omega t \pm i\sin\omega t$$

を使って、さらに変形すると

$$q_n(t) = 2\sqrt{\frac{nh}{4\pi m\omega}} \cos\omega t = \sqrt{\frac{nh}{\pi m\omega}} \cos\omega t$$

あるいは

$$q_n(t) = 2i\sqrt{\frac{nh}{4\pi m\omega}} \sin\omega t = i\sqrt{\frac{nh}{\pi m\omega}} \sin\omega t$$

が解としてえられる。
　つまり、角振動数ωで振動するサイン波あるいはコサイン波が定常波ということになる。
　ところで、いまの解は、振幅は実数であるという仮定で求めたが、実際には振幅は複素数でも構わないのである。ただし、実際に物理量として観測されるものは実数でなければならない。今の場合、電子波の運動として

$$q_n(t) = Q(n,1)\exp(i\omega t) + Q(n,-1)\exp(-i\omega t)$$

というかたちの解を考えている。ここで、振幅は複素数でも構わないが、結果としてえられる $q_n(t)$ は実数でなければならない。ここで、この**共役複素数** (conjugate complex number) をとると

$$q_n{}^*(t) = Q^*(n,1)\exp(-i\omega t) + Q^*(n,-1)\exp(i\omega t)$$

となる。ところで、$q_n(t)$ が実数ならば

$$q_n(t) = q_n{}^*(t)$$

という条件が付与される。オイラーの公式を使うと

$$q_n(t) = \{Q(n,1) + Q(n,-1)\}\cos\omega t + i\{Q(n,1) - Q(n,-1)\}\sin\omega t$$
$$q_n{}^*(t) = \{Q^*(n,1) + Q^*(n,-1)\}\cos\omega t + i\{-Q^*(n,1) + Q^*(n,-1)\}\sin\omega t$$

となり、これら2式が等しくなるためには

$$Q(n,1) + Q(n,-1) = Q^*(n,1) + Q^*(n,-1)$$
$$Q(n,1) - Q(n,-1) = -Q^*(n,1) + Q^*(n,-1)$$

これを連立すると

$$Q(n,1) = Q^*(n,-1) \qquad Q(n,-1) = Q^*(n,1)$$

という条件が課されることになる。
　よって

$$Q(n,1)Q(n,-1) = Q(n,1)Q^*(n,1) = \{Q(n,1)\}^2$$
$$Q(n,1)Q(n,-1) = Q^*(n,-1)Q(n,-1) = \{Q(n,-1)\}^2$$

となる。したがって振幅の項が複素数の場合

$$|Q(n,1)| = |Q(n,-1)| = \sqrt{\frac{nh}{4\pi m\omega}}$$

という条件を満足すればよいことになる。つまり、電子の運動を記述する方程式

$$q_n(t) = Q(n,1)\exp(i\omega t) + Q(n,-1)\exp(-i\omega t)$$

において、振幅が実数として求めた式は、あくまで特殊解のひとつで、一般解ではないということに注意する必要がある。

実は、この考え方は一般式

$$q_n(t) = \sum_{k=-\infty}^{+\infty} Q(n,k)\exp(i\omega(n,k)t)$$

にも適用できる。すなわち、右辺のすべての項は複素数でも構わないが、物理量として観測される $q_n(t)$ は実数でなければならない[5]。ここで

$$q_n{}^*(t) = \sum_{k=-\infty}^{+\infty} Q^*(n,k)\exp(-i\omega(n,k)t)$$

であるから、$q_n(t)$ が実数ならば

$$\omega(n,k) = -\omega(n,-k)$$

という関係にある。$q_n(t)$ で $-k$ の項は

$$Q(n,-k)\exp\{i\omega(n,-k)t\} = Q(n,-k)\exp\{-i\omega(n,k)t\}$$

---

[5] 物理的な実態を扱うのに複素数を利用すること自体に問題があると考える方が普通かもしれないが、複素数を使うことで数学の汎用性が飛躍的に向上するというのも事実である。詳しくは既刊の『なるほど虚数』を参照いただきたい。

第4章 電子の運動──古典論からのアプローチ

となっており、$q_n^*(t)$では

$$Q^*(n,k)\exp\{-i\omega(n,k)t\}$$

に対応するから

$$Q(n,-k) = Q^*(n,k)$$

という関係が一般的に成立することになる。

　ただし、いずれの解析においても、角振動数ωに対応した電磁波の強度（振幅の2乗）は

$$\frac{nh}{4\pi m\omega} = \frac{nh}{8\pi^2 m\nu} = \frac{n\hbar}{2m\omega}$$

と与えられ、振動数に逆比例することがわかる。

　以上のように、電子の運動に関する方程式を、古典的なアプローチである単振動（円運動）を基本とし、それにボーアの量子化条件を付加することで、スペクトルの強度を求めることができる。これで、原子内の電子の運動に関する解析は終わったのであろうか。

　実は、ことはそれほど簡単ではない。それは、われわれが検出できるのは、原子から放出される電磁波という事実である。本章で解析したのは、電子がある軌道にいる時の定常状態である。しかし、観測されるωは軌道間の遷移で放出される電磁波であり、n軌道にある電子が回転運動している時の角振動数とは直接的には対応しないのである。

　よって、電子の軌道間の遷移をうまく説明できない限り、われわれは、原子内の電子の運動を正確に記述できたことにはならないのである。

第5章 対応原理——古典論から量子論へ

　前章では、古典力学的な考えに基づいて原子内の電子の運動を解析した。電子が原子核のまわりを円軌道に沿って振動しながら運動しているという前提にたち、さらに量子化条件を加味することで電子の運動方程式を導いた。

　しかしながら、われわれが実際に観測できるのは、原子の発光スペクトルである。そして、原子が発する電磁波は、電子が軌道間を遷移するときにのみ放出される。前節では、n軌道を運動している電子が、ある周波数ωを基本として、その整数倍の振動数の和として表されるフーリエ級数として表現した。このような考えは、電子軌道として許されるものが、その周長が、ある波長の整数倍に限られるという量子化条件から考えても妥当であろう。

　しかし、原子間の遷移が基本であるならば、この発光スペクトルをもとに電子の運動を考えなければならない。古典力学では、電子が回転運動をすると、電磁波が放出される。しかし、原子の中では、電子がある軌道を運動している限りは、電磁波は放出されない。これを定常状態と呼んでいる。

　そこで、定常状態では電磁波は発生しないが、遷移の際に放出される電磁波に対応した成分が、定常状態に含まれていると考える。このように考えれば、遷移にともなう電磁波をもとに、電子軌道上の電子の運動を考えることができる。

5.1. 軌道上の電子の運動

　原子から放出される電磁波は、電子の回転運動ではなく、電子がある軌

道から、別の軌道へ遷移するときに発生する。このとき、n 軌道から m 軌道への 1 回の遷移で放出される電磁波の振動数とエネルギーは

$$\nu(n \to m) = \frac{cR}{m^2} - \frac{cR}{n^2} \qquad E(n \to m) = h\nu(n \to m) = \frac{hcR}{m^2} - \frac{hcR}{n^2}$$

と与えられる。

ここで、n 軌道から m 軌道へ遷移したときに発生する光に対応させて、つぎのような式をつくってみよう。

$$Q(n;m)\exp\{i2\pi\nu(n;m)t\} = Q(n;m)\exp\{i\omega(n;m)t\}$$

$n; m$ という表記は $n \to m$ へ遷移するという意味である。また、これ以降は振動数 (ν) のかわりに角振動数 (ω) を主として使う。

こうすると

$$Q(n;m)\exp\{i\omega(n;m)t\}$$

の $Q(n;m)$ は遷移にともなって放出される電磁波の強度に相当する。つまり、古典論では、波の振幅に相当するが、量子力学では、遷移の回数に相当すると考えられる。よって、この式は、電子軌道間の遷移にともなって放出される電磁波を表現するもので、**遷移成分** (transition element) と呼ばれる。

ここで、つぎのように考えてみよう。n 軌道には、いろいろな電子の運動状態がある。このうち $n \to m$ という遷移で放出される電子の運動に対応したものが、上の遷移成分と考える。このように考えると、n 軌道の電子の状態には、この軌道から、他の軌道に遷移したときに観測される状態がつまっていることになる。よって、遷移成分の和

$$q_n(t) = \sum_{m=-\infty}^{+\infty} Q(n;m)\exp\{i\omega(n;m)t\}$$

が実は、n 軌道における電子の運動状態を反映したものと考えることができる。これで、電子軌道間の遷移成分をもとに、n 軌道の電子の運動を記述す

る方法が見つかった。問題は $Q(n;m)$ と $\omega(n;m)$ をどうやって決定するかにある。

この問題について取り組む前に、まず、ここで導入した ω について少し整理してみよう。このため、電子の軌道間の遷移について考えてみる。

図 5-1 のように、外側の n 軌道から、内側の m 軌道に電子が遷移する際には

$$E(n;m) = h\nu(n;m) = \hbar\omega(n;m)$$

のエネルギーを有する電磁波が放出される。

すると、逆に電子が内側の m 軌道から外側の n 軌道に遷移する際には、エネルギーが必要となるので、このエネルギーに相当する電磁波を吸収すると考えられる。よって

$$E(m;n) = h\nu(m;n) = -h\nu(n;m)$$

という関係にあることがわかる。

つまり

$$\nu(n;m) = -\nu(m;n) \qquad \omega(n;m) = -\omega(m;n)$$

という関係にある。

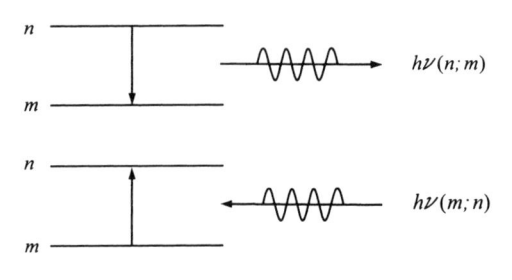

図 5-1 軌道間の遷移と電磁波。

以上の関係は、リュードベリの公式

$$\nu(n;m) = \frac{cR}{m^2} - \frac{cR}{n^2}$$

を使えば

$$\nu(m;n) = \frac{cR}{n^2} - \frac{cR}{m^2} = -\left(\frac{cR}{m^2} - \frac{cR}{n^2}\right) = -\nu(n;m)$$

となることからも、正しいことが理解できる。

ただし、m と k が一致しないかぎり

$$\omega(n;m) \neq \omega(n;k)$$

である。以上が、原子から放出される電磁波の情報をもとに考えられる電子の運動状態に関する方程式である。しかし、このような考えが正しいかどうかは全くわからない。単なる仮定にしかすぎないからである。

ここで、**ハイゼンベルク** (Werner Heisenberg) は、ボーアの対応原理にヒントをえてつぎのように考えた。もし、このアプローチが正しいとしたら、この式は、ある範囲では古典力学でえられる式と一致するはずである。そこで、対応原理について少し説明しよう。

5.2. 対応原理

古典力学が原子内の電子の運動を記述できないといっても、天体の運動などをはじめとしてマクロな物体の運動を正確に記述できている。また、マックスウェル電磁気学も、多くの現象を見事に説明できている。これら古典論がつまづいたのは、原子内の電子の運動に対してのみである。

とすると、古典力学と、新しく建設しようとしている力学はマクロとミクロという対立軸はあるものの、ある範囲では一致するはずとボーアは考えた。原子内の電子の運動に関しても、原子核に近い電子の運動に関しては、新しい力学が必要であるが、軌道半径が大きい場合には古典力学と新

しい力学は同じ解を与えるに違いない。これがボーアの対応原理である。
　ここで、前章で取り扱った古典論の場合を思い出してみよう。そこでは n 軌道にある電子の位置を表す式が

$$q_n(t) = \sum_{k=-\infty}^{+\infty} Q(n,k)\exp\{i\omega(n,k)t\}$$

というフーリエ級数で表現できるということを示した。ボーアの対応原理が正しく、ハイゼンベルクの導入した式

$$q_n(t) = \sum_{m=-\infty}^{+\infty} Q(n;m)\exp\{i\omega(n;m)t\}$$

が妥当であるとすると、n が大きいときには、これらの式は一致しなければならない。
　しかし、ハイゼンベルクの式はフーリエ級数にはなっていない。それは $\omega(n;m)$ がある基本振動数の整数倍ではないからである。このままでは、対応原理が成立しないことになる。実は、n が十分大きいときには、ある近似を行うと、これら 2 つの式が一致することがわかったのである。それをつぎに説明しよう。
　n 軌道から $n-1$ 軌道への 1 回の遷移で放出される電磁波の振動数は

$$\nu(n \to n-1) = \frac{cR}{(n-1)^2} - \frac{cR}{n^2}$$

と与えられる。すると

$$\frac{cR}{(n-1)^2} - \frac{cR}{n^2} = cR\left(\frac{1}{(n-1)^2} - \frac{1}{n^2}\right) = cR\frac{n^2-(n-1)^2}{n^2(n-1)^2} = cR\frac{2n-1}{n^2(n-1)^2}$$

ここで n が十分大きいとすると

$$cR\frac{2n-1}{n^2(n-1)^2} \cong \frac{2cR}{n^3}$$

と近似することができる。つぎに

$$\nu(n \to n-2) = \frac{cR}{(n-2)^2} - \frac{cR}{n^2} = cR\frac{4n-4}{n^2(n-2)^2} \cong \frac{4cR}{n^3} = 2\frac{2cR}{n^3}$$

となり、同様にして

$$\nu(n \to n-3) \cong 3\frac{2cR}{n^3}$$

と近似できる[1]。

つまり、十分 n が大きいときには、軌道間のエネルギー差はほぼ等間隔であり、その差は

$$\Delta E = h\nu(n \to n-1) = \frac{2hcR}{n^3}$$

となっているとみなすことができる。いい換えれば、n が十分大きい場合には、n 軌道から $n-\tau$ 軌道へ遷移したときに放出される電磁波の振動数は

$$\nu(n \to n-\tau) = \tau\nu(n \to n-1) = \tau\frac{2cR}{n^3} \quad (\tau = 1, 2, 3...)$$

のように、ある基本振動数の整数倍と近似できることになる。本来、軌道間のエネルギー差は、みな異なるはずであるが、n が非常に大きい場合には、図 5-2 に示すように、ほぼ等しいとみなせるのである。こうするとフーリエ級数展開が使えるようになる。

このような前提をもとに、n 軌道の電子の運動の記述を考えてみよう。

---

[1] n が大きいといっても、このような近似は少々強引ではないかと思われるかもしれない。しかし古典論との橋渡しのためには、ある程度の強引さが必要であったのである。

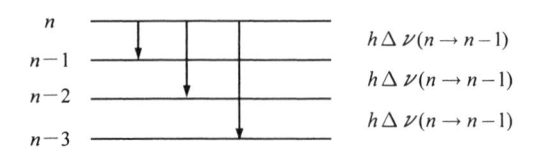

```
      n
    n−1  ─────┬─────┬─────     hΔν(n→n−1)
    n−2  ─────┼─────▼─────     hΔν(n→n−1)
    n−3  ─────▼───────────     hΔν(n→n−1)
```

図5-2 n が十分大きいときは、電子軌道のエネルギー準位は等間隔とみなせる。

ここでは、n 軌道から $n-\tau$ 軌道へ遷移したときに発生する光に対応させて、つぎのような式をつくってみよう。

$$A(n;n-\tau)\exp\{i\omega(n;n-\tau)t\}$$

先ほどと同様に、このような電磁波が発生するのは、n 軌道に、これに対応した電子の状態があるということを示している。すると

$$q_n(t) = \sum_{\tau=-\infty}^{+\infty} A(n;n-\tau)\exp\{i\omega(n;n-\tau)t\}$$

という式がえられる。
　ただし

$$\omega(n;n-\tau) = \tau\omega(n;n-1)$$

という関係にあることに注意する。
　ここで、古典力学で導入した電子の運動に関する式の k を τ と書き換えると

$$q_n(t) = \sum_{\tau=-\infty}^{+\infty} A(n,\tau)\exp\{i\omega(n,\tau)t\}$$

となる。ここで τ は、n 軌道の τ **番目の高調波成分** (τ th harmonic component) に相当する。成分を書けば

$$q_n(t) = A(n,1)\exp\{i\omega(n,1)t\} + A(n,2)\exp\{i\omega(n,2)t\} + A(n,3)\exp\{i\omega(n,3)t\} + ...$$

となる。このとき
$$A(n,1)\exp\{i\omega(n,1)t\}$$

は n 軌道の**第1高調波** (first harmonic) に相当するが、この波は、ハイゼンベルクの式の

$$A(n;n-1)\exp\{i\omega(n;n-1)t\}$$

という遷移成分に対応すると考えられる（図 5-3 参照）。つまり、電子が n 軌道から $n-1$ 軌道に遷移するとき、n 軌道の第1高調波に対応する電子のエネルギーが放出されると考えるのである。

同様にして
$$A(n,2)\exp\{i\omega(n,2)t\}$$

は n 軌道の**第2高調波** (second harmonic) に相当するが、この波は

$$A(n;n-2)\exp\{i\omega(n;n-2)t\}$$

という遷移成分に対応する。つまり、電子が n 軌道から $n-2$ 軌道に遷移するとき、n 軌道の第2高調波に対応する電磁波のエネルギーが放出されると考えるのである。同様にして古典力学の第3高調波

$$A(n,3)\exp\{i\omega(n,3)t\}$$

は
$$A(n;n-3)\exp\{i\omega(n;n-3)t\}$$

という遷移成分に対応させることができ、結局、古典力学で導入した

古典力学における n 軌道の高 τ 調波

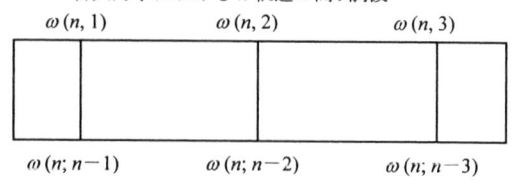

$\omega(n,1)$	$\omega(n,2)$	$\omega(n,3)$
$\omega(n;n-1)$	$\omega(n;n-2)$	$\omega(n;n-3)$

量子力学における n 軌道から $n-\tau$ 軌道への遷移。

図 5-3 対応原理に基づく古典力学と量子力学における振動数の対応関係。

$$q_n(t) = \sum_{\tau=-\infty}^{+\infty} A(n,\tau)\exp\{i\omega(n,\tau)t\}$$

と、ハイゼンベルクが導入した式

$$q_n(t) = \sum_{\tau=-\infty}^{+\infty} A(n;n-\tau)\exp\{i\omega(n;n-\tau)t\}$$

を対応させることができる。つまり、対応原理が成立することになる。

ただし、このような対応が可能であるのは、n が十分大きいため、電子軌道間のエネルギーが等間隔で並んでいるという近似ができるからである。この仮定が破綻すれば、当然、両者は一致しないことに注意する必要がある。この点は、後ほど整理する。

ここで、対応原理が持つ数学的な側面を微分という観点でまとめてみよう。軌道のエネルギーを n の関数と考える。まず

$$\nu(n;\tau) = \frac{E(n)-E(n-\tau)}{h} = \tau\frac{E(n)-E(n-1)}{h}$$

という関係にある。ここで n が十分大きいとすると

$$E(n) - E(n-1) = \frac{E(n) - E(n-1)}{n - (n-1)} = \frac{\partial E(n)}{\partial n}$$

と近似できる。

よって

$$\nu(n, \tau) = \frac{\tau}{h} \frac{\partial E(n)}{\partial n}$$

となる。これは、n が大きい領域では、n と $n-1$ の差の 1 が n に比べて十分小さいため、微分で近似して良いという考えによる。いまの場合 E を n の関数と考えると

$$E(n) = -\frac{hcR}{n^2}$$

であるから

$$\frac{\partial E(n)}{\partial n} = \frac{2hcR}{n^3}$$

となる。これを上の式に代入すると

$$\nu(n, \tau) = \tau \frac{2cR}{n^3}$$

となり、本節で最初に導入した近似式と同じものがえられる。

つまり、対応原理は、古典理論では n の変化が連続であり、一方、量子力学では、その変化はとびとびであるが、n が大きい領域では、それぞれの微分と差分が近似的に一致するということに対応しているのである。

5.3. 新しい力学における単振動の解析

以上のように、n 軌道の電子の運動を記述する方程式としては

$$q_n(t) = \sum_{\tau=-\infty}^{+\infty} Q(n;n-\tau)\exp\{i\omega(n;n-\tau)t\}$$

という遷移成分による和が、n が十分大きいときには、古典力学のフーリエ級数による取り扱いと一致するという対応原理が成立する。ここでは、この遷移成分の和による式を基本にして解析を進めてみよう。簡単のため、単振動について解析を行ってみる。

すでに紹介したように単振動に対応した微分方程式は

$$\frac{d^2q}{dt^2} + \omega^2 q = 0$$

と与えられる。この方程式の q にいまの遷移成分からなる式を代入する。まず、微分を計算してみよう。すると

$$q_n(t) = \sum_{\tau=-\infty}^{+\infty} Q(n;n-\tau)\exp\{i\omega(n;n-\tau)t\}$$

より

$$\frac{dq_n(t)}{dt} = \sum_{\tau=-\infty}^{+\infty} i\omega(n;n-\tau)Q(n;n-\tau)\exp\{i\omega(n;n-\tau)t\}$$

となる。さらに、微分すると

$$\frac{d^2q_n(t)}{dt^2} = -\sum_{\tau=-\infty}^{+\infty} \{\omega(n;n-\tau)\}^2 Q(n;n-\tau)\exp\{i\omega(n;n-\tau)t\}$$

となる。ここで、単振動の式に代入すると

$$-\sum_{\tau=-\infty}^{+\infty} \{\omega(n;n-\tau)\}^2 Q(n;n-\tau)\exp\{i\omega(n;n-\tau)t\}$$
$$+\omega^2 \sum_{m=-\infty}^{+\infty} Q(n;n-\tau)\exp\{i\omega(n;n-\tau)t\} = 0$$

よって

$$\sum_{\tau=-\infty}^{+\infty}\left[\omega^2-\{\omega(n;n-\tau)\}^2\right]Q(n;n-\tau)\exp\{i\omega(n;n-\tau)t\}=0$$

となる。この式が成立するためには

$$\{\omega(n;n-\tau)\}^2=\omega^2 \quad \text{あるいは} \quad Q(n;n-\tau)=0$$

のいずれかの条件が必要となる。ここで

$$\omega(n;n-k)=\omega$$

という遷移がωとなるとする。すると当然ながら、$-\omega(n;n-k)=-\omega$ という遷移も条件を満足することになる。問題は、$-\omega(n;n-k)$ という遷移が何に対応するかである。

ここで、nが十分大きい場合には

$$\omega(n;n-\tau)=\tau\omega(n;n-1)$$

が成立するので

$$\omega(n;n+k)=\omega(n;n-(-k))=-k\omega(n;n-1)=-\omega(n;n-k)$$

となり、求める遷移は

$$\omega(n;n+k)=-\omega$$

ということになる。

そして、それ以外の n 軌道からの遷移では、軌道間のエネルギー差がこの値と一致することはないので

$$Q(n;n-\tau)=0\ (\tau\neq\pm k)$$

でなければならない。したがって、ωという角振動数の電磁波が放出（あるいは吸収）されるという条件下では、単振動の微分方程式を満足する解は

$$q_n(t) = Q(n; n-k)\exp(i\omega t) + Q(n; n+k)\exp(-i\omega t)$$

と与えられることになる。

　ここで、振幅項は複素数でも構わないが、物理対象である $q_n(t)$ は実数でなければならない。この共役複素数は

$$q_n{}^*(t) = Q^*(n; n-k)\exp(-i\omega t) + Q^*(n; n+k)\exp(i\omega t)$$

となるが、実数であれば、これら2式は一致するから

$$Q(n; n-k) = Q^*(n; n+k) \qquad Q(n; n+k) = Q^*(n; n-k)$$

という関係が成立することになる。　よって

$$q_n(t) = Q(n; n-k)\exp(i\omega t) + Q^*(n; n-k)\exp(-i\omega t)$$

となる。

　いま求めた解では $Q(n; n-k)$ が未知のままである。これを求める必要がある。ここで、量子化条件

$$\oint p\,dq = \int_0^{2\pi/\omega} m\left(\frac{dq}{dt}\right)^2 dt = lh \quad (l=1,\ 2,\ 3..)$$

を適用してみよう。

$$\frac{dq_n(t)}{dt} = i\omega Q(n; n-k)\exp(i\omega t) - i\omega Q^*(n; n-k)\exp(-i\omega t)$$

より

$$\left(\frac{dq_n(t)}{dt}\right)^2 = -\omega^2 \{Q(n;n-k)\}^2 \exp(i2\omega t)$$
$$-\omega^2 \{Q^*(n;n-k)\}^2 \exp(-i2\omega t) + 2\omega^2 Q(n;n-k)Q^*(n;n-k)$$

よって

$$\int_0^{2\pi/\omega} m\left(\frac{dq}{dt}\right)^2 dt = -m\omega^2 \{Q(n;n-k)\}^2 \int_0^{2\pi/\omega} \exp(i2\omega t)dt$$
$$-m\omega^2 \{Q^*(n;n-k)\}^2 \int_0^{2\pi/\omega} \exp(-i2\omega t)dt + 2m\omega^2 Q(n;n-k)Q^*(n;n-k)\int_0^{2\pi/\omega} dt$$

となる。第1項と第2項の積分はゼロであるから

$$\int_0^{2\pi/\omega} m\left(\frac{dq}{dt}\right)^2 dt = 4\pi m\omega |Q(n;n-k)|^2$$

量子化条件

$$4\pi m\omega |Q(n;n-k)|^2 = nh$$

を使うと

$$|Q(n;n-k)|^2 = \frac{nh}{4\pi m\omega}$$

と与えられる。

すると求めるn軌道の電子で、ωという電磁波を放出するものの位置に対応した方程式は

$$q_n(t) = \sqrt{\frac{nh}{4\pi m\omega}}\exp(i\omega t) + \sqrt{\frac{nh}{4\pi m\omega}}\exp(-i\omega t)$$

と与えられることになる。

ここで、オイラーの公式

$$\exp(i\omega t) = \cos\omega t + i\sin\omega t \qquad \exp(-i\omega t) = \cos\omega t - i\sin\omega t$$

を使うと

$$\exp(i\omega t) + \exp(-i\omega t) = 2\cos\omega t$$

となる。よって、電子の位置に対応した方程式は

$$q_n(t) = 2\sqrt{\frac{nh}{4\pi m\omega}}\cos\omega t = \sqrt{\frac{nh}{\pi m\omega}}\cos\omega t$$

となる。

　ここで、原子から放出される n 軌道にあって角振動数 ω の電磁波の強度は

$$\frac{nh}{4\pi m\omega}$$

と与えられる。

　このように遷移成分の和からなる方程式を利用しても電子の運動に関する方程式を解くことができる。

　ただし、断っておかなければならないことがある。それは、本章での取り扱いは、あくまでも n が大きい場合の近似であるという点である。よって、えられた結果も、前章で行った古典力学によるフーリエ級数を仮定した場合と全く同じものとなる。

　しかし、このままでは古典力学の枠内でのことでしかない。量子力学は、n が小さい場合にも適用できるものでなければならない。それでは、n が小さいときには何が問題になるのであろうか。ここで整理してみよう。

5.4. n が小さい場合の問題

　電子の運動状態を記述する古典力学におけるフーリエ級数と量子力学における遷移成分の和の式が対応するのは、n が十分大きいため、電子軌道間

のエネルギーが等間隔で並んでいるという近似ができるからであった。この仮定が破綻すれば、当然、両者は一致しない。これが古典力学と新しい力学の違いということになる。それを確認しておきたい。
　古典力学においては n 軌道の第 τ 高調波成分は

$$\omega(n,\tau) = \tau\omega(n,1)$$

のように、基本振動数の整数倍という関係にある。この関係式に $\tau = -1$ を代入すると

$$\omega(n,-1) = -\omega(n,1)$$

という式がえられる。また、一般的に

$$\omega(n,-\tau) = -\omega(n,\tau)$$

という関係にあることもわかる。
　これに対し、遷移成分の場合、n が十分大きいときには

$$\omega(n;n-\tau) = \tau\omega(n;n-1)$$

という関係が近似的に成立しているが、これは、あくまでも近似式であり、一般には成立しない。さらに、遷移の場合には

$$\omega(n;n-\tau) = -\omega(n;n+\tau)$$

という関係は成立せず

$$\omega(n;n-\tau) = -\omega(n-\tau;n)$$

という対応関係にある。
　よって、先ほどの単振動の解析では

$$q_n(t) = Q(n;n-k)\exp(i\omega t) + Q(n;n+k)\exp(-i\omega t)$$

が解であるとしてしまったが、これは

$$q_n(t) = Q(n;n-k)\exp(i\omega t) + Q(n-k;n)\exp(-i\omega t)$$

とするのが正しい。

しかし、よく考えると

$$Q(n-k;n)\exp(-i\omega t) = Q(n-k;n)\exp\{i\omega(n-k;n)t\}$$

という項は、$n-k$ 軌道から n 軌道への遷移に対応したものである。いま、われわれが考えているのは、n 軌道から他の軌道への遷移であるから、この項が入ってくるのはおかしい。

実は、結論からいうと、この項が入ってきてもおかしくないのである。それを考えてみよう。ここからは n が大きい場合ではなく、一般の場合である。n 軌道上での電子の運動には、この軌道から他の軌道に遷移した場合に発生する電磁波の状態が取り込まれている。こう考えることで

$$q_n(t) = \sum_{m=-\infty}^{+\infty} Q(n;m)\exp\{i\omega(n;m)t\}$$

という遷移成分の和が n 軌道の電子の運動を反映していると考えることができる。しかし、本来、原子の中の電子の運動を考えようとするならば、n 軌道を固定するのはおかしい。つまり、n も任意である。とすれば

$$q(t) = \sum_{n=-\infty}^{+\infty}\sum_{m=-\infty}^{+\infty} Q(n;m)\exp\{i\omega(n;m)t\}$$

のように、n に関しても和をとる必要がある。ここで、この式をあらためて単振動の微分方程式に代入すると

とすれば
$$\omega(n;m) = \omega$$

$$\omega(m;n) = -\omega$$

となり、これら2つの項のみが残ることになる。すると

$$q(t) = Q(n;m)\exp(i\omega t) + Q(m;n)\exp(-i\omega t)$$

という解がえられることになる。そして、この場合にも

$$Q^*(m;n) = Q(n;m)$$

という関係が成立する。
　このような置き換えを行っても、えられる結果は同じである。

第6章　ハイゼンベルクの量子暗号

　前章で紹介したように、古典論におけるフーリエ級数をハイゼンベルクは遷移成分の和に置き換えて、量子の世界の電子の運動を記述した。そして、物理的実体は不明ながら、この表式が古典力学の電子の位置に対応するものとして、単振動の解析を行い、結果として、古典論と整合性のある結果をえた。しかし、少し考えれば当たり前であるが、このままでは、何も新しい力学が生まれたわけではない。

　それに単振動の解析だけでは、ハイゼンベルクの考えが的を射たものであるかどうかがわからない。そこで、ハイゼンベルクはさらに、エネルギーに関しての検討も行った。

6.1. 遷移式のかけ算

　古典論に従えば、単振動している質量 m の物体のエネルギーは

$$E = \frac{1}{2}mv^2 + \frac{1}{2}kq^2 = \frac{1}{2}m\left(\frac{dq}{dt}\right)^2 + \frac{1}{2}kq^2$$

と与えられる。この式の q に、前章で取り扱った遷移成分に対応したハイゼンベルクの式を代入してみる。ここで、量子力学の遷移成分は

$$q(t) = \sum_{n=1}^{+\infty}\sum_{m=1}^{+\infty} Q(n;m)\exp\{i\omega(n;m)t\}$$

であった。

第6章　ハイゼンベルクの量子暗号

　上の式に代入するためには、$q(t)^2$ を計算する必要がある。ところで、この右辺は無限級数であるから、その平方は無限級数の積となる。ここで、いきなり、この複雑な無限級数どうしのかけ算を実施するのは煩雑であるから、整理する意味で、一般の無限級数のかけ算を復習してみよう。
　すると

$$(a_1 + a_2 + a_3 + a_4 + ...)(b_1 + b_2 + b_3 + b_4 + ...)$$
$$= a_1(b_1 + b_2 + b_3 + ...) + a_2(b_1 + b_2 + b_3 + ...) + a_3(b_1 + b_2 + b_3 + ...) + ...$$
$$= a_1 b_1 + a_1 b_2 + a_1 b_3 + ... + a_2 b_1 + a_2 b_2 + a_2 b_3 + ...$$
$$= \sum_{m=1}^{+\infty} \sum_{n=1}^{+\infty} a_m b_n$$

となる。よって

$$(a_1 + a_2 + a_3 + a_4 + ...)^2 = \sum_{m=1}^{+\infty} \sum_{n=1}^{+\infty} a_m a_n$$

となるはずである。
　以上を踏まえて、$q(t)$ の平方を考えると

$$q(t)^2 = \left\{ \sum_{n=1}^{+\infty} \sum_{m=1}^{+\infty} Q(n;m) \exp\{i\omega(n;m)t\} \right\}^2$$

となり

$$q(t)^2 = \sum Q(n;m)Q(l;k) \exp\{i\omega(n;m)t\} \exp\{i\omega(l;k)t\}$$
$$= \sum Q(n;m)Q(l;k) \exp[i\{\omega(n;m) + \omega(l;k)\}t]$$

となる。煩雑であるので省略しているが、Σ は n, m, k, l すべての変数において 1 から $+\infty$ までの和をとるという意味である。
　しかし、このまま話を進めると、式が煩雑になるだけで、結局、意味のある結果がえられない。そこで、少し工夫が必要になる。

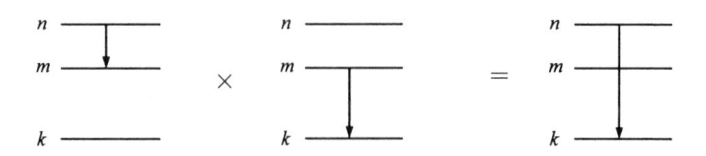

図 6-1 電子の軌道間の遷移。

ここで、もう一度、いま取り扱っている現象について復習してみよう。

$$2\pi\nu(n;m) = \omega(n;m)$$

は、原子内の電子軌道の n 軌道から m 軌道に遷移するときに出てくる光の振動数である。よって、この遷移を踏まえて、かけ算の意味を考える必要がある。

電子の遷移ということを考えると、かけ算として意味のあるのは、図 6-1 のように、電子が n 軌道から m 軌道に遷移し、さらに m 軌道から k 軌道に遷移するという場合

$$\omega(n;m) + \omega(m;k) = \omega(n;k)$$

である。このかけ算の結果、n 軌道から k 軌道への遷移となって、意味のある演算となる。遷移のパターンとしては、図 6-2 のようなケースも考えられる。これ以外のかけ算は意味がない。

よって、先ほどのかけ算

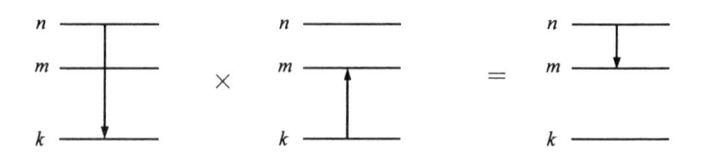

図 6-2 軌道間の電子の遷移。

第6章 ハイゼンベルクの量子暗号

$$q(t)^2 = \sum Q(n;m)Q(l;k)\exp[i\{\omega(n;m)+\omega(l;k)\}t]$$

で意味があるのは、$m=l$ の場合だけであり、このとき

$$q(t)^2 = \sum Q(n;m)Q(m;k)\exp[i\{\omega(n;m)+\omega(m;k)\}t]$$
$$= \sum Q(n;m)Q(m;k)\exp\{i\omega(n;k)t\}$$

と簡単となる。それでも、この演算結果はかなり煩雑である。そこで、遷移前の軌道 (n) と遷移後の軌道 (k) に注目して、つぎのように整理してみよう。

$$\left[q(t)^2\right]_{nk} = \sum_{m=1}^{+\infty} Q(n;m)Q(m;k)\exp\{i\omega(n;k)t\}$$

線形代数に慣れた人は、この演算は、まさに行列のかけ算に相当し、この成分はかけ算の結果えられる行列の(n, k)成分に対応することに気づくであろう。これが**行列力学** (matrix mechanics) の名の由来であるが、この点に関しては次章で詳しく説明する。

同様の考えで

$$\left(\frac{dq}{dt}\right)^2$$

も計算してみよう。すると

$$\frac{dq(t)}{dt} = \sum_{n=1}^{+\infty}\sum_{m=1}^{+\infty} iQ(n;m)\omega(n;m)\exp\{i\omega(n;m)t\}$$

となるが、q の平方の場合と同様に扱うと

$$\left[\left(\frac{dq(t)}{dt}\right)^2\right]_{nk} = -\sum_{m=1}^{+\infty} Q(n;m)\omega(n;m)Q(m;k)\omega(m;k)\exp\{i\omega(n;k)t\}$$

ということになる。

6.2. 単振動のエネルギー

以上の演算結果をもとに、ハイゼンベルクの遷移成分の和からなる式を、単振動のエネルギーを表す式

$$E = \frac{1}{2}m\left(\frac{dq}{dt}\right)^2 + \frac{1}{2}kq^2$$

に代入してみよう。ここで

$$k = m\omega^2$$

であるから

$$E = \frac{1}{2}m\left(\frac{dq}{dt}\right)^2 + \frac{1}{2}m\omega^2 q^2$$

となり、その(n, k)成分をみると

$$E_{nk} = -\frac{1}{2}m\sum_{k=1}^{+\infty} Q(n;m)\omega(n;m)Q(m;k)\omega(m;k)\exp\{i\omega(n;k)t\}$$
$$+ \frac{1}{2}m\omega^2 \sum_{k=1}^{+\infty} Q(n;m)Q(m;k)\exp\{i\omega(n;k)t\}$$

となる。整理すると

第6章　ハイゼンベルクの量子暗号

$$E_{nk} = \frac{1}{2}m\sum_{m=1}^{+\infty} Q(n;m)Q(m;k)\{\omega^2 - \omega(n;m)\omega(m;k)\}\exp\{i\omega(n;k)t\}$$

となる。ここで、前章の結果から、単振動を満足するのは

$$\omega(n;n-1) = \omega$$
$$\omega(n-1;n) = -\omega$$

のときで、それ以外のときは

$$Q(n;n-\tau) = 0 \quad (\tau \neq \pm 1)$$

であった。よってこの和の中で生き残るのは

$$E = \frac{1}{2}mQ(n;n-1)Q(n-1;n)\{\omega^2 - \omega(n;n-1)\omega(n-1;n)\}\exp\{i\omega(n;n)t\}$$
$$+ \frac{1}{2}mQ(n-1;n)Q(n;n-1)\{\omega^2 - \omega(n-1;n)\omega(n;n-1)\}\exp\{i\omega(n-1;n-1)t\}$$

という項だけになる。よって

$$E = \frac{1}{2}mQ(n;n-1)Q(n-1;n)(\omega^2 + \omega^2)\exp\{i\omega(n;n)t\}$$
$$+ \frac{1}{2}mQ(n-1;n)Q(n;n-1)(\omega^2 + \omega^2)\exp\{i\omega(n-1;n-1)t\}$$

ここで

$$\omega(n;n)$$

の意味を少し考えてみよう。この角振動数は、n 軌道から n 軌道への遷移に対応している。言い換えると、何も変化のない、あるいは遷移の生じない

状態に対応しているのでこの値はゼロとなる。よって

$$\exp\{i\omega(n;n)t\} = \exp 0 = 1$$

となる。同様にして

$$\exp\{i\omega(n-1;n-1)t\} = \exp 0 = 1$$

したがって

$$E = m\omega^2 Q\{(n;n-1)Q(n-1;n) + Q(n-1;n)Q(n;n-1)\}$$

と与えられる。ここで

$$Q(n-1;n) = Q^*(n;n-1)$$

であったから

$$Q(n;n-1)Q(n-1;n) = |Q(n;n-1)|^2 = \frac{nh}{4\pi m\omega}$$

$$Q(n-1;n)Q(n;n-1) = |Q(n-1;n)|^2 = \frac{nh}{4\pi m\omega}$$

したがって

$$E = m\omega^2 \frac{2nh}{4\pi m\omega} = \frac{n}{2\pi}h\omega = nh\nu$$

となる。
　この結果は、まず時間の項 t が入っていないので、単振動のエネルギーは時間に依存せずに、常に一定であることを示している。つまり**エネルギー**

保存の法則 (Law of conservation of energy) に対応している。

また、そのエネルギーは $h\nu$ の整数倍となっており、プランクが実験的に導いた量子のエネルギーにも対応している。つまり、ハイゼンベルクの遷移成分の和からなる式を用いて計算したエネルギーは、まさに量子の世界のエネルギーを表現していることになる。さらに、

$$E_n = nh\nu \qquad E_{n-1} = (n-1)h\nu$$

であるから

$$\nu = \frac{E_n - E_{n-1}}{h}$$

という**ボーアの振動数関係** (Bohr's frequency relationship) をも満足している。

ただし、これは、もともと単振動の微分方程式を解くときに、n 軌道から $n-1$ 軌道への遷移にともなって生ずる電磁波の振動数を $\omega(2\pi\nu)$ と置いているので当たり前のことではある。

6.3. ハイゼンベルクの手法

ただし、以上の取り扱いについて断っておく必要がある。実は、ハイゼンベルクの行った解法は、本章の内容とは少し異なっている。それは、単振動を満足するものとして

$$\omega(n; n-1) = \omega$$

を仮定しているが、ハイゼンベルクは、この共役として

$$\omega(n; n+1) = -\omega$$

を採用しているという点である。

これは、n 軌道だけに注目して式を展開したときの処置と思われるが、この式は n が大きい場合に近似的に成立するもので、量子暗号としては正確ではない。ただし、この関係が成立していると仮定すると前節の展開は以下のように変わってくる。つまりエネルギーとしては

$$E = \frac{1}{2}mQ(n;n-1)Q(n-1;n)(\omega^2+\omega^2)\exp\{i\omega(n;n)t\}$$
$$+\frac{1}{2}mQ(n;n+1)Q(n+1;n)(\omega^2+\omega^2)\exp\{i\omega(n;n)t\}$$

という項がえられる。第 1 項は変わらないが、第 2 項が変化する。これは第 1 項が

$$n \rightarrow n-1 \rightarrow n$$

という遷移であるのに対し、第 2 項は

$$n \rightarrow n+1 \rightarrow n$$

に対応している。この方が、n 軌道から見た遷移というかたちで整合性が取れているが、厳密には、第 2 項の遷移で出入りする電磁波の振動数は ω ではない。
　この点を無視して、そのまま解法を進めていくと、最終的にエネルギーは

$$E = m\omega^2[Q(n;n-1)Q(n-1;n) + Q(n;n+1)Q(n+1;n)]$$

となる。すると

$$Q(n;n-1)Q(n-1;n) = |Q(n;n-1)|^2 = \frac{nh}{4\pi m\omega}$$
$$Q(n;n+1)Q(n+1;n) = |Q(n+1;n)|^2 = \frac{(n+1)h}{4\pi m\omega}$$

第6章　ハイゼンベルクの量子暗号

となるので、結局、エネルギーは

$$E = m\omega^2 \frac{(n+n+1)h}{4\pi m\omega} = \frac{2n+1}{4\pi}h\omega = \left(n+\frac{1}{2}\right)h\nu$$

となる。

　つまり、プランクのエネルギー量子の表式から1/2だけずれたかたちとなる。

　実際の実験結果も、ハイゼンベルクの計算結果と一致することから、ハイゼンベルクの表式が正しいことの傍証とされている。

　ただし、この考えは、すべての軌道間のエネルギー差が$h\omega$とみなしていることになる。

　よって、$n-1$軌道における

$$n-1 \to n \to n-1; \quad n-1 \to n-2 \to n-1$$

という遷移や、$n-2$軌道における

$$n-2 \to n-1 \to n-2; \quad n-2 \to n-3 \to n-2$$

の遷移もすべて角振動数ωの調和振動子を満足することになる。

　このように考えると第1軌道における

$$1 \to 0 \to 1; \quad 1 \to 2 \to 1$$

という遷移も調和振動子の解となる。

　ところで、$n=0$が存在するということは、電子の第0軌道があるということになるが、このような仮定をわれわれは置いていない。よって、最初の仮定と、えられた結果に矛盾が生じてしまう。この問題については、第13章で明らかにする。

第7章　行列力学の誕生

　前章で紹介したように、ハイゼンベルクは原子内での電子の運動を解析するために、原子から放出される電磁波のスペクトルをもとに

$$q_n(t) = \sum_{m=1}^{\infty} A(n;m)\exp\{i\omega(n;m)t\}$$

という級数和をつくり、これが n 軌道にある電子の位置に対応すると提唱した。電子の速度やエネルギーなどの物理量はすべて位置の関数となるので、この級数和が物理量の基本となる。

　ところで、エネルギーを計算するためには、位置 ($q_n(t)$) の2乗を求める必要がある。この計算は、無限個の成分からなる級数のかけ算であるから、相当大変となる。このとき、級数の成分が電子軌道間の遷移であることから、ハイゼンベルクは、そのかけ算は

$$\left[q(t)^2\right]_{nk} = \sum_{m=1}^{+\infty} A(n;m)A(m;k)\exp\{i\omega(n;k)t\}$$

というルールに従うと仮定した。これは $n \to m$ の遷移の次に $m \to k$ の遷移が続かなければ物理的意味がないという考えに基づいている。そして、このかけ算の結果えられる成分は $n \to k$ という遷移成分となる。

　ハイゼンベルクから論文原稿を見せられた指導教授の**ボルン** (Max Born) は、その計算があまりにも煩雑なのに辟易したが、すぐに、それが量子力学の建設にとって重要な第一歩であると看破する。そして、その演算ルールが、学生時代にならった**行列** (matrix) の計算そのものであることに気づ

くのである。これをきっかけにして**行列力学** (matrix mechanics) が建設されるのであるが、ここでは、まず、簡単に行列について復習してみよう。

7.1. 行列

行列とは、つぎのように数字をたて横にならべたものである。**行** (row) と**列** (column) の数は任意であるが、ここでは3行3列の場合を記した。このように、行と列の数が同じ行列を**正方行列** (square matrix) と呼んでいる。

$$\begin{pmatrix} a_{11} & a_{12} & a_{13} \\ a_{21} & a_{22} & a_{23} \\ a_{31} & a_{32} & a_{33} \end{pmatrix}$$

ここで、横の並びが行、たての並びが列となる。通常、**添え字** (index) の数字は、順に行と列の番号に対応させる。例えば a_{23} は、2行3列目の**成分** (element) ということになる。このとき、行番号に対応した数字2のことを**行インデックス** (row index)、列番号に対応した数字3のことを**列インデックス** (column index) と呼ぶ。

つぎに行列の演算について復習する。まず足し算や引き算は

$$\begin{pmatrix} a_{11} & a_{12} & a_{13} \\ a_{21} & a_{22} & a_{23} \\ a_{31} & a_{32} & a_{33} \end{pmatrix} \pm \begin{pmatrix} b_{11} & b_{12} & b_{13} \\ b_{21} & b_{22} & b_{23} \\ b_{31} & b_{32} & b_{33} \end{pmatrix} = \begin{pmatrix} a_{11} \pm b_{11} & a_{12} \pm b_{12} & a_{13} \pm b_{13} \\ a_{21} \pm b_{21} & a_{22} \pm b_{22} & a_{23} \pm b_{23} \\ a_{31} \pm b_{31} & a_{32} \pm b_{32} & a_{33} \pm b_{33} \end{pmatrix}$$

のように、各成分ごとに行えばよい。この関係から同じ行列の足し算は

$$\begin{pmatrix} a_{11} & a_{12} & a_{13} \\ a_{21} & a_{22} & a_{23} \\ a_{31} & a_{32} & a_{33} \end{pmatrix} + \begin{pmatrix} a_{11} & a_{12} & a_{13} \\ a_{21} & a_{22} & a_{23} \\ a_{31} & a_{32} & a_{33} \end{pmatrix} = \begin{pmatrix} 2a_{11} & 2a_{12} & 2a_{13} \\ 2a_{21} & 2a_{22} & 2a_{23} \\ 2a_{31} & 2a_{32} & 2a_{33} \end{pmatrix} = 2 \begin{pmatrix} a_{11} & a_{12} & a_{13} \\ a_{21} & a_{22} & a_{23} \\ a_{31} & a_{32} & a_{33} \end{pmatrix}$$

となるので、行列のスカラー倍は、すべての成分を倍すれば良いことがわ

かる。

　成分の数が多くなると、いちいち全部を書き出すのは大変であるから、行列全体をひとつの記号で表記する場合もある。例えば

$$\tilde{\boldsymbol{A}} = \begin{pmatrix} a_{11} & a_{12} & a_{13} \\ a_{21} & a_{22} & a_{23} \\ a_{31} & a_{32} & a_{33} \end{pmatrix}$$

のように太字にして、頭に**チルダ** (tilde) :~という記号を付す場合もある。そのまま太字だけで済ます場合もある。まったく普通の変数と同じように表記する場合もある。いずれ、行列ということがわかるように、定義しておけばよい。ただし、単なる変数ではわかりにくいし、太字だけではベクトルと混同してしまう。そこで、本書では、行列ということを明確にするために、太字にして、さらにチルダをつけている。

　行列の加法や減法は普通の計算と同じであるが、実は行列のかけ算には特別なルールがある。それは

$$\begin{pmatrix} a_{11} & a_{12} & a_{13} \\ a_{21} & a_{22} & a_{23} \\ a_{31} & a_{32} & a_{33} \end{pmatrix} \times \begin{pmatrix} b_{11} & b_{12} & b_{13} \\ b_{21} & b_{22} & b_{23} \\ b_{31} & b_{32} & b_{33} \end{pmatrix}$$

というかけ算の結果えられる (1,1) 成分は

$$\begin{pmatrix} \cancel{a_{11}} & \cancel{a_{12}} & \cancel{a_{13}} \\ a_{21} & a_{22} & a_{23} \\ a_{31} & a_{32} & a_{33} \end{pmatrix} \times \begin{pmatrix} b_{11} & b_{12} & b_{13} \\ b_{21} & b_{22} & b_{23} \\ b_{31} & b_{32} & b_{33} \end{pmatrix}$$

のように左の行列の 1 行目の成分と、右の行列の 1 列目の成分で、それぞれ列インデックスと行インデックスが同じ成分どうしをかけて足したものになるという約束である。つまり

第7章 行列力学の誕生

$$a_{11}b_{11} + a_{12}b_{21} + a_{13}b_{31}$$

が (1,1) 成分である。これを和で書けば

$$\sum_{k=1}^{3} a_{1k}b_{k1}$$

となる。よって任意の (m,n) 成分に対しては

$$\sum_{k=1}^{3} a_{mk}b_{kn}$$

ということになる。これを

$$\tilde{A} \times \tilde{B} = \tilde{A}\tilde{B}$$

と書くと

$$[\tilde{A}\tilde{B}]_{m,n} = \sum_{k=1}^{3} a_{mk}b_{kn}$$

となる。行列で示せば

$$\begin{pmatrix} a_{11} & a_{12} & a_{13} \\ a_{21} & a_{22} & a_{23} \\ a_{31} & a_{32} & a_{33} \end{pmatrix} \times \begin{pmatrix} b_{11} & b_{12} & b_{13} \\ b_{21} & b_{22} & b_{23} \\ b_{31} & b_{32} & b_{33} \end{pmatrix} = \begin{pmatrix} \sum_k a_{1k}b_{k1} & \sum_k a_{1k}b_{k2} & \sum_k a_{1k}b_{k3} \\ \sum_k a_{2k}b_{k1} & \sum_k a_{2k}b_{k2} & \sum_k a_{2k}b_{k3} \\ \sum_k a_{3k}b_{k1} & \sum_k a_{3k}b_{k2} & \sum_k a_{3k}b_{k3} \end{pmatrix}$$

となる。
　この関係を利用すると

$$[\tilde{B}\tilde{A}]_{m,n} = \sum_{k=1}^{3} b_{mk}a_{kn}$$

となり、行列のかけ算では順序を変えると、結果がちがったものになることがわかる。試しに、このかけ算の結果えられる (1,1) 成分を示すと

$$b_{11}a_{11} + b_{12}a_{21} + b_{13}a_{31}$$

となって、明らかに、先ほど求めたものとは値が異なる。このように、行列のかけ算では、一般には**交換法則** (commutative law) が成立しない。

$$\tilde{A} \times \tilde{B} \neq \tilde{B} \times \tilde{A} \quad (\tilde{A}\tilde{B} \neq \tilde{B}\tilde{A})$$

あるいは

$$\tilde{A} \times \tilde{B} - \tilde{B} \times \tilde{A} \neq \tilde{0} \quad (\tilde{A}\tilde{B} - \tilde{B}\tilde{A} \neq \tilde{0})$$

であることに注意する必要がある。

演習7-1 つぎの行列のかけ算を計算し、交換法則が成立するかどうか確かめよ。

$$\tilde{A} = \begin{pmatrix} 0 & 1 \\ 1 & 0 \end{pmatrix} \quad \tilde{B} = \begin{pmatrix} 1 & 2 \\ 0 & 1 \end{pmatrix}$$

解)

$$\tilde{A}\tilde{B} = \begin{pmatrix} 0 & 1 \\ 1 & 0 \end{pmatrix}\begin{pmatrix} 1 & 2 \\ 0 & 1 \end{pmatrix} = \begin{pmatrix} 0 & 1 \\ 1 & 2 \end{pmatrix} \quad \tilde{B}\tilde{A} = \begin{pmatrix} 1 & 2 \\ 0 & 1 \end{pmatrix}\begin{pmatrix} 0 & 1 \\ 1 & 0 \end{pmatrix} = \begin{pmatrix} 2 & 1 \\ 1 & 0 \end{pmatrix}$$

となって $\tilde{A}\tilde{B} \neq \tilde{B}\tilde{A}$ であるから交換法則は成立しない。

行列どうしのかけ算の順序を変えて差をとったもの

$$[\tilde{A}, \tilde{B}] = \tilde{A}\tilde{B} - \tilde{B}\tilde{A}$$

を**交換子** (commutator) と呼んでおり、量子力学ではよく使われる。このとき

$$[\tilde{A}, \tilde{B}] = 0$$

ならばふたつの行列は**可換** (commutative) であるという。また

$$[\tilde{A}, \tilde{B}] \neq 0$$

ならばふたつの行列は**非可換** (non-commutative) であるという。一般的には、異なる行列は非可換である。

つぎに、行列に関する微分は

$$\frac{d}{dt}[\tilde{A}] = \begin{pmatrix} \dfrac{da_{11}}{dt} & \dfrac{da_{12}}{dt} & \dfrac{da_{13}}{dt} \\ \dfrac{da_{21}}{dt} & \dfrac{da_{22}}{dt} & \dfrac{da_{23}}{dt} \\ \dfrac{da_{31}}{dt} & \dfrac{da_{32}}{dt} & \dfrac{da_{33}}{dt} \end{pmatrix}$$

のようにすべての成分に対して、微分演算を行えばよい。積分も同様である。

演習 7-2　つぎの行列を x に関して、微分せよ。

$$\tilde{A} = \begin{pmatrix} x & x+x^2 \\ x^3 & 1 \end{pmatrix}$$

解） 各成分について微分すればよいので

$$\frac{d[\tilde{A}]}{dx} = \begin{pmatrix} \dfrac{dx}{dx} & \dfrac{d(x+x^2)}{dx} \\ \dfrac{d(x^3)}{dx} & \dfrac{d(1)}{dx} \end{pmatrix} = \begin{pmatrix} 1 & 1+2x \\ 3x^2 & 0 \end{pmatrix}$$

となる。

7.2. ハイゼンベルクの遷移式

以上の行列の性質を踏まえて、ハイゼンベルクの遷移式を見てみよう。そのかけ算のルールは

$$\left[q(t)^2\right]_{nk} = \sum_{m=1}^{+\infty} Q(n;m)Q(m;k)\exp\{i\omega(n;k)t\}$$

であった。これは、まさに行列のかけ算であり、この和はかけ算の結果えられた行列の (n, k) 成分に相当する。つまり

$$\begin{pmatrix} Q(1;1)\exp\{i\omega(1;1)t\} & Q(1;2)\exp\{i\omega(2;1)t\} & Q(1;3)\exp\{i\omega(1;3)t\} & \cdots \\ Q(2;1)\exp\{i\omega(2;1)t\} & Q(2;2)\exp\{i\omega(2;2)t\} & & \\ Q(3;1)\exp\{i\omega(3;1)t\} & Q(3;2)\exp\{i\omega(3;2)t\} & & \ddots \\ \vdots & \vdots & & \end{pmatrix}$$

という行列を考えて、そのかけ算を実施したことになる。このように、表記すると、この行列の各成分は、**遷移成分** (transition component) に対応することになる。例えば (3, 4)成分は第 3 軌道から第 4 軌道に電子が遷移する時の遷移成分となる。また、対角成分は、同じ軌道から同じ軌道への遷移であるので、遷移しない状態、つまり**定常状態** (stationary state) に対応する。

このままでも良いが、この行列を一般的な行インデックスと列インデックスの表記に書きなおそう。すると

第7章　行列力学の誕生

$$\tilde{q} = \begin{pmatrix} Q_{11}\exp(i\omega_{11}t) & Q_{12}\exp(i\omega_{12}t) & Q_{13}\exp(i\omega_{13}t) & \cdots \\ Q_{21}\exp(i\omega_{21}t) & Q_{22}\exp(i\omega_{22}t) & & \\ Q_{31}\exp(i\omega_{31}t) & Q_{32}\exp(i\omega_{32}t) & \ddots & \\ \vdots & \vdots & & \end{pmatrix}$$

と書くことができる。これが電子の位置に対応した行列、つまり**位置行列** (position matrix) ということになる。ただし、この行列の行と列の数は無限にある[1]。

電子の位置が行列で表されるということは、量子の世界の物理量はすべて行列で表現できるということを示している。例えば、電子の速度に対応した行列は、この行列を時間に関して微分したものであり、加速度は、さらにそれを微分したものとなる。

そして、さらに時間の項も含めて

$$\tilde{q} = \begin{pmatrix} q_{11} & q_{12} & q_{13} & \cdots \\ q_{21} & q_{22} & & \\ q_{31} & q_{32} & \ddots & \\ \vdots & \vdots & & \end{pmatrix}$$

のように表記しても良い。ただし、各成分は

$$q_{nm} = Q_{nm}\exp(i\omega_{nm}t)$$

である。

このように、量子力学では古典力学の位置に対応するものが、1個の変数ではなく行列となる。とすると、速度、加速度、運動量、エネルギーなどの物理量はすべて位置の関数であるので、量子力学における物理量はすべて行列で表現できることになる。ただし、物理量が行列で表現できるといわれても、感覚的には理解しにくいであろう。この点に関しては、後章で、

---

[1] 成分が無限個あるといっても、実際に取り扱う場合は、それをすべて表記するわけではなく、成分間の関係から全体像を導き出すのである。

その意味の解釈も含めて、考察を加えていく。

> **演習 7-3** 位置行列をもとに速度に対応する行列を導出せよ。

解） 速度に対応する行列は、位置行列の各成分を微分することによってえられる。したがって

$$\tilde{v} = \begin{pmatrix} v_{11} & v_{12} & v_{13} & \cdots \\ v_{21} & v_{22} & & \\ v_{31} & v_{32} & \ddots & \\ \vdots & \vdots & & \end{pmatrix} = \frac{d\tilde{q}}{dt} = \begin{pmatrix} dq_{11}/dt & dq_{12}/dt & dq_{13}/dt & \cdots \\ dq_{21}/dt & dq_{22}/dt & & \\ dq_{31}/dt & dq_{32}/dt & \ddots & \\ \vdots & \vdots & & \end{pmatrix}$$

$$= \begin{pmatrix} i\omega_{11}Q_{11}(\exp i\omega_{11}t) & i\omega_{12}Q_{12}(\exp i\omega_{12}t) & i\omega_{13}Q_{13}\exp(i\omega_{13}t) & \cdots \\ i\omega_{21}Q_{21}(\exp i\omega_{21}t) & i\omega_{22}Q_{22}(\exp i\omega_{22}t) & & \\ i\omega_{31}Q_{31}(\exp i\omega_{31}t) & i\omega_{32}Q_{32}(\exp i\omega_{32}t) & & \ddots \\ \vdots & \vdots & & \end{pmatrix}$$

と与えられることになる。

ここで、$\omega_{nn} = 0$ であるから

$$\tilde{v} = \begin{pmatrix} 0 & i\omega_{12}Q_{12}\exp(i\omega_{12}t) & i\omega_{13}Q_{13}\exp(i\omega_{13}t) & \cdots \\ i\omega_{21}Q_{21}\exp(i\omega_{21}t) & 0 & i\omega_{23}Q_{23}\exp(i\omega_{23}t) & \cdots \\ i\omega_{31}Q_{31}\exp(i\omega_{31}t) & i\omega_{32}Q_{32}\exp(i\omega_{32}t) & 0 & \\ \vdots & \vdots & & \ddots \end{pmatrix}$$

となる。

演習でえられた結果からわかるように、速度に対応した行列では対角成分がすべてゼロとなる。これは少し考えれば当たり前で、位置に対応した

第7章 行列力学の誕生

行列の対角成分は時間に依存しないので、その微分はゼロとなるからである。加速度や運動量も同様である。

ここで、これら量子力学の物理量に対応した行列にはいくつか特徴があるので、それをまとめておく。まず、これら行列の成分は基本的には複素数であるが、対角成分は必ず実数になる。これは、行列の成分は複素数でも構わないが、物理量としてえられる級数和が実数でなければならないという制約による。

例えば、位置に対応した行列を例にとると

$$\omega_{nn} = 0$$

であるから

$$\exp(i\omega_{nn}t) = \exp 0 = 1$$

となるので

$$\tilde{q} = \begin{pmatrix} Q_{11} & Q_{12}\exp(i\omega_{12}t) & Q_{13}\exp(i\omega_{13}t) & \cdots \\ Q_{21}\exp(i\omega_{21}t) & Q_{22} & Q_{23}\exp(i\omega_{23}t) & \cdots \\ Q_{31}\exp(i\omega_{31}t) & Q_{32}\exp(i\omega_{32}t) & Q_{33} & \cdots \\ \vdots & \vdots & & \ddots \end{pmatrix}$$

となる。また

$$q_{mn} = q_{nm}{}^*$$

のように、(m, n) 成分は (n, m) 成分の複素共役になっている。今の位置に対応した行列では

$$Q_{21}\exp(i\omega_{21}t) = Q_{12}{}^*\exp(-i\omega_{12}t)$$

という対応関係になっているからである。よって

$$\tilde{q} = \begin{pmatrix} Q_{11} & Q_{12}(\exp i\omega_{12}t) & Q_{13}\exp(i\omega_{13}t) & \cdots \\ Q^*_{12}\exp(-i\omega_{12}t) & Q_{22} & Q_{23}\exp(i\omega_{23}t) & \cdots \\ Q^*_{13}\exp(-i\omega_{13}t) & Q^*_{23}\exp(-i\omega_{23}t) & Q_{33} & \\ \vdots & \vdots & & \ddots \end{pmatrix}$$

となる。ここで、この行列を**転置** (transpose) してみよう。転置とは行と列を入れ替える操作である。すると、位置行列の**転置行列** (transposed matrix) は

$$\begin{pmatrix} Q_{11} & Q^*_{12}\exp(-i\omega_{12}t) & Q^*_{13}\exp(-i\omega_{13}t) & \cdots \\ Q_{12}\exp(i\omega_{12}t) & Q_{22} & Q^*_{23}\exp(-i\omega_{23}t) & \cdots \\ Q_{13}\exp(i\omega_{13}t) & Q_{23}\exp(i\omega_{23}t) & Q_{33} & \\ \vdots & \vdots & & \ddots \end{pmatrix}$$

となる。さらに、この行列の**複素共役** (complex conjugate) をとると

$$\begin{pmatrix} Q_{11} & Q_{12}(\exp i\omega_{12}t) & Q_{13}\exp(i\omega_{13}t) & \cdots \\ Q^*_{12}\exp(-i\omega_{12}t) & Q_{22} & Q_{23}\exp(i\omega_{23}t) & \cdots \\ Q^*_{13}\exp(-i\omega_{13}t) & Q^*_{23}\exp(-i\omega_{23}t) & Q_{33} & \\ \vdots & \vdots & & \ddots \end{pmatrix}$$

となる。このように、転置して、さらに複素共役をとった行列を**随伴行列** (adjoint) と呼ぶ。よく見ると、位置行列の随伴行列はもとの行列と一致することがわかる。このように、随伴行列がもとの行列と一致する複素数を成分とする行列を専門的には**エルミート行列** (Hermitian matrix) と呼んでいる。実は、このような性質を有する行列を研究していた**エルミート** (Charles Hermite) というフランスの数学者が居たため、この名がついたのである。

ここで、転置および複素共役を

$$ {}^t\tilde{A} \quad \tilde{A}^* $$

第7章 行列力学の誕生

という記号で示すと、随伴行列は

$${}^t\tilde{A}^*$$

となる。（ここで、t は英語で転置の意：transpose に由来する。）よって、エルミート行列となる条件は

$${}^t\tilde{A}^* = \tilde{A} \quad \text{あるいは} \quad {}^t\tilde{A} = \tilde{A}^*$$

と与えられることになる。

　量子力学における位置行列がエルミート行列ということは、それからつくられる物理量に対応した行列はすべてエルミート行列ということになる。

演習 7-4 速度行列がエルミート性を有することを確認せよ。

　解）　速度行列は、位置行列を t で微分することでえられる。よって

$$\tilde{v} = \frac{d\tilde{q}}{dt} = \begin{pmatrix} Q_{11} & i\omega_{12}Q_{12}(\exp i\omega_{12}t) & i\omega_{13}Q_{13}\exp(i\omega_{13}t) & \cdots \\ -i\omega_{12}Q^*_{12}\exp(-i\omega_{12}t) & Q_{22} & i\omega_{23}Q_{23}\exp(i\omega_{23}t) & \cdots \\ -i\omega_{13}Q^*_{13}\exp(-i\omega_{13}t) & -i\omega_{23}Q^*_{23}\exp(-i\omega_{23}t) & Q_{33} & \\ \vdots & \vdots & & \ddots \end{pmatrix}$$

となる。ここで、この行列の転置行列と複素共役は

$${}^t\tilde{v}^* = \begin{pmatrix} Q_{11} & -i\omega_{12}Q^*_{12}(\exp -i\omega_{12}t) & -i\omega_{13}Q^*_{13}\exp(-i\omega_{13}t) & \cdots \\ i\omega_{12}Q_{12}\exp(i\omega_{12}t) & Q_{22} & -i\omega_{23}Q^*_{23}\exp(-i\omega_{23}t) & \cdots \\ i\omega_{13}Q_{13}\exp(i\omega_{13}t) & i\omega_{23}Q_{23}\exp(i\omega_{23}t) & Q_{33} & \\ \vdots & \vdots & & \ddots \end{pmatrix}$$

$$\tilde{v}^* = \begin{pmatrix} Q_{11} & -i\omega_{12}Q^*_{12}(\exp-i\omega_{12}t) & -i\omega_{13}Q^*_{13}\exp(-i\omega_{13}t) & \cdots \\ i\omega_{12}Q_{12}\exp(i\omega_{12}t) & Q_{22} & -i\omega_{23}Q^*_{23}\exp(-i\omega_{23}t) & \cdots \\ i\omega_{13}Q_{13}\exp(i\omega_{13}t) & i\omega_{23}Q_{23}\exp(i\omega_{23}t) & Q_{33} & \\ \vdots & \vdots & & \ddots \end{pmatrix}$$

となり、互いに一致する。よって速度行列がエルミート行列であることがわかる。

以下同様にして、他の物理量に対応した行列もすべてエルミート行列であることが確かめられる。

7.3. 量子化条件

行列力学について詳しい話をする前に、その誕生のきっかけとなったもうひとつの重要な事項について解説しておく。それはハイゼンベルクの師であるボルンが行った仕事であり、量子化条件を行列で表示するものである。

ここで、量子化条件は

$$\oint p dq = \int_0^{2\pi/\omega} p\left(\frac{dq}{dt}\right)dt = nh$$

であった。

これを、まず古典論のフーリエ級数で表現してみよう[2]。すると

---

[2] 量子力学において、電子軌道間の遷移ということを考えると、フーリエ級数は使えないというのがハイゼンベルクの考えであった。もちろん、対応原理によって軌道半径が十分大きい領域では、近似的に使うことは可能である。しかし量子化条件を、行列力学で書き直そうとしているのにフーリエ級数の手法を使うのには疑問を感じるひともおられるであろう。実は、フーリエ級数を使わないと、その後の展開が複雑になりすぎて手に負えなかったのである。面白いことに、波動力学が完成した後で、行列力学を振り返るとフーリエ級数を使ったことは決して間違いではなかったことがわかるのである。

第7章　行列力学の誕生

$$p = \sum_\tau P(n,\tau)\exp\{i\omega(n,\tau)t\}$$

$$q = \sum_\tau Q(n,\tau)\exp\{i\omega(n,\tau)t\}$$

となる。ここで、$\omega(n,\tau)$はn軌道における第τ高調波に相当し

$$\omega(n,\tau) = \tau\omega(n,1)$$

という関係にある。ここでqの時間微分は

$$\frac{dq}{dt} = \sum_\tau i\omega(n,\tau)Q(n,\tau)\exp\{i\omega(n,\tau)t\}$$

となる。ところで、ここで求めたい

$$p\left(\frac{dq}{dt}\right)$$

は、pもdq/dtも級数和となっている。よってそのかけ算ではdq/dtのτを区別してτ'として総和をとる必要がある。すると

$$p\left(\frac{dq}{dt}\right) = \left[\sum_\tau P(n,\tau)\exp\{i\omega(n,\tau)t\}\right]\left[\sum_{\tau'} i\omega(n,\tau')Q(n,\tau')\exp\{i\omega(n,\tau')t\}\right]$$

となり、整理すると

$$p\left(\frac{dq}{dt}\right) = i\sum_\tau\sum_{\tau'} P(n,\tau)Q(n,\tau')\omega(n,\tau')\exp[i\{\omega(n,\tau)+\omega(n,\tau')\}t]$$

となる。したがって、量子化条件は

$$\int_0^{2\pi/\omega} p\left(\frac{dq}{dt}\right)dt = i\sum_{\tau}\sum_{\tau'}\int_0^{2\pi/\omega} P(n,\tau)Q(n,\tau')\omega(n,\tau')\exp[i\{\omega(n,\tau)+\omega(n,\tau')\}t]dt = nh$$

と与えられる。ここで

$$\int_0^{2\pi/\omega} P(n,\tau)Q(n,\tau')\omega(n,\tau')\exp[i\{\omega(n,\tau)+\omega(n,\tau')\}t]dt$$

は t に関する積分であるから、t の関数のみ積分記号の中に残すと

$$P(n,\tau)Q(n,\tau')\omega(n,\tau')\int_0^{2\pi/\omega}\exp[i\{\omega(n,\tau)+\omega(n,\tau')\}t]dt$$

となる。

　第1章で紹介したように $\exp(i\theta)$ のかたちをした関数の周回積分は $\theta \neq 0$ であれば

$$\oint \exp(i\theta)d\theta = 0$$

のように必ずゼロとなる。したがって周回積分した時に残るのは

$$\omega(n,\tau)+\omega(n,\tau')=0$$

という関係を満足する項だけとなる。
　フーリエ級数において、これを満足するのは

$$\tau'=-\tau$$

の場合となる。このとき

第7章 行列力学の誕生

$$\int_0^{2\pi/\omega} \exp[i\{\omega(n,\tau)+\omega(n,-\tau)\}t]dt = \int_0^{2\pi/\omega} 1 dt = \frac{2\pi}{\omega}$$

であるから、結局、量子化条件は

$$2\pi i \sum_{\tau=-\infty}^{+\infty} P(n,\tau)Q(n,-\tau)\frac{\omega(n,-\tau)}{\omega} = nh$$

となる。ここで ω を n 軌道における基本角振動数とすると

$$\omega = \omega(n,1) \quad であり \quad \omega(n,\tau) = \tau\omega(n,1)$$

の関係にあるから

$$\frac{\omega(n,-\tau)}{\omega} = \frac{\omega(n,-\tau)}{\omega(n,1)} = -\tau$$

となる[3]。

よって

$$nh = 2\pi i \sum_{\tau=-\infty}^{+\infty} P(n,\tau)Q(n,-\tau)(-\tau)$$

フーリエ級数における共役複素数の関係

$$Q(n,-\tau) = Q^*(n,\tau)$$

を使うと

$$nh = -2\pi i \sum_{\tau=-\infty}^{+\infty} P(n,\tau)Q^*(n,\tau)\tau$$

---

[3] この関係はフーリエ級数に対して成立する関係であり、電子軌道間の遷移には一般には成立しない。

となる。

　ここで、両辺を n で微分する。すると

$$\frac{h}{2\pi i} = -\sum_{\tau=-\infty}^{+\infty} \tau \frac{\partial}{\partial n}[P(n,\tau)Q^*(n,\tau)]$$

となる。

　右辺をフーリエ級数から量子力学の記法に変えるために、ハイゼンベルクがとった方法を思い出してほしい。それは

$$\omega(n,\tau) \quad \rightarrow \quad \omega(n;n-\tau)$$

のように、n 軌道の第 τ 高調波は、n 軌道から $n-\tau$ 軌道への遷移の際に放出される電磁波に対応するというものであった。同様にして

$$P(n,\tau) \quad \rightarrow \quad P(n;n-\tau) \qquad Q(n,\tau) \quad \rightarrow \quad Q(n;n-\tau)$$

と変換されることになる。

　さらに、右辺は n の微分となっているが、このように微分として表現できるということは、古典力学では、n の変化、つまり、軌道半径の変化が連続的であるということに対応している。しかし、量子力学では、この変化は離散的であり

$$\frac{\partial E(n)}{\partial n} = \frac{E_n - E_{n-1}}{n-(n-1)} = E_n - E_{n-1}$$

のような差分のかたちにする必要がある[4]。これを、一般形にするために、τ を使って表現すると

---

[4] いままでは、古典論のフーリエ級数で議論を進めてきたが、ここではじめて量子力学の暗号への変換が行われたことになる。ただし、この置き換えは $n \gg 1$ の時成立するものである。

第7章　行列力学の誕生

$$\frac{\partial E(n)}{\partial n} = \frac{E_n - E_{n-\tau}}{n-(n-\tau)} = \frac{E_n - E_{n-\tau}}{\tau}$$

となる。ところで、ボーアの振動数関係より

$$\omega(n;n-\tau) = \frac{E_n - E_{n-\tau}}{\hbar}$$

という関係にあるので、上式を代入すると

$$\omega(n;n-\tau) = \frac{E_n - E_{n-\tau}}{\hbar} = \frac{\tau}{\hbar}\frac{\partial E(n)}{\partial n}$$

という対応関係がえられる。

あるいは $n = n + \tau$ を代入すると

$$\omega(n+\tau;n) = \frac{E_{n+\tau} - E_n}{\hbar} = \frac{\tau}{\hbar}\frac{\partial E(n)}{\partial n}$$

となる。つまり

$$\omega(n;n-\tau) = \omega(n+\tau;n)$$

という関係にある。

以上のことを踏まえて、いま求めた量子化条件を量子の記法に書き直してみよう。

$$\frac{h}{2\pi i} = -\sum_{\tau=-\infty}^{+\infty} \tau \frac{\partial}{\partial n}[P(n,\tau)Q^*(n,\tau)]$$

の右辺を、変形していく必要がある。そこで、まず

$$\frac{\partial}{\partial n}\left[P(n,\tau)Q^*(n,\tau)\right] = \frac{\partial P(n,\tau)}{\partial n}Q^*(n,\tau) + P(n,\tau)\frac{\partial Q^*(n,\tau)}{\partial n}$$

であることに注意して

$$\frac{\partial P(n,\tau)}{\partial n} \quad \text{および} \quad \frac{\partial Q^*(n,\tau)}{\partial n}$$

がどう表現できるかを考える。

このためには

$$\frac{\partial \omega(n,\tau)}{\partial n}$$

という n に関する偏微分が、量子暗号である差分では、どのように表現されるかを考える必要がある。

ここで

$$\omega(n,\tau) = \omega(n; n-\tau) = \frac{E_n - E_{n-\tau}}{\hbar} = \frac{\tau}{\hbar}\frac{\partial E(n)}{\partial n}$$

であったから

$$\frac{\partial \omega(n,\tau)}{\partial n} = \frac{\tau}{\hbar}\frac{\partial^2 E(n)}{\partial n^2}$$

となって、E の n に関する2階微分となる。これを差分を使って書くとしよう。すると

$$\frac{\partial E(n)}{\partial n} = \frac{E_n - E_{n-\tau}}{\tau}$$

であるから、2階微分は

第7章　行列力学の誕生

$$\frac{\partial^2 E(n)}{\partial n^2} = \frac{\dfrac{E_{n+\tau}-E_n}{\tau} - \dfrac{E_n-E_{n-\tau}}{\tau}}{\tau} = \frac{(E_{n+\tau}-E_n)-(E_n-E_{n-\tau})}{\tau^2}$$

という差分となる。ここで、ボーアの振動数関係から

$$\frac{\partial^2 E(n)}{\partial n^2} = \frac{\hbar\omega(n+\tau;n) - \hbar\omega(n;n-\tau)}{\tau^2}$$

となる。よって

$$\frac{\partial \omega(n,\tau)}{\partial n} = \frac{\tau}{\hbar}\frac{\partial^2 E(n)}{\partial n^2} = \frac{\tau}{\hbar}\frac{\hbar\omega(n+\tau;n)-\hbar\omega(n;n-\tau)}{\tau^2} = \frac{\omega(n+\tau;n)-\omega(n;n-\tau)}{\tau}$$

という差分で表現できることになる。この関係を、そのまま適用すれば

$$\frac{\partial P(n,\tau)}{\partial n} = \frac{P(n+\tau;n)-P(n;n-\tau)}{\tau}$$

$$\frac{\partial Q^*(n,\tau)}{\partial n} = \frac{Q^*(n+\tau;n)-Q^*(n;n-\tau)}{\tau}$$

という差分の式に置き換えることができる。これを、先ほどの式

$$\frac{\partial}{\partial n}\left[P(n,\tau)Q^*(n,\tau)\right] = \frac{\partial P(n,\tau)}{\partial n}Q^*(n,\tau) + P(n,\tau)\frac{\partial Q^*(n,\tau)}{\partial n}$$

に代入してみよう。ただし、フーリエ級数から、量子暗号（つまり遷移成分）への書き換えでは $\omega(n;n-\tau) = \omega(n+\tau;n)$ ということを踏まえて

$$Q^*(n,\tau) = Q^*(n+\tau;n) \qquad P(n,\tau) = P(n;n-\tau)$$

と置く[5]。すると

$$\frac{\partial P(n,\tau)}{\partial n}Q^{\bullet}(n,\tau)+P(n,\tau)\frac{\partial Q^{\bullet}(n,\tau)}{\partial n}$$

$$=\frac{P(n+\tau;n)-P(n,n-\tau)}{\tau}Q^{\bullet}(n+\tau;n)+P(n,n-\tau)\frac{Q^{\bullet}(n+\tau;n)-Q^{\bullet}(n,n-\tau)}{\tau}$$

$$=\frac{1}{\tau}\{P(n+\tau;n)Q^{\bullet}(n+\tau;n)-P(n;n-\tau)Q^{\bullet}(n;n-\tau)\}$$

となり、量子化条件は

$$\frac{h}{2\pi i}=-\left\{\sum_{\tau=-\infty}^{+\infty}P(n+\tau;n)Q^{*}(n+\tau;n)-\sum_{\tau=-\infty}^{+\infty}P(n;n-\tau)Q^{*}(n;n-\tau)\right\}$$

となる。ここで、共役複素数の関係[6]

$$Q(n;n+\tau)=Q^{*}(n+\tau;n) \qquad Q(n;n-\tau)=Q^{*}(n-\tau;n)$$

を使うと

$$\frac{h}{2\pi i}=-\left\{\sum_{\tau=-\infty}^{+\infty}P(n+\tau;n)Q(n;n+\tau)-\sum_{\tau=-\infty}^{+\infty}P(n;n-\tau)Q(n-\tau;n)\right\}$$

ここで、第2項においては、τは正負の符号を変えても、その和は変わらないので、$-\tau$にτを代入し、さらに、項の順序を入れ替えると

$$\frac{h}{2\pi i}=\left\{\sum_{\tau=-\infty}^{+\infty}P(n;n+\tau)Q(n+\tau;n)-\sum_{\tau=-\infty}^{+\infty}Q(n;n+\tau)P(n+\tau;n)\right\}$$

---

[5] このように置き換えないと、項が残ってうまく整理できない。
[6] いままでのフーリエ級数での複素共役の関係と異なり、ここではじめて、ハイゼンベルクが提唱した電子軌道間の遷移に基づく複素共役の関係となっている。

という関係式ができる。

　これが、量子化条件を遷移成分の振幅で表現したものである。これを行列という観点で眺めてみよう。いま、運動量および位置の振幅項で行列をつくると

$$\tilde{P} = \begin{pmatrix} P_{11} & P_{12} & P_{13} & \cdots \\ P_{21} & P_{22} & & \\ P_{31} & P_{32} & \ddots & \\ \vdots & \vdots & & \end{pmatrix} \qquad \tilde{Q} = \begin{pmatrix} Q_{11} & Q_{12} & Q_{13} & \cdots \\ Q_{21} & Q_{22} & & \\ Q_{31} & Q_{32} & \ddots & \\ \vdots & \vdots & & \end{pmatrix}$$

となるが、いま求めた関係は、これら行列の積の対角成分 ((n, n)成分) が

$$\left[\tilde{P}\tilde{Q}\right]_{nn} - \left[\tilde{Q}\tilde{P}\right]_{nn} = \frac{h}{2\pi i}$$

となっていることを示している。

　このままでは、対角成分だけの情報しかないが、ボルンはつぎのような結果がえられるものと予想を立てた。それは

$$\tilde{P}\tilde{Q} - \tilde{Q}\tilde{P} = \frac{h}{2\pi i}\tilde{E}$$

という関係である。ここで$\tilde{E}$は**単位行列** (unit matrix) で

$$\tilde{E} = \begin{pmatrix} 1 & 0 & 0 & \cdots \\ 0 & 1 & 0 & \cdots \\ 0 & 0 & 1 & \\ \vdots & \vdots & & \ddots \end{pmatrix}$$

のように、対角成分がすべて 1 で、非対角成分がすべて 0 の行列である。この行列を他の行列に作用させても、変化がない。よって、単位行列と呼

んでいる。つまり、ボルンの予想は

$$\tilde{P}\tilde{Q} - \tilde{Q}\tilde{P}$$

という計算をすると、その**非対角成分** (non-diagonal element) はすべて 0 になるというものであった。ボルンは自分で、この予想を証明しようと思ったが断念した。そして、弟子の**ヨルダン** (Pacual Jordan) に託したのである。

ヨルダンによる証明の説明の前に

$$\tilde{q} = \begin{pmatrix} Q_{11}\exp(i\omega_{11}t) & Q_{12}\exp(i\omega_{12}t) & \cdots \\ Q_{21}\exp(i\omega_{21}t) & Q_{22}\exp(i\omega_{22}t) & \\ \vdots & & \ddots \end{pmatrix}$$

$$\tilde{p} = \begin{pmatrix} P_{11}\exp(i\omega_{11}t) & P_{12}\exp(i\omega_{12}t) & \cdots \\ P_{21}\exp(i\omega_{21}t) & P_{22}\exp(i\omega_{22}t) & \\ \vdots & & \ddots \end{pmatrix}$$

という行列を考えてみよう。すると

$$\left[\tilde{p}\tilde{q} - \tilde{q}\tilde{p}\right]_{nn} = \sum_k p_{nk}q_{kn} - \sum_k q_{nk}p_{kn}$$

となるから

$$\left[\tilde{p}\tilde{q} - \tilde{q}\tilde{p}\right]_{nn} = \sum_k P_{nk}\exp(i\omega_{nk}t)Q_{kn}\exp(i\omega_{kn}t) - \sum_k Q_{nk}\exp(i\omega_{nk}t)P_{kn}\exp(i\omega_{kn}t)$$

$$= \sum_k P_{nk}Q_{kn}\exp\{i(\omega_{nk}+\omega_{kn})t\} - \sum_k Q_{nk}P_{kn}\exp\{i(\omega_{nk}+\omega_{kn})t\}$$

$$= \sum_k P_{nk}Q_{kn}\exp(i\omega_{nn}t) - \sum_k Q_{nk}P_{kn}\exp(i\omega_{nn}t) = \sum_k P_{nk}Q_{kn} - \sum_k Q_{nk}P_{kn} = \frac{h}{2\pi i}$$

となって、結局

第7章 行列力学の誕生

$$\left[\tilde{P}\tilde{Q}-\tilde{Q}\tilde{P}\right]_{nn} = \frac{h}{2\pi i}$$

とまったく同じ結果となる。つまり、いずれの場合にも、対角成分はすべて $h/(2\pi i)$ となる。

以上を踏まえてヨルダンの行った証明を見てみよう。まず、つぎの単振動の微分方程式を考えてみよう。

$$\frac{d^2 q}{dt^2} + \omega^2 q = 0$$

これに、行列 $\tilde{q}$ を代入してみる。すると

$$\frac{d^2 \tilde{q}}{dt^2} + \omega^2 \tilde{q} = \tilde{\mathbf{0}}$$

となる。ただし、右辺の $\tilde{\mathbf{0}}$ は**ゼロ行列** (zero matrix) で、すべての成分が 0 の行列である。ここで、この両辺に左から行列 $\tilde{q}$ をかけてみよう。すると

$$\tilde{q}\frac{d^2\tilde{q}}{dt^2} + \tilde{q}\omega^2\tilde{q} = \tilde{\mathbf{0}} \qquad \tilde{q}\frac{d^2\tilde{q}}{dt^2} + \omega^2\tilde{q}\tilde{q} = \tilde{\mathbf{0}}$$

となる。ここで

$$\omega^2 \tilde{q} = -\frac{d^2\tilde{q}}{dt^2}$$

であるから

$$\tilde{q}\frac{d^2\tilde{q}}{dt^2} - \frac{d^2\tilde{q}}{dt^2}\tilde{q} = \tilde{\mathbf{0}}$$

という関係がえられる。

つぎに

$$\tilde{p}\tilde{q} - \tilde{q}\tilde{p} = m\frac{d\tilde{q}}{dt}\tilde{q} - m\tilde{q}\frac{d\tilde{q}}{dt}$$

である。この両辺の時間微分をとると

$$\begin{aligned}d\frac{(\tilde{p}\tilde{q}-\tilde{q}\tilde{p})}{dt} &= m\frac{d^2\tilde{q}}{dt^2}\tilde{q} - m\left(\frac{d\tilde{q}}{dt}\right)^2 - m\tilde{q}\frac{d^2\tilde{q}}{dt^2} + m\left(\frac{d\tilde{q}}{dt}\right)^2 \\ &= m\tilde{q}\frac{d^2\tilde{q}}{dt^2} - m\frac{d^2\tilde{q}}{dt^2}\tilde{q} = m\left(\tilde{q}\frac{d^2\tilde{q}}{dt^2} - \frac{d^2\tilde{q}}{dt^2}\tilde{q}\right) = \tilde{0}\end{aligned}$$

となり、時間微分はゼロとなる。

ここで、行列 $\tilde{p}\tilde{q}-\tilde{q}\tilde{p}$ の対角成分は、もともと時間の項を含まないので、時間で微分したらゼロになる。よって問題はない。しかし、すべての成分がゼロということは、非対角成分もすべてゼロになる必要がある。

例として 非対角成分の (1, 2) 成分を書くと

$$\left[\tilde{p}\tilde{q} - \tilde{q}\tilde{p}\right]_{12} = \sum_k p_{1k}q_{k2} - \sum_k q_{1k}p_{k2} = \sum_k P_{1k}Q_{k2}\exp(i\omega_{12}t) - \sum_k Q_{1k}P_{k2}\exp(i\omega_{12}t)$$

となり、まとめると

$$\left[\tilde{p}\tilde{q} - \tilde{q}\tilde{p}\right]_{12} = \left\{\sum_k P_{1k}Q_{k2} - \sum_k Q_{1k}P_{k2}\right\}\exp(i\omega_{12}t)$$

となる。この時間微分は

$$\left[\frac{d(\tilde{p}\tilde{q}-\tilde{q}\tilde{p})}{dt}\right]_{12} = i\omega_{12}\left\{\sum_k P_{1k}Q_{k2} - \sum_k Q_{1k}P_{k2}\right\}\exp(i\omega_{12}t)$$

となるが、これはゼロ行列の成分であるから、この項はゼロでなければならない。よって

$$\sum_k P_{1k}Q_{k2} - \sum_k Q_{1k}P_{k2} = 0$$

第7章　行列力学の誕生

あるいは

$$\sum_k P_{1k}Q_{k2} - Q_{1k}P_{k2} = \left[\tilde{P}\tilde{Q} - \tilde{Q}\tilde{P}\right]_{12} = 0$$

となって (1, 2) 成分はゼロとなる。他の非対角成分についても同様であり、結局

$$\tilde{P}\tilde{Q} - \tilde{Q}\tilde{P}$$

の非対角成分はすべてゼロとなる。まさにボルンの予想が当たっていたことになる。

ここで、あらためて量子化条件を行列で書くと

$$\tilde{P}\tilde{Q} - \tilde{Q}\tilde{P} = \frac{h}{2\pi i}\tilde{E}$$

かつ

$$\tilde{p}\tilde{q} - \tilde{q}\tilde{p} = \frac{h}{2\pi i}\tilde{E}$$

ということになる。

ボルンは、この結果に勇気をえて、ヨルダン、ハイゼンベルクとともに行列力学を完成させることになる。

行列による量子化条件の表示の導出過程は見事というしかないが、各計算過程をひとつひとつ見ていくと、必ずしも必然的な展開が行われている訳ではない。数式の展開においては、一気呵成に事が進む場合もあり、その結果、予想しない結果がえられて驚くこともある。

ただし、ボルンらによる展開を見ると、ある程度、結果を予測しながら変形を行っていたものと考えられる。本章の展開に関しては、古典力学のフーリエ級数から出発していながら、途中から微分を差分に変換することで量子化するという手法を使っており、少々強引と思われるかもしれない。ただし、学問を進展させるには、このような強引さも時として必要となる場合もあるのである。

第8章　行列力学の建設

量子化条件を行列で表現することに成功したボルンは、自分の着想が正しいことを確信し、さらに、物理量が行列からなる量子力学の定式化を進めていく。そして、ハイゼンベルクの遷移成分の和という表式ではわからなかった新しい側面を次々と発見していくのである。

8.1. 正準交換関係

量子化条件を行列で書き直すと

$$\tilde{p}\tilde{q} - \tilde{q}\tilde{p} = \frac{h}{2\pi i}\tilde{E}$$

であった。この関係を**正準交換関係** (canonical commutation relation) と呼んでいる。この式は、量子化条件に相当するが、実は、行列の演算を行う上で重要な役割をはたす。すでに紹介したように、行列どうしのかけ算では、交換関係が成立しない。このため、行列の計算をしようとしても、先に進めないことがある。ところが、上の交換関係を知っていれば、それを利用して計算を進めることができるのである。

演習 8-1　つぎの行列の演算を正準交換関係を利用して計算せよ。

$$\tilde{p}^2\tilde{q} + \tilde{p}\tilde{q}^2 - \tilde{p}\tilde{q}\tilde{p} - \tilde{q}^2\tilde{p}$$

第 8 章　行列力学の建設

解)　まず、正準交換関係を利用して第 1 項と第 3 項を整理してみる。すると

$$\tilde{p}^2\tilde{q} - \tilde{p}\tilde{q}\tilde{p} = \tilde{p}(\tilde{p}\tilde{q} - \tilde{q}\tilde{p}) = \tilde{p}\left(\frac{h}{2\pi i}\tilde{E}\right) = \frac{h}{2\pi i}\tilde{p}$$

となる。つぎに第 2 項と第 4 項は

$$\tilde{p}\tilde{q} = \tilde{q}\tilde{p} + \frac{h}{2\pi i}\tilde{E}$$

という関係を利用すると

$$\tilde{p}\tilde{q}^2 - \tilde{q}^2\tilde{p} = \tilde{p}\tilde{q}\tilde{q} - \tilde{q}\tilde{q}\tilde{p} = \left(\tilde{q}\tilde{p} + \frac{h}{2\pi i}\tilde{E}\right)\tilde{q} - \tilde{q}\left(\tilde{p}\tilde{q} - \frac{h}{2\pi i}\tilde{E}\right)$$

$$= \tilde{q}\tilde{p}\tilde{q} + \frac{h}{2\pi i}\tilde{q} - \tilde{q}\tilde{p}\tilde{q} + \frac{h}{2\pi i}\tilde{q} = \frac{h}{\pi i}\tilde{q}$$

となる。結局

$$\tilde{p}^2\tilde{q} + \tilde{p}\tilde{q}^2 - \tilde{p}\tilde{q}\tilde{p} - \tilde{q}^2\tilde{p} = \frac{h}{2\pi i}(\tilde{p} + 2\tilde{q})$$

と簡単化できる。

　このように、行列の交換は一般には非可換であるが、その場合でも交換子の値がわかっていれば、ある程度、計算を進めることは可能となるのである。
　それでは、つぎの行列の関数

$$f(\tilde{p}, \tilde{q}) = a\tilde{p}^2 + b\tilde{p}\tilde{q} + c\tilde{q}^2$$

を考え、この関数と行列 $\tilde{p}$ の交換子を計算してみよう。

$$[\tilde{p}, f(\tilde{p},\tilde{q})] = \tilde{p}f(\tilde{p},\tilde{q}) - f(\tilde{p},\tilde{q})\tilde{p}$$

すると

$$\tilde{p}f(\tilde{p},\tilde{q}) = a\tilde{p}^3 + b\tilde{p}^2\tilde{q} + c\tilde{p}\tilde{q}^2$$
$$f(\tilde{p},\tilde{q})\tilde{p} = a\tilde{p}^3 + b\tilde{p}\tilde{q}\tilde{p} + c\tilde{q}^2\tilde{p}$$

となるので

$$\tilde{p}f(\tilde{p},\tilde{q}) - f(\tilde{p},\tilde{q})\tilde{p} = b\tilde{p}^2\tilde{q} - b\tilde{p}\tilde{q}\tilde{p} + c\tilde{p}\tilde{q}^2 - c\tilde{q}^2\tilde{p}$$

となる。ここで係数 b の項をまとめると

$$b\tilde{p}^2\tilde{q} - b\tilde{p}\tilde{q}\tilde{p} = b\tilde{p}(\tilde{p}\tilde{q} - \tilde{q}\tilde{p})$$

となる。かっこ内に正準交換関係を適用すると

$$b\tilde{p}^2\tilde{q} - b\tilde{p}\tilde{q}\tilde{p} = b\tilde{p}\frac{h}{2\pi i}\tilde{E} = b\frac{h}{2\pi i}\tilde{p}$$

と計算できる。

　つぎに係数 c の項は

$$c\tilde{p}\tilde{q}^2 - c\tilde{q}^2\tilde{p} = c(\tilde{p}\tilde{q})\tilde{q} - c\tilde{q}^2\tilde{p}$$

と変形したうえで、正準交換関係を変形した次式

$$\tilde{p}\tilde{q} = \tilde{q}\tilde{p} + \frac{h}{2\pi i}\tilde{E}$$

を代入する。すると

第 8 章 行列力学の建設

$$c\tilde{p}\tilde{q}^2 - c\tilde{q}^2\tilde{p} = c\left(\tilde{q}\tilde{p} + \frac{h}{2\pi i}\tilde{E}\right)\tilde{q} - c\tilde{q}^2\tilde{p} = \frac{ch}{2\pi i}\tilde{q} + c\tilde{q}\tilde{p}\tilde{q} - c\tilde{q}^2\tilde{p}$$

$$= \frac{ch}{2\pi i}\tilde{q} + c\tilde{q}(\tilde{p}\tilde{q} - \tilde{q}\tilde{p}) = c\frac{h}{\pi i}\tilde{q}$$

となり、結局

$$\tilde{p}f(\tilde{p},\tilde{q}) - f(\tilde{p},\tilde{q})\tilde{p} = \frac{h}{2\pi i}(b\tilde{p} + 2c\tilde{q})$$

と与えられる

　ところで、いまの計算を行ったのには意味がある。それを次に示そう。行列の関数 $f(\tilde{p},\tilde{q})$ を $\tilde{q}$ で偏微分すると

$$\frac{\partial f(\tilde{p},\tilde{q})}{\partial \tilde{q}} = b\tilde{p} + 2c\tilde{q}$$

となって、いま計算した式と同じものがえられる。あるいは

$$\frac{\partial f(\tilde{p},\tilde{q})}{\partial \tilde{q}} = \frac{2\pi i}{h}\left(\tilde{p}f(\tilde{p},\tilde{q}) - f(\tilde{p},\tilde{q})\tilde{p}\right) = \frac{2\pi i}{h}\left[\tilde{p}, f(\tilde{p},\tilde{q})\right]$$

という関係になる。

演習 8-2　正準交換関係を利用して $f(\tilde{p},\tilde{q}) = a\tilde{p}^2 + b\tilde{p}\tilde{q} + c\tilde{q}^2$ という行列の関数に対して、つぎの演算を実施せよ。

$$[\tilde{q}, f(\tilde{p},\tilde{q})] = \tilde{q}f(\tilde{p},\tilde{q}) - f(\tilde{p},\tilde{q})\tilde{q}$$

解)　第 1 項および第 2 項は

$$\tilde{q}f(\tilde{p},\tilde{q}) = a\tilde{q}\tilde{p}^2 + b\tilde{q}\tilde{p}\tilde{q} + c\tilde{q}^3$$
$$f(\tilde{p},\tilde{q})\tilde{q} = a\tilde{p}^2\tilde{q} + b\tilde{p}\tilde{q}^2 + c\tilde{q}^3$$

となるので

$$\tilde{q}f(\tilde{p},\tilde{q}) - f(\tilde{p},\tilde{q})\tilde{q} = a\tilde{q}\tilde{p}^2 - a\tilde{p}^2\tilde{q} + b\tilde{q}\tilde{p}\tilde{q} - b\tilde{p}\tilde{q}^2$$

となる。正準交換関係を利用して、係数 a の項をまとめると

$$a\tilde{q}\tilde{p}^2 - a\tilde{p}^2\tilde{q} = a(\tilde{q}\tilde{p})\tilde{p} - a\tilde{p}^2\tilde{q} = a\left(\tilde{p}\tilde{q} - \frac{h}{2\pi i}\tilde{E}\right)\tilde{p} - a\tilde{p}^2\tilde{q}$$
$$= -a\frac{h}{2\pi i}\tilde{p} + a\tilde{p}\tilde{q}\tilde{p} - a\tilde{p}^2\tilde{q} = -a\frac{h}{2\pi i}\tilde{p} + a\tilde{p}(\tilde{q}\tilde{p} - \tilde{p}\tilde{q})$$
$$= -a\frac{h}{2\pi i}\tilde{p} - a\tilde{p}\frac{h}{2\pi i}\tilde{E} = -2a\frac{h}{2\pi i}\tilde{p}$$

となる。つぎに係数 b の項は

$$b\tilde{q}\tilde{p}\tilde{q} - b\tilde{p}\tilde{q}^2 = b(\tilde{q}\tilde{p} - \tilde{p}\tilde{q})\tilde{q} = -b\frac{h}{2\pi i}\tilde{q}$$

となり、結局

$$\tilde{q}f(\tilde{p},\tilde{q}) - f(\tilde{p},\tilde{q})\tilde{q} = -\frac{h}{2\pi i}(2a\tilde{p} + b\tilde{q})$$

と与えられる。

ここで、関数 $f(\tilde{p},\tilde{q}) = a\tilde{p}^2 + b\tilde{p}\tilde{q} + c\tilde{q}^2$ を $\tilde{p}$ に関して偏微分してみよう。すると

$$\frac{\partial f(\tilde{p},\tilde{q})}{\partial \tilde{p}} = 2a\tilde{p} + b\tilde{q}$$

となる。

いまの演習の結果と比較すると

$$\frac{\partial f(\tilde{p},\tilde{q})}{\partial \tilde{p}} = -\frac{2\pi i}{h}\bigl(\tilde{q}f(\tilde{p},\tilde{q}) - f(\tilde{p},\tilde{q})\tilde{q}\bigr) = -\frac{2\pi i}{h}[\tilde{q}, f(\tilde{p},\tilde{q})]$$

となることがわかる。正負の符号のちがいはあるものの、いずれも微分演算に対応するのである。この事実が、さらに行列力学を発展させることになる。

8.2. ハミルトニアン

ボルンは、前節に示した演算結果をみて**ハミルトンの正準運動方程式** (Hamilton's equations of motion) のことを思い出す。それは、運動量 (p) および位置 (q) を用いて表した運動方程式のことであり、つぎのかたちをしている。

$$\frac{\partial H}{\partial p} = \frac{dq}{dt} \qquad \frac{\partial H}{\partial q} = -\frac{dp}{dt}$$

ここで、H は**ハミルトニアン** (Hamiltonian) と呼ばれるもので、エネルギーを p, q の関数にしたものである。よって、一般形は

$$H(p,q) = \frac{p^2}{2m} + V(q)$$

となる。ここで第1項は**運動エネルギー** (kinetic energy)、第2項は**位置エネルギー** (potential energy) に相当する。ハミルトンの運動方程式は、基本的にはニュートンの運動方程式と全く同じものであり、表記方法が異なるだ

けである。ただし、ニュートンの運動方程式の方が取り扱いがはるかに楽なうえ、かたちもわかりやすかったので、誰も、あえて使おうとは思わなかっただけのことである。

実際に量子力学が登場しなかったならば、その存在は忘れ去られていたであろう。しかし、その数学的形式が、古典論ではなく、量子力学を取り扱うのに適していたのであるから、不思議なめぐりあわせである。

それでは、単振動の場合のハミルトニアンを求めてみよう。すると

$$H(p,q) = \frac{p^2}{2m} + \frac{1}{2}kq^2$$

となる。これをハミルトンの正準運動方程式にあてはめてみる。

まず、p に関する偏微分は

$$\frac{\partial H}{\partial p} = \frac{\partial}{\partial p}\left(\frac{p^2}{2m} + \frac{1}{2}kq^2\right) = \frac{p}{m} = \frac{mv}{m} = v$$

となって速度 (v) となる。ところで

$$v = \frac{dq}{dt}$$

であるから、確かに

$$\frac{\partial H}{\partial p} = \frac{dq}{dt}$$

という関係が成立していることがわかる。

演習 8-3 位置 q に関するハミルトンの正準運動方程式が成立することを確かめよ。

第8章 行列力学の建設

解) q に関する H の偏微分は

$$\frac{\partial H}{\partial q} = \frac{\partial}{\partial q}\left(\frac{p^2}{2m} + \frac{1}{2}kq^2\right) = kq = -F$$

となり、力 (F) となる。

ここで

$$\frac{dp}{dt} = \frac{d}{dt}(mv) = \frac{d}{dt}\left(m\frac{dq}{dt}\right) = m\frac{d^2q}{dt^2} = F$$

であるから、確かに

$$\frac{\partial H}{\partial q} = -\frac{dp}{dt}$$

という関係が成立していることがわかる。

ボルンは、この正準運動方程式が量子力学の物理量を表現する行列の計算に使えるのではないと考えた。単振動のハミルトニアンは、行列表示では

$$H(\tilde{p},\tilde{q}) = \frac{\tilde{p}^2}{2m} + \frac{1}{2}k\tilde{q}^2$$

となる。この関数に対して、前節で紹介した演算

$$\tilde{p}f(\tilde{p},\tilde{q}) - f(\tilde{p},\tilde{q})\tilde{p}$$

を施してみよう。すると

$$\tilde{p}H(\tilde{p},\tilde{q}) - H(\tilde{p},\tilde{q})\tilde{p} = \frac{\tilde{p}^3}{2m} + \frac{1}{2}k\tilde{p}\tilde{q}^2 - \frac{\tilde{p}^3}{2m} - \frac{1}{2}k\tilde{q}^2\tilde{p}$$

$$= \frac{1}{2}k\tilde{p}\tilde{q}^2 - \frac{1}{2}k\tilde{q}^2\tilde{p} = \frac{1}{2}k(\tilde{p}\tilde{q}^2 - \tilde{q}^2\tilde{p})$$

$$= \frac{1}{2}k\{(\tilde{p}\tilde{q})\tilde{q} - \tilde{q}^2\tilde{p}\} = \frac{1}{2}k\left\{\left(\tilde{q}\tilde{p} + \frac{h}{2\pi i}\tilde{E}\right)\tilde{q} - \tilde{q}^2\tilde{p}\right\}$$

$$= \frac{1}{2}k\left\{\left(\frac{h}{2\pi i}\tilde{q}\right) + \tilde{q}\tilde{p}\tilde{q} - \tilde{q}^2\tilde{p}\right\} = \frac{1}{2}k\left\{\left(\frac{h}{2\pi i}\tilde{q}\right) + \tilde{q}(\tilde{p}\tilde{q} - \tilde{q}\tilde{p})\right\}$$

$$= \frac{1}{2}k\left\{\left(\frac{h}{2\pi i}\tilde{q}\right) + \tilde{q}\left(\frac{h}{2\pi i}\tilde{E}\right)\right\} = k\frac{h}{2\pi i}\tilde{q}$$

となる。ここで

$$\frac{\partial H(\tilde{p},\tilde{q})}{\partial \tilde{q}} = \frac{\partial}{\partial \tilde{q}}\left(\frac{\tilde{p}^2}{2m} + \frac{1}{2}k\tilde{q}^2\right) = k\tilde{q}$$

であるから、確かに

$$\frac{\partial H(\tilde{p},\tilde{q})}{\partial \tilde{q}} = \frac{2\pi i}{h}(\tilde{p}H(\tilde{p},\tilde{q}) - H(\tilde{p},\tilde{q})\tilde{p})$$

$$= \frac{2\pi i}{h}[\tilde{p}, H(\tilde{p},\tilde{q})]$$

のように、この演算が、偏微分を与えるという関係が成立している。

演習 8-4 演算 $\tilde{q}f(\tilde{p},\tilde{q}) - f(\tilde{p},\tilde{q})\tilde{q}$ をハミルトニアン行列 $H(\tilde{p},\tilde{q})$ に施した結果、つまり $[\tilde{q}, H(\tilde{p},\tilde{q})]$ を計算せよ。

解) $\tilde{q}H(\tilde{p},\tilde{q}) - H(\tilde{p},\tilde{q})\tilde{q} = \frac{\tilde{q}\tilde{p}^2}{2m} + \frac{1}{2}k\tilde{q}^3 - \frac{\tilde{p}^2\tilde{q}}{2m} - \frac{1}{2}k\tilde{q}^3$

$$= \frac{\tilde{q}\tilde{p}^2}{2m} - \frac{\tilde{p}^2\tilde{q}}{2m} = \frac{1}{2m}\{(\tilde{q}\tilde{p})\,\tilde{p} - \tilde{p}^2\tilde{q}\} = \frac{1}{2m}\left\{\left(\tilde{p}\tilde{q} - \frac{h}{2\pi i}\tilde{E}\right)\tilde{p} - \tilde{p}^2\tilde{q}\right\}$$

$$= \frac{1}{2m}\left\{\left(-\frac{h}{2\pi i}\tilde{p}\right) + \tilde{p}\tilde{q}\tilde{p} - \tilde{p}^2\tilde{q}\right\} = \frac{1}{2m}\left\{\left(-\frac{h}{2\pi i}\tilde{p}\right) + \tilde{p}(\tilde{q}\tilde{p} - \tilde{p}\tilde{q})\right\}$$

$$= \frac{1}{2m}\left\{\left(-\frac{h}{2\pi i}\tilde{p}\right) + \tilde{p}\left(-\frac{h}{2\pi i}\tilde{E}\right)\right\} = -\frac{1}{m}\frac{h}{2\pi i}\tilde{p}$$

となる。

ここで

$$\frac{\partial H(\tilde{p},\tilde{q})}{\partial \tilde{p}} = \frac{\partial}{\partial \tilde{p}}\left(\frac{\tilde{p}^2}{2m} + \frac{1}{2}k\tilde{q}^2\right) = \frac{\tilde{p}}{m}$$

であるから

$$\frac{\partial H(\tilde{p},\tilde{q})}{\partial \tilde{p}} = -\frac{2\pi i}{h}(\tilde{q}H(\tilde{p},\tilde{q}) - H(\tilde{p},\tilde{q})\tilde{q})$$

$$= -\frac{2\pi i}{h}[\tilde{q}, H(\tilde{p},\tilde{q})]$$

という関係が成立する。

以上のように、ハミルトニアン行列に対しても、前節で求めた行列演算が、偏微分を与えるという関係がえられることが確認できる。つぎに、これらの関係をハミルトンの正準運動方程式に代入してみよう。すると

$$\frac{\partial H(\tilde{p},\tilde{q})}{\partial \tilde{q}} = -\frac{d\tilde{p}}{dt} = \frac{2\pi i}{h}(\tilde{p}H(\tilde{p},\tilde{q}) - H(\tilde{p},\tilde{q})\tilde{p})$$

$$\frac{\partial H(\tilde{p},\tilde{q})}{\partial \tilde{p}} = \frac{d\tilde{q}}{dt} = -\frac{2\pi i}{h}(\tilde{q}H(\tilde{p},\tilde{q}) - H(\tilde{p},\tilde{q})\tilde{q})$$

となり、整理すると

$$\frac{d\tilde{p}}{dt} = -\frac{2\pi i}{h}(\tilde{p}H(\tilde{p},\tilde{q}) - H(\tilde{p},\tilde{q})\tilde{p})$$

$$\frac{d\tilde{q}}{dt} = -\frac{2\pi i}{h}(\tilde{q}H(\tilde{p},\tilde{q}) - H(\tilde{p},\tilde{q})\tilde{q})$$

という 2 個の方程式ができる。この式をみると正負の符号も一致して、対象的な関係となっている。それならば、これら 2 式を結合して、ひとつの式にしたらどうであろうか。単純に 2 式を足すと

$$\frac{d}{dt}(\tilde{p}+\tilde{q}) = -\frac{2\pi i}{h}\{(\tilde{p}+\tilde{q})H(\tilde{p},\tilde{q}) - H(\tilde{p},\tilde{q})(\tilde{p}+\tilde{q})\}$$

という関係がえられる。ここで

$$g(\tilde{p},\tilde{q}) = \tilde{p}+\tilde{q}$$

と置くと

$$\frac{dg(\tilde{p},\tilde{q})}{dt} = -\frac{2\pi i}{h}(g(\tilde{p},\tilde{q})H(\tilde{p},\tilde{q}) - H(\tilde{p},\tilde{q})g(\tilde{p},\tilde{q}))$$

$$= -\frac{2\pi i}{h}\left[g(\tilde{p},\tilde{q}), H(\tilde{p},\tilde{q})\right]$$

となることがわかる。

8.3. ハイゼンベルクの運動方程式

実は、前節で示した関係は $\tilde{p}$ および $\tilde{q}$ からなる任意の関数

第8章 行列力学の建設

$$g(\tilde{p},\tilde{q})$$

に対して一般的に成立するのである。つまり

$$\frac{dg(\tilde{p},\tilde{q})}{dt} = -\frac{2\pi i}{h}(g(\tilde{p},\tilde{q})H(\tilde{p},\tilde{q}) - H(\tilde{p},\tilde{q})g(\tilde{p},\tilde{q}))$$

あるいは

$$\frac{dg(\tilde{p},\tilde{q})}{dt} = -\frac{2\pi i}{h}\left[g(\tilde{p},\tilde{q}), H(\tilde{p},\tilde{q})\right]$$

という関係が成立する。この方程式のことを**ハイゼンベルクの運動方程式**(Heisenberg's equation of motion) と呼んでいる。

それでは、この方程式が成立することを証明しよう。まず

$$g(\tilde{p},\tilde{q}) = \tilde{p}\tilde{q}$$

を考えてみよう。すると

$$\frac{dg(\tilde{p},\tilde{q})}{dt} = \frac{d(\tilde{p}\tilde{q})}{dt} = \frac{d\tilde{p}}{dt}\tilde{q} + \tilde{p}\frac{d\tilde{q}}{dt}$$

となる。ここで

$$\frac{d\tilde{p}}{dt} = -\frac{2\pi i}{h}(\tilde{p}H(\tilde{p},\tilde{q}) - H(\tilde{p},\tilde{q})\tilde{p})$$

$$\frac{d\tilde{q}}{dt} = -\frac{2\pi i}{h}(\tilde{q}H(\tilde{p},\tilde{q}) - H(\tilde{p},\tilde{q})\tilde{q})$$

であったから、それぞれの項は

$$\frac{d\tilde{p}}{dt}\tilde{q} = -\frac{2\pi i}{h}(\tilde{p}H(\tilde{p},\tilde{q})\tilde{q} - H(\tilde{p},\tilde{q})\tilde{p}\tilde{q})$$

$$\tilde{p}\frac{d\tilde{q}}{dt} = -\frac{2\pi i}{h}(\widetilde{p\tilde{q}}H(\tilde{p},\tilde{q}) - \tilde{p}H(\tilde{p},\tilde{q})\tilde{q})$$

となるが、これを代入すると

$$\frac{d(\tilde{p}\tilde{q})}{dt} = -\frac{2\pi i}{h}(\tilde{p}\tilde{q}H(\tilde{p},\tilde{q}) - H(\tilde{p},\tilde{q})\tilde{p}\tilde{q})$$

となって、ハイゼンベルクの運動方程式が成立する。

演習 8-5 関数 $g(\tilde{p},\tilde{q}) = \tilde{p}^2$ において、ハイゼンベルクの運動方程式が成立することを確かめよ。

解) ハイゼンベルクの運動方程式の左辺は

$$\frac{dg(\tilde{p},\tilde{q})}{dt} = \frac{d(\tilde{p}^2)}{dt} = \frac{d\tilde{p}}{dt}\tilde{p} + \tilde{p}\frac{d\tilde{p}}{dt}$$

となる。ここで

$$\frac{d\tilde{p}}{dt} = -\frac{2\pi i}{h}(\tilde{p}H(\tilde{p},\tilde{q}) - H(\tilde{p},\tilde{q})\tilde{p})$$

であるから、それぞれの項は

$$\frac{d\tilde{p}}{dt}\tilde{p} = -\frac{2\pi i}{h}(\tilde{p}H(\tilde{p},\tilde{q})\tilde{p} - H(\tilde{p},\tilde{q})\tilde{p}^2)$$

$$\tilde{p}\frac{d\tilde{p}}{dt} = -\frac{2\pi i}{h}(\tilde{p}^2 H(\tilde{p},\tilde{q}) - \tilde{p}H(\tilde{p},\tilde{q})\tilde{p})$$

となる。両辺を足すと

$$\frac{d(\tilde{p}^2)}{dt} = -\frac{2\pi i}{h}(\tilde{p}^2 H(\tilde{p},\tilde{q}) - H(\tilde{p},\tilde{q})\tilde{p}^2)$$

となって、ハイゼンベルクの運動方程式が成立することが確認できる。

以上のように、$g(\tilde{p},\tilde{q}) = \tilde{p}+\tilde{q}$、$g(\tilde{p},\tilde{q}) = \tilde{p}\tilde{q}$、$g(\tilde{p},\tilde{q}) = \tilde{p}^2$ の場合にハイゼンベルクの運動方程式が成立することを示した。同様にして、任意の関数 $g(\tilde{p},\tilde{q})$ に対して、この方程式が成立する。

8.4. 行列力学の完成

8.4.1. エネルギー保存の法則

さてハイゼンベルクの運動方程式

$$\frac{dg(\tilde{p},\tilde{q})}{dt} = -\frac{2\pi i}{h}(g(\tilde{p},\tilde{q})H(\tilde{p},\tilde{q}) - H(\tilde{p},\tilde{q})g(\tilde{p},\tilde{q}))$$

$$= -\frac{2\pi i}{h}[g(\tilde{p},\tilde{q}), H(\tilde{p},\tilde{q})]$$

の $g(\tilde{p},\tilde{q})$ は、$\tilde{p}$ および $\tilde{q}$ のどんな関数に対しても成立する。そこで $g(\tilde{p},\tilde{q})$ にハミルトニアン $H(\tilde{p},\tilde{q})$ を代入してみよう。すると

$$\frac{dH(\tilde{p},\tilde{q})}{dt} = -\frac{2\pi i}{h}(H(\tilde{p},\tilde{q})H(\tilde{p},\tilde{q}) - H(\tilde{p},\tilde{q})H(\tilde{p},\tilde{q})) = 0$$

となって、ハミルトニアンの時間微分はゼロとなることがわかる。これは、ハミルトニアンが時間的に変化しないことを示している。

ところで、ハミルトニアンはエネルギーを $\tilde{p}$ および $\tilde{q}$ で表現した関数であった。それが時間変化しないということは、**エネルギー保存の法則** (Law of conservation of energy) が成立することを示していることになる。

ここで、ハミルトニアンもエネルギーという物理量であるから、量子力学では、それに対応した行列があるはずである。それを一般形で書くと

$$\tilde{H} = \begin{pmatrix} H_{11} & H_{12}\exp(i\omega_{12}t) & H_{13}\exp(i\omega_{13}t) & \cdots \\ H_{21}\exp(i\omega_{21}t) & H_{22} & H_{23}\exp(i\omega_{123}t) & \cdots \\ H_{31}\exp(i\omega_{31}t) & H_{32}\exp(i\omega_{32}t) & H_{33} & \\ \vdots & \vdots & & \ddots \end{pmatrix}$$

となるが、これが時間に依存しないのであるから、時間依存項を含む非対角成分はすべて 0 になり

$$\tilde{H} = \begin{pmatrix} H_{11} & 0 & 0 & \cdots \\ 0 & H_{22} & 0 & \cdots \\ 0 & 0 & H_{33} & \\ \vdots & \vdots & & \ddots \end{pmatrix}$$

のような対角行列となるはずである。

実は、この対角要素は、各軌道のエネルギーに対応し

$$\tilde{H} = \begin{pmatrix} E_1 & 0 & 0 & \cdots \\ 0 & E_2 & 0 & \cdots \\ 0 & 0 & E_3 & \\ \vdots & \vdots & & \ddots \end{pmatrix}$$

と書くことができる。例えばハミルトニアン行列の (n, n) 成分の H_{nn} は第 n 軌道から第 n 軌道への遷移に対応するが、これは、遷移せずに第 n 軌道にとどまっているときのエネルギーに相当する。それは、第 n 軌道のエネルギー E_n となる。

第8章 行列力学の建設

ハミルトニアン行列の成分は**クロネッカーデルタ** (Kronecker delta) :δ を使うと

$$H_{nm} = H_{nm}\delta_{nm} = E_n\delta_{nm}$$

と書くこともできる。ただし

$$\begin{cases} \delta_{nm} = 1 & (n = m) \\ \delta_{nm} = 0 & (n \neq m) \end{cases}$$

という性質がある。

8.4.2. ボーアの振動数関係

ハイゼンベルクの運動方程式を再び見てみよう。

$$\frac{dg(\tilde{p},\tilde{q})}{dt} = -\frac{2\pi i}{h}(g(\tilde{p},\tilde{q})H(\tilde{p},\tilde{q}) - H(\tilde{p},\tilde{q})g(\tilde{p},\tilde{q}))$$

$$= -\frac{2\pi i}{h}[g(\tilde{p},\tilde{q}), H(\tilde{p},\tilde{q})]$$

ここで、$g(\tilde{p},\tilde{q})$ は、$\tilde{p}$ および $\tilde{q}$ の任意の関数であるが、当然、行列となる。そこで

$$\tilde{g} = \begin{pmatrix} G_{11} & G_{12}\exp(i\omega_{12}t) & G_{13}\exp(i\omega_{13}t) & \cdots \\ G_{21}\exp(i\omega_{21}t) & G_{22} & G_{13}\exp(i\omega_{13}t) & \cdots \\ G_{31}\exp(i\omega_{31}t) & G_{32}\exp(i\omega_{32}t) & G_{33} & \\ \vdots & \vdots & & \ddots \end{pmatrix}$$

と置いてみる。つまり、成分表示で書けば

$$g_{nm} = G_{nm}\exp(i\omega_{nm}t)$$

となる。すると、その微分は

$$\frac{dg_{nm}}{dt} = i\omega_{nm} G_{nm} \exp(i\omega_{nm} t)$$

と与えられる。つぎに

$$(g(\tilde{p},\tilde{q})H(\tilde{p},\tilde{q}) - H(\tilde{p},\tilde{q})g(\tilde{p},\tilde{q}))$$

という行列の (n, m) 成分は

$$\sum_k g_{nk} H_{km} - \sum_k H_{nk} g_{km}$$

と書けるが、ハミルトニアン行列は対角行列であるから、項として残るのは

$$g_{nm} H_{mm} - H_{nn} g_{nm}$$

の2項だけとなる。

この式を変形すると

$$g_{nm} H_{mm} - H_{nn} g_{nm} = g_{nm}(E_m - E_n) = G_{nm} \exp i\omega_{nm} t (E_m - E_n)$$

となる。ハイゼンベルクの運動方程式に、それぞれの計算結果を代入すると

$$i\omega_{nm} G_{nm} \exp(i\omega_{nm} t) = -\frac{2\pi i}{h} G_{nm} \{\exp(i\omega_{nm} t)\}(E_m - E_n)$$

という関係が成立する。

よって

第 8 章　行列力学の建設

$$\omega_{nm} = \frac{2\pi}{h}(E_n - E_m)$$

あるいは

$$E_n - E_m = \hbar\omega_{nm} = h\nu_{nm}$$

となり、ボーアの振動数関係が導かれることになる。

8.4.3.　振幅行列と遷移成分

前の章で紹介したように、量子化条件を、量子力学における運動量に対応した行列 $\tilde{p}$ および位置に対応した行列 $\tilde{q}$ で表現すると

$$\tilde{p}\tilde{q} - \tilde{q}\tilde{p} = \frac{h}{2\pi i}\tilde{E}$$

となる。そして、これら行列の振幅に対応した項のみを取り出して、新たな行列 $\tilde{P}$ および $\tilde{Q}$ をつくると、これら行列に対しても

$$\tilde{P}\tilde{Q} - \tilde{Q}\tilde{P} = \frac{h}{2\pi i}\tilde{E}$$

という関係が成立することを証明した。

ここで、逆の手順を考えてみよう。まず、正準交換関係を満足する行列 $\tilde{P}$ および $\tilde{Q}$ があるものとしよう。この行列から

$$p_{nm} = P_{nm}\exp(i\omega_{nm}t) \qquad q_{nm} = Q_{nm}\exp(i\omega_{nm}t)$$

という操作によって、新たな行列 $\tilde{p}$ および $\tilde{q}$ をつくる。すると、これら行列はハイゼンベルクの運動方程式

$$\frac{dg(\tilde{p},\tilde{q})}{dt} = -\frac{2\pi i}{h}(g(\tilde{p},\tilde{q})H(\tilde{p},\tilde{q}) - H(\tilde{p},\tilde{q})g(\tilde{p},\tilde{q}))$$

を満足する。当たり前のような気もするが、それを確かめてみよう。複雑な場合でも方法は一緒であるので、ここでは簡単な

$$g(\tilde{p},\tilde{q}) = \tilde{p}$$

の場合を考える。すると

$$\frac{d\tilde{p}}{dt} = -\frac{2\pi i}{h}(\tilde{p}H(\tilde{p},\tilde{q}) - H(\tilde{p},\tilde{q})\tilde{p})$$

$$p_{nm} = P_{nm}\exp(i\omega_{nm}t)$$

であるから左辺は

$$\frac{dp_{nm}}{dt} = i\omega_{nm}P_{nm}\exp(i\omega_{nm}t)$$

となる。右辺

$$\tilde{p}H(\tilde{p},\tilde{q}) - H(\tilde{p},\tilde{q})\tilde{p}$$

の (n, m) 成分は

$$\sum_k P_{nk}\exp(i\omega_{nk}t)H_{km} - \sum_k H_{nk}P_{km}\exp(i\omega_{km}t)$$

ただし H の非対角成分はすべてゼロなので

$$P_{nm}\exp(i\omega_{nm}t)H_{mm} - H_{nn}P_{nm}\exp(i\omega_{nm}t) = (P_{nm}H_{mm} - H_{nn}P_{nm})\exp(i\omega_{nm}t)$$

ここで

$$P_{nm}H_{mm} - H_{nn}P_{nm} = P_{nm}(E_m - E_n)$$

となり、ハイゼンベルクの運動方程式の右辺の(n, m)成分は

$$-\frac{2\pi i}{h}P_{nm}(E_m - E_n)\exp(i\omega_{nm}t) = iP_{nm}\frac{E_n - E_m}{\hbar}\exp(i\omega_{nm}t)$$

となる。ここでボーアの振動数関係から

$$\omega_{nm} = \frac{E_n - E_m}{\hbar}$$

という関係にあるので

$$i\omega_{nm}P_{nm}\exp(i\omega_{nm}t)$$

となり、ハイゼンベルクの運動方程式を満足することがわかる。

　実は、以上の結果を利用すると、量子力学の問題解法が**固有値問題** (eigen value problem) に還元できることがわかっている。それを次章で紹介しょう。

第9章　固有値問題

　ボルンらによって開発された行列力学の手法を簡単に復習してみよう。まず、原子の中の電子の運動状態が古典力学では説明することができないことがわかり、ミクロな電子の運動を記述する新しい力学の建設が必要という要請に迫られて、量子力学の建設がはじまった。しかし、電子の運動状態を直接知る情報はえられない。われわれが手にできるのは、電子がある軌道から別の軌道に遷移したときに発せられる電磁波（光）である。

　ハイゼンベルクは、原子が光を出すということは、その電磁波に電子の運動を記述するヒントが隠されているはずと考えた。そして、電子の運動を含めた、すべての物理量は遷移成分を要素とする行列で表現できるという斬新な考えに達するのである。

9.1.　行列と物理量

　電子の運動状態を知るためには、運動量行列 $\tilde{p}$ と位置行列 $\tilde{q}$ を知る必要がある。それを探るために、エネルギーに対応したハミルトニアン

$$H(\tilde{p}, \tilde{q})$$

と呼ばれる関数を考える。これは、ハミルトンが創設した**解析力学** (analytic mechanics) にしたがっている。例として、単振動の場合を考えてみよう。そのエネルギー、つまり、ハミルトニアンは

$$H(\tilde{p}, \tilde{q}) = \frac{\tilde{p}^2}{2m} + \frac{1}{2} k \tilde{q}^2$$

第9章 固有値問題

となる。

このとき $\tilde{p}$ および $\tilde{q}$ は

$$\frac{d\tilde{p}}{dt} = -\frac{2\pi i}{h}(\tilde{p}H(\tilde{p},\tilde{q}) - H(\tilde{p},\tilde{q})\tilde{p})$$

$$\frac{d\tilde{q}}{dt} = -\frac{2\pi i}{h}(\tilde{q}H(\tilde{p},\tilde{q}) - H(\tilde{p},\tilde{q})\tilde{q})$$

という関係と

$$\tilde{p}\tilde{q} - \tilde{q}\tilde{p} = \frac{h}{2\pi i}\tilde{E}$$

という正準交換関係を満足する必要がある。

さらに、これら行列の関数であるハミルトニアン行列は、対角行列となり

$$H_{nm} = E_n \delta_{nm}$$

のように、対角成分は n 軌道のエネルギーを与える。そして、角振動数は

$$\omega_{nm} = \frac{E_n - E_m}{\hbar}$$

というボーアの振動数関係を満足する必要がある。

以上の関係をすべて満足する $\tilde{p}$ および $\tilde{q}$ を導くことができれば、それをもとに電子の運動状態、すなわちスペクトルを求めることができるのである。

ただし、前節の結果では、振幅の項のみからなる行列、つまり時間の項を含まない行列 $\tilde{P}$ および $\tilde{Q}$ が

$$\tilde{P}\tilde{Q} - \tilde{Q}\tilde{P} = \frac{h}{2\pi i}\tilde{E}$$

という正準交換関係を満足し、しかも

$$H(\tilde{P},\tilde{Q}) = \begin{pmatrix} E_1 & 0 & \cdots \\ 0 & E_2 & \\ \vdots & & \ddots \end{pmatrix}$$

という対角行列になれば

$$p_{nm} = P_{nm}\exp i\omega_{nm}t \qquad q_{nm} = Q_{nm}\exp i\omega_{nm}t$$

という変換で、行列 $\tilde{p}$ および $\tilde{q}$ を求めることができることも確認した。

　ただし、ここで問題がひとつ生じる。いままでは、ハミルトニアン行列が対角行列になるということを当然のこととしてきたが、一般には

$$\tilde{P} \text{および} \tilde{Q}$$

が正準交換関係を満足するからといって

$$H(\tilde{P},\tilde{Q})$$

が対角行列になるという保障はないのである。

　ボルンは、そこで、つぎのような手法を考えた。とにかく正準交換関係

$$\tilde{P}°\tilde{Q}° - \tilde{Q}°\tilde{P}° = \frac{h}{2\pi i}\tilde{E}$$

を満足する行列をつくる。そして、これら行列をハミルトニアンに代入する。

$$H(\tilde{P}°,\tilde{Q}°)$$

ただし、一般には、この行列は対角行列ではない。よって、これら行列は、求める行列ではない。ただし、線形代数の手法を利用すると、この行列を対角化することができる。

一般的な行列の対角化手法については補遺 5 に解説しているので参照されたい。ここでは、量子力学において、物理量を表現するエルミート行列の対角化について説明する。

9.2. エルミート行列の対角化

ハイゼンベルクは電子の運動に対応した式として

$$q(t) = \sum_{n=1}^{+\infty} \sum_{m=1}^{+\infty} Q_{nm} \exp(i\omega_{nm}t)$$

という式をつくった。ここで、n は電子が n 軌道にあることに対応し、m は電子が移動する先の軌道である、よって m としては、1 から無限大までの正の値を選んでいる。

この式の成分である Q_{nm} あるいは $\exp(i\omega_{nm}t)$ は複素数でも構わないが、この和は電子の運動に対応したものであるので実数でなければならない。

ただし、電子の遷移であることから

$$\hbar\omega_{mn} = -\hbar\omega_{nm}$$

という関係にある。よって、右辺の総和をとるときに、$\exp(i\omega_{mn}t)$ に対して、$\exp(-i\omega_{mn}t)$ という複素共役項も式の中に存在する。

$q(t)$ が実数になるための条件は

$$q(t) = q*(t)$$

である。すると

$$Q_{mn} = Q_{nm}*$$

のように、m と n を転置した項の係数が複素共役の関係を満足すればよいのである。

ボルンは、この関係が行列を利用すると、きれいに整理できることを見出し、さらに量子力学では、物理量がすべて行列で表現できることを示した。これが行列力学である。このとき、位置に対応した行列は

$$\tilde{q} = \begin{pmatrix} q_{11} & q_{12} & q_{13} & \cdots & \cdots \\ q_{21} & q_{22} & q_{23} & \cdots & \cdots \\ q_{31} & q_{32} & q_{33} & & \\ \vdots & \vdots & & \ddots & \\ \vdots & \vdots & & & \ddots \end{pmatrix}$$

となる。ここで、m と n は電子軌道に対応しており、その総数は同じであるから、この行列は**正方行列** (square matrix) になる。ただし、行と列の数は無限である。さらに、この行列には、いくつか特徴がある。成分が複素数であり

$$q_{12}(t) = q_{21}{}^*(t) \quad q_{13}(t) = q_{31}{}^*(t) \quad q_{23}(t) = q_{32}{}^*(t)$$

というように、対角線の対称位置にある要素は、互いに複素共役である。より専門的には、転置行列の複素共役が、もとの行列と等しいという表現になる。つまり

$${}^t\tilde{q} = \tilde{q}{}^*$$

の関係にある。

すでに紹介したように、このような特徴を有する行列を**エルミート行列** (Hermitian matrix) と呼び、線形代数によると、エルミート行列 ($\tilde{A}$) は、**ユニタリー行列** (unitary matrix: $\tilde{U}$) によって対角化できることが知られている。この対角化を**ユニタリー変換** (unitary transformation) と呼ぶ。つまり

第 9 章　固有値問題

$$\tilde{U}^{-1}\tilde{A}\tilde{U}$$

の操作を行うと、対角化が可能である。
　具体例でみた方がわかりやすいので、実際にエルミート行列の対角化を行ってみよう。

$$\tilde{A} = \begin{pmatrix} 2 & i \\ -i & 2 \end{pmatrix}$$

は、転置行列の複素共役が

$$^t\tilde{A} = \begin{pmatrix} 2 & -i \\ i & 2 \end{pmatrix} \qquad ^t\tilde{A}^* = \begin{pmatrix} 2 & i \\ -i & 2 \end{pmatrix} = \tilde{A}$$

のように、もとの行列にとなるので、エルミート行列である。
　ここで、補遺 5 に示した対角化の手法にしたがって操作を行ってみよう。まず、固有値 (λ) を求めるために、固有方程式をつくる[1]。

$$\det(\lambda\tilde{E} - \tilde{A}) = \begin{vmatrix} \lambda-2 & -i \\ i & \lambda-2 \end{vmatrix} = (\lambda-2)^2 - (-i)i = (\lambda-2)^2 - 1$$
$$= \{(\lambda-2)+1\}\{(\lambda-2)-1\} = (\lambda-1)(\lambda-3) = 0$$

よって、固有値は 1 と 3 となる。つぎに、それぞれに対応した固有ベクトルを求めてみよう。まず固有値 1 に対しては

$$\tilde{A}\vec{x} = \begin{pmatrix} 2 & i \\ -i & 2 \end{pmatrix}\begin{pmatrix} x_1 \\ x_2 \end{pmatrix} = \begin{pmatrix} 2x_1 + ix_2 \\ -ix_1 + 2x_2 \end{pmatrix} = 1\vec{x} = \begin{pmatrix} x_1 \\ x_2 \end{pmatrix}$$

固有ベクトルが満足すべき条件は

---

[1] 量子力学では、固有方程式を**永年方程式** (secular equation) と呼ぶことが多い。

$$\begin{pmatrix} 2x_1 + ix_2 \\ -ix_1 + 2x_2 \end{pmatrix} = \begin{pmatrix} x_1 \\ x_2 \end{pmatrix} \qquad \begin{cases} x_1 + ix_2 = 0 \\ -ix_1 + x_2 = 0 \end{cases}$$

となる。任意の定数を t とおくと、固有ベクトルは

$$\vec{x} = \begin{pmatrix} x_1 \\ x_2 \end{pmatrix} = t \begin{pmatrix} 1 \\ i \end{pmatrix}$$

と与えられる。ここで、ベクトルの大きさを 1 とする**正規化** (normalization) を行う[2]。すると

$$\vec{e}_x = \frac{\vec{x}}{|\vec{x}|} = \frac{1}{\sqrt{1^2 + i(-i)}} \begin{pmatrix} 1 \\ i \end{pmatrix} = \frac{1}{\sqrt{2}} \begin{pmatrix} 1 \\ i \end{pmatrix}$$

が固有ベクトルとしてえられる。つぎに、同様に、固有値 3 に対する固有ベクトルを求めよう。

$$\widetilde{A}\vec{y} = \begin{pmatrix} 2 & i \\ -i & 2 \end{pmatrix} \begin{pmatrix} y_1 \\ y_2 \end{pmatrix} = \begin{pmatrix} 2y_1 + iy_2 \\ -iy_1 + 2y_2 \end{pmatrix} = 3\vec{y} = \begin{pmatrix} 3y_1 \\ 3y_2 \end{pmatrix}$$

よって固有ベクトルの満足すべき条件は

$$\begin{pmatrix} 2y_1 + iy_2 \\ -iy_1 + 2y_2 \end{pmatrix} = \begin{pmatrix} 3y_1 \\ 3y_2 \end{pmatrix} \qquad \begin{cases} -y_1 + iy_2 = 0 \\ -iy_1 - y_2 = 0 \end{cases}$$

となり、任意の定数を k とおくと、固有ベクトルは

$$\vec{y} = \begin{pmatrix} y_1 \\ y_2 \end{pmatrix} = k \begin{pmatrix} i \\ 1 \end{pmatrix}$$

---

[2] 正規化のことを規格化と呼ぶ場合もある。

第9章　固有値問題

と与えられる。ふたたび正規化ベクトルを選ぶと

$$\vec{e}_y = \frac{\vec{y}}{|\vec{y}|} = \frac{1}{\sqrt{i(-i)+1^2}}\begin{pmatrix}i\\1\end{pmatrix} = \frac{1}{\sqrt{2}}\begin{pmatrix}i\\1\end{pmatrix}$$

ここで、固有ベクトルからなる行列をつくると

$$\widetilde{U} = (\vec{e}_x \quad \vec{e}_y) = \frac{1}{\sqrt{2}}\begin{pmatrix}1 & i\\i & 1\end{pmatrix}$$

この**逆行列** (inverse matrix) を求めるために、つぎの行列の**行基本変形** (elementary row operation) を行う。行った行変形操作は、各行の後ろに示している。

$$\begin{pmatrix}1/\sqrt{2} & i/\sqrt{2} & \vdots & 1 & 0\\i/\sqrt{2} & 1/\sqrt{2} & \vdots & 0 & 1\end{pmatrix}$$

$$\rightarrow \begin{pmatrix}1 & i & \vdots & \sqrt{2} & 0\\i & 1 & \vdots & 0 & \sqrt{2}\end{pmatrix}\begin{matrix}r_1 \times \sqrt{2}\\r_2 \times \sqrt{2}\end{matrix} \rightarrow \begin{pmatrix}1 & 0 & \vdots & \sqrt{2}/2 & -(\sqrt{2}/2)i\\i & 1 & \vdots & 0 & \sqrt{2}\end{pmatrix}(r_1 - r_2 \times i)/2$$

$$\rightarrow \begin{pmatrix}1 & 0 & \vdots & \sqrt{2}/2 & -(\sqrt{2}/2)i\\0 & 1 & \vdots & -(\sqrt{2}/2)i & \sqrt{2}/2\end{pmatrix}r_2 - ir_1$$

よって、逆行列は

$$\widetilde{U}^{-1} = \frac{1}{\sqrt{2}}\begin{pmatrix}1 & -i\\-i & 1\end{pmatrix}$$

となる。ここでよく見ると、こうしてつくった逆行列は、つぎに示すように最初の行列の**転置行列** (transposed matrix) の**複素共役** (complex conjugate) となっていることがわかる。（2×2行列では、必ずしも明確ではないかもしれないが。）

$$\tilde{U} = \frac{1}{\sqrt{2}}\begin{pmatrix} 1 & i \\ i & 1 \end{pmatrix} \qquad {}^t\tilde{U} = \frac{1}{\sqrt{2}}\begin{pmatrix} 1 & i \\ i & 1 \end{pmatrix} \qquad {}^t\tilde{U}^* = \frac{1}{\sqrt{2}}\begin{pmatrix} 1 & -i \\ -i & 1 \end{pmatrix} = \tilde{U}^{-1}$$

実は、この関係はエルミート行列に対しては一般に成立し、この行列が**ユニタリー行列** (unitary matrix) である。

それでは、**対角化** (diagonalization) を実際に行ってみよう。すると

$$\tilde{U}\tilde{H}\tilde{U}^{-1} = \frac{1}{\sqrt{2}}\begin{pmatrix} 1 & i \\ i & 1 \end{pmatrix}\begin{pmatrix} 2 & i \\ -i & 2 \end{pmatrix}\frac{1}{\sqrt{2}}\begin{pmatrix} 1 & -i \\ -i & 1 \end{pmatrix}$$
$$= \frac{1}{2}\begin{pmatrix} 1 & i \\ i & 1 \end{pmatrix}\begin{pmatrix} 3 & -i \\ -3i & 1 \end{pmatrix} = \frac{1}{2}\begin{pmatrix} 6 & 0 \\ 0 & 2 \end{pmatrix} = \begin{pmatrix} 3 & 0 \\ 0 & 1 \end{pmatrix}$$

となって、確かに対角成分は固有値となっている。

このように、エルミート行列は、ユニタリー行列によって対角化が可能である。この対角化をユニタリー変換と呼ぶ。

演習 9-1 つぎの 3 行 3 列のエルミート行列の固有値を求め、対角化せよ。

$$\tilde{H} = \begin{pmatrix} 0 & i & 1 \\ -i & 0 & i \\ 1 & -i & 0 \end{pmatrix}$$

解) まず、この行列がエルミートであることを確認してみよう。転置行列および、複素共役行列は

$$ {}^t\tilde{H} = \begin{pmatrix} 0 & -i & 1 \\ i & 0 & -i \\ 1 & i & 0 \end{pmatrix} \qquad \tilde{H}^* = \begin{pmatrix} 0 & -i & 1 \\ i & 0 & -i \\ 1 & i & 0 \end{pmatrix}$$

第9章　固有値問題

となって、確かに両者は一致している。よって、エルミート行列であることが確認できる。

この行列の固有値(λ)を求めるために、つぎの固有方程式を計算する。

$$\det(\lambda \widetilde{E} - \widetilde{H}) = \begin{vmatrix} \lambda & -i & -1 \\ i & \lambda & -i \\ -1 & i & \lambda \end{vmatrix} = 0$$

第1行めで余因子展開すると

$$\begin{vmatrix} \lambda & -i & -1 \\ i & \lambda & -i \\ -1 & i & \lambda \end{vmatrix} = \lambda \begin{vmatrix} \lambda & -i \\ i & \lambda \end{vmatrix} - (-i)\begin{vmatrix} i & -i \\ -1 & \lambda \end{vmatrix} + (-1)\begin{vmatrix} i & \lambda \\ -1 & i \end{vmatrix}$$

$$= \lambda(\lambda^2 - 1) + i(i\lambda - i) - (i^2 + \lambda)$$

$$= \lambda(\lambda^2 - 1) - (\lambda - 1) - (-1 + \lambda) = \lambda(\lambda+1)(\lambda-1) - 2(\lambda-1)$$

$$= (\lambda-1)\{\lambda(\lambda+1) - 2\} = (\lambda-1)^2(\lambda+2)$$

よって、固有値は1と2になる[3]。 まず、固有値1に対応した固有ベクトルを求める。

$$\widetilde{H}\vec{x} = \begin{pmatrix} 0 & i & 1 \\ -i & 0 & i \\ 1 & -i & 0 \end{pmatrix}\begin{pmatrix} x_1 \\ x_2 \\ x_3 \end{pmatrix} = \begin{pmatrix} x_2 i + x_3 \\ -x_1 i + x_3 i \\ x_1 - x_2 i \end{pmatrix} = 1\vec{x} = \begin{pmatrix} x_1 \\ x_2 \\ x_3 \end{pmatrix}$$

したがって、固有ベクトルが満足すべき条件は

---

[3] 3行3列のエルミート行列に対しては、一般的には3個の固有値が存在するが、この演習のように2個の場合もある。このとき、重根の固有値に対応して2個の固有ベクトルが存在する。このような状態を専門的には縮重 (degeneracy) あるいは縮退と呼ぶ。縮重は、電子状態を考えるときに重要な概念となる。

$$\begin{pmatrix} x_2 i + x_3 \\ -x_1 i + x_3 i \\ x_1 - x_2 i \end{pmatrix} = \begin{pmatrix} x_1 \\ x_2 \\ x_3 \end{pmatrix} \qquad \begin{cases} x_1 - x_2 i - x_3 = 0 \\ x_1 i + x_2 - x_3 i = 0 \\ x_1 - x_2 i - x_3 = 0 \end{cases}$$

となる。ここで、これらの式は $x_1 - x_2 i - x_3 = 0$ という関係に還元される。よって、任意の定数を u とおくと、例えば

$$\vec{x} = u \begin{pmatrix} 1 \\ 0 \\ 1 \end{pmatrix}$$

を固有ベクトルとして選ぶことができる。このベクトルを正規化すると

$$\vec{e}_x = \frac{\vec{x}}{|\vec{x}|} = \frac{1}{\sqrt{1^2 + 1^2}} \begin{pmatrix} 1 \\ 0 \\ 1 \end{pmatrix} = \frac{1}{\sqrt{2}} \begin{pmatrix} 1 \\ 0 \\ 1 \end{pmatrix}$$

つぎに、同じ固有値を有する固有ベクトルとして、この基底ベクトルと直交して上の関係式を満足するベクトル $\vec{y}$ を探す必要がある。ここで

$$\vec{e}_x \cdot \vec{y} = \frac{1}{\sqrt{2}} \begin{pmatrix} 1 \\ 0 \\ 1 \end{pmatrix} \begin{pmatrix} y_1 & y_2 & y_3 \end{pmatrix} = \frac{1}{\sqrt{2}} (y_1 + y_3) = 0$$

という条件から $y_1 = -y_3$ となるので

$$y_1 - y_2 i - y_3 = 0 \qquad 2y_1 - y_2 i = 0$$

よって、$\vec{y}$ として

第9章 固有値問題

$$\vec{y} = u \begin{pmatrix} 1 \\ -2i \\ -1 \end{pmatrix}$$

を選ぶことができる。正規化すると

$$\vec{e}_y = \frac{\vec{y}}{|\vec{y}|} = \frac{1}{\sqrt{1^2 + (-2i)2i + (-1)^2}} \begin{pmatrix} 1 \\ -2i \\ -1 \end{pmatrix} = \frac{1}{\sqrt{6}} \begin{pmatrix} 1 \\ -2i \\ -1 \end{pmatrix}$$

つぎに固有値-2に対応した固有ベクトル$\vec{z}$を求めてみよう。

$$\tilde{H}\vec{z} = \begin{pmatrix} 0 & i & 1 \\ -i & 0 & i \\ 1 & -i & 0 \end{pmatrix} \begin{pmatrix} z_1 \\ z_2 \\ z_3 \end{pmatrix} = \begin{pmatrix} z_2 i + z_3 \\ -z_1 i + z_3 i \\ z_1 - z_2 i \end{pmatrix} = -2\vec{z} = \begin{pmatrix} -2z_1 \\ -2z_2 \\ -2z_3 \end{pmatrix}$$

よって、このベクトルが満足すべき条件は

$$\begin{pmatrix} z_2 i + z_3 \\ -z_1 i + z_3 i \\ z_1 - z_2 i \end{pmatrix} = \begin{pmatrix} -2z_1 \\ -2z_2 \\ -2z_3 \end{pmatrix} \qquad \begin{cases} 2z_1 + z_2 i + z_3 = 0 \\ z_1 i - 2z_2 - z_3 i = 0 \\ z_1 - z_2 i + 2z_3 = 0 \end{cases}$$

で与えられる。よって任意の定数をtとおくと

$$\vec{z} = t \begin{pmatrix} 1 \\ i \\ -1 \end{pmatrix}$$

が固有ベクトルとしてえられる。これを正規化すると

183

$$\vec{e}_z = \frac{\vec{z}}{|\vec{z}|} = \frac{1}{\sqrt{1^2 + i(-i) + (-1)^2}} \begin{pmatrix} 1 \\ i \\ -1 \end{pmatrix} = \frac{1}{\sqrt{3}} \begin{pmatrix} 1 \\ i \\ -1 \end{pmatrix}$$

よって、ユニタリー行列は

$$\widetilde{U} = (\vec{e}_x \quad \vec{e}_y \quad \vec{e}_z) = \begin{pmatrix} 1/\sqrt{2} & 1/\sqrt{6} & 1/\sqrt{3} \\ 0 & -2i/\sqrt{6} & i/\sqrt{3} \\ 1/\sqrt{2} & -1/\sqrt{6} & -1/\sqrt{3} \end{pmatrix}$$

つぎにこの行列の逆行列を、行基本変形によってもとめてみよう。

$$\begin{pmatrix} 1/\sqrt{2} & 1/\sqrt{6} & 1/\sqrt{3} & 1 & 0 & 0 \\ 0 & -2i/\sqrt{6} & i/\sqrt{3} & 0 & 1 & 0 \\ 1/\sqrt{2} & -1/\sqrt{6} & -1/\sqrt{3} & 0 & 0 & 1 \end{pmatrix}$$

左の3行3列を単位行列に変換するような操作を行う。すると

$$\rightarrow \begin{pmatrix} 1/\sqrt{2} & 1/\sqrt{6} & 1/\sqrt{3} & 1 & 0 & 0 \\ 0 & -2i/\sqrt{6} & i/\sqrt{3} & 0 & 1 & 0 \\ 0 & -2/\sqrt{6} & -2/\sqrt{3} & -1 & 0 & 1 \end{pmatrix} r_3 - r_1$$

$$\rightarrow \begin{pmatrix} 1 & 1/\sqrt{3} & \sqrt{2}/\sqrt{3} & \sqrt{2} & 0 & 0 \\ 0 & -2i & \sqrt{2}i & 0 & \sqrt{6} & 0 \\ 0 & -2 & -2\sqrt{2} & -\sqrt{6} & 0 & \sqrt{6} \end{pmatrix} \begin{matrix} r_1 \times \sqrt{2} \\ r_2 \times \sqrt{6} \\ r_3 \times \sqrt{6} \end{matrix}$$

$$\rightarrow \begin{pmatrix} 1 & 0 & 0 & 1/\sqrt{2} & 0 & 1/\sqrt{2} \\ 0 & -2i & \sqrt{2}i & 0 & \sqrt{6} & 0 \\ 0 & -2 & -2\sqrt{2} & -\sqrt{6} & 0 & \sqrt{6} \end{pmatrix} r_1 + r_3 \times \left(1/(2\sqrt{3})\right)$$

第 9 章　固有値問題

$$\to \begin{pmatrix} 1 & 0 & 0 & 1/\sqrt{2} & 0 & 1/\sqrt{2} \\ 0 & 1 & -1/\sqrt{2} & 0 & \sqrt{6}i/2 & 0 \\ 0 & 1 & \sqrt{2} & \sqrt{6}/2 & 0 & -\sqrt{6}/2 \end{pmatrix} \begin{matrix} \\ r_2/(-2i) \\ r_3/(-2) \end{matrix}$$

$$\to \begin{pmatrix} 1 & 0 & 0 & 1/\sqrt{2} & 0 & 1/\sqrt{2} \\ 0 & 1 & -1/\sqrt{2} & 0 & \sqrt{6}i/2 & 0 \\ 0 & 0 & 3/\sqrt{2} & \sqrt{6}/2 & -\sqrt{6}i/2 & -\sqrt{6}/2 \end{pmatrix} r_3 - r_2$$

$$\to \begin{pmatrix} 1 & 0 & 0 & 1/\sqrt{2} & 0 & 1/\sqrt{2} \\ 0 & 1 & -1/\sqrt{2} & 0 & \sqrt{6}i/2 & 0 \\ 0 & 0 & 1 & 1/\sqrt{3} & -i/\sqrt{3} & -1/\sqrt{3} \end{pmatrix} r_3 \times \left(\sqrt{2}/3\right)$$

$$\to \begin{pmatrix} 1 & 0 & 0 & 1/\sqrt{2} & 0 & 1/\sqrt{2} \\ 0 & 1 & 0 & 1/\sqrt{6} & 2i/\sqrt{6} & -1/\sqrt{6} \\ 0 & 0 & 1 & 1/\sqrt{3} & -i/\sqrt{3} & -1/\sqrt{3} \end{pmatrix} r_2 + r_3 \times \left(1/\sqrt{2}\right)$$

よって、逆行列は

$$\widetilde{U}^{-1} = \begin{pmatrix} 1/\sqrt{2} & 0 & 1/\sqrt{2} \\ 1/\sqrt{6} & 2i/\sqrt{6} & -1/\sqrt{6} \\ 1/\sqrt{3} & -i/\sqrt{3} & -1/\sqrt{3} \end{pmatrix}$$

と与えられる。

つぎに対角化をおこなう。

$$\widetilde{U}^{-1}\widetilde{H}\widetilde{U} = \begin{pmatrix} 1/\sqrt{2} & 0 & 1/\sqrt{2} \\ 1/\sqrt{6} & 2i/\sqrt{6} & -1/\sqrt{6} \\ 1/\sqrt{3} & -i/\sqrt{3} & -1/\sqrt{3} \end{pmatrix} \begin{pmatrix} 0 & i & 1 \\ -i & 0 & i \\ 1 & -i & 0 \end{pmatrix} \begin{pmatrix} 1/\sqrt{2} & 1/\sqrt{6} & 1/\sqrt{3} \\ 0 & -2i/\sqrt{6} & i/\sqrt{3} \\ 1/\sqrt{2} & -1/\sqrt{6} & -1/\sqrt{3} \end{pmatrix}$$

まず、右の 2 つの行列のかけ算を実行すると

$$\begin{pmatrix} 0 & i & 1 \\ -i & 0 & i \\ 1 & -i & 0 \end{pmatrix} \begin{pmatrix} 1/\sqrt{2} & 1/\sqrt{6} & 1/\sqrt{3} \\ 0 & -2i/\sqrt{6} & i/\sqrt{3} \\ 1/\sqrt{2} & -1/\sqrt{6} & -1/\sqrt{3} \end{pmatrix} = \begin{pmatrix} 1/\sqrt{2} & 1/\sqrt{6} & -2/\sqrt{3} \\ 0 & -2i/\sqrt{6} & -2i/\sqrt{3} \\ 1/\sqrt{2} & -1/\sqrt{6} & 2/\sqrt{3} \end{pmatrix}$$

これに左の行列をかけると

$$\begin{pmatrix} 1/\sqrt{2} & 0 & 1/\sqrt{2} \\ 1/\sqrt{6} & 2i/\sqrt{6} & -1/\sqrt{6} \\ 1/\sqrt{3} & -i/\sqrt{3} & -1/\sqrt{3} \end{pmatrix} \begin{pmatrix} 1/\sqrt{2} & 1/\sqrt{6} & -2/\sqrt{3} \\ 0 & -2i/\sqrt{6} & -2i/\sqrt{3} \\ 1/\sqrt{2} & -1/\sqrt{6} & 2/\sqrt{3} \end{pmatrix} = \begin{pmatrix} 1 & 0 & 0 \\ 0 & 1 & 0 \\ 0 & 0 & -2 \end{pmatrix}$$

となって、対角化できる。

演習9-1の対角行列をみると、対角成分が固有値になっていることもわかる。さらに、本演習では、ユニタリー行列の逆行列を行基本変形によって求めているが、ユニタリー行列の性質を利用するともっと簡単に求めることができる。

いまの正規化された固有ベクトルを列ベクトルとするユニタリー行列は

$$\tilde{U} = \begin{pmatrix} 1/\sqrt{2} & 1/\sqrt{6} & 1/\sqrt{3} \\ 0 & -2i/\sqrt{6} & i/\sqrt{3} \\ 1/\sqrt{2} & -1/\sqrt{6} & -1/\sqrt{3} \end{pmatrix}$$

であった。ところで、ユニタリー行列では、その転置複素共役行列が逆行列となることがわかっている。そこで、この転置行列を求めると

$${}^t\tilde{U} = \begin{pmatrix} 1/\sqrt{2} & 0 & 1/\sqrt{2} \\ 1/\sqrt{6} & -2i/\sqrt{6} & -1/\sqrt{6} \\ 1/\sqrt{3} & i/\sqrt{3} & -1/\sqrt{3} \end{pmatrix}$$

となるが、さらに、この複素共役をとると

$$'\tilde{U}^* = \begin{pmatrix} 1/\sqrt{2} & 0 & 1/\sqrt{2} \\ 1/\sqrt{6} & 2i/\sqrt{6} & -1/\sqrt{6} \\ 1/\sqrt{3} & -i/\sqrt{3} & -1/\sqrt{3} \end{pmatrix} = \tilde{U}^{-1}$$

となって、これが逆行列となる。確かに、行基本変形によって求めた逆行列と一致している。このように、ユニタリー行列であることがわかっていれば、逆行列は、手間をかけずに、簡単な操作で求めることができる。

9.3. 量子力学におけるユニタリー変換

ここで、あらためて、ユニタリー行列 ($\tilde{U}$) の特徴を整理してみる。ユニタリー行列とは、複素数を成分とし、つぎの性質を有する行列である。

$$\tilde{U}^{-1}\tilde{U} = {}^t\tilde{U}^*\tilde{U} = \tilde{E}$$

つまり、転置して、複素共役をとった行列が、自分自身の逆行列となる行列である。例として

$$\tilde{U} = \begin{pmatrix} U_{11} & U_{12} & U_{13} & \cdots \\ U_{21} & U_{22} & U_{23} & \cdots \\ U_{31} & U_{32} & U_{33} & \\ \vdots & \vdots & & \ddots \end{pmatrix}$$

がユニタリー行列とする。その転置行列 (${}^t\tilde{U}$) は

$$'\tilde{U} = \begin{pmatrix} U_{11} & U_{21} & U_{31} & \cdots \\ U_{12} & U_{22} & U_{32} & \cdots \\ U_{13} & U_{23} & U_{33} & \\ \vdots & \vdots & & \ddots \end{pmatrix}$$

となり、さらにその複素共役をとると

$$
{}^t\tilde{U}^* = \begin{pmatrix} U_{11} & U_{21}{}^* & U_{23}{}^* & \cdots \\ U_{12}{}^* & U_{22} & U_{32}{}^* & \cdots \\ U_{13}{}^* & U_{23}{}^* & U_{33} & \\ \vdots & \vdots & & \ddots \end{pmatrix} = \tilde{U}^{-1}
$$

となるが、これが逆行列と一致するという関係にある。

　このユニタリー行列を利用するとエルミート行列の対角化が可能となる。われわれの目的は

$$
H(\tilde{P}^\circ, \tilde{Q}^\circ)
$$

というエルミート行列の対角化であった。それは

$$
\tilde{U}^{-1} H(\tilde{P}^\circ, \tilde{Q}^\circ) \tilde{U}
$$

という操作によって対角行列とすることができる。このとき

$$
\tilde{U}^{-1} H(\tilde{P}^\circ, \tilde{Q}^\circ) \tilde{U} = \begin{pmatrix} E_1 & 0 & \cdots \\ 0 & E_2 & \\ \vdots & & \ddots \end{pmatrix}
$$

のように、対角化の操作によってえられた行列の対角成分は電子軌道のエネルギーになる。このようにユニタリー変換によってエネルギー固有値を求めることができる。

　さらに、われわれが求めたいのは、ハミルトニアンが対角行列となるような行列 $\tilde{P}$ および $\tilde{Q}$ をえることである。その手法をつぎに紹介しよう。

　例として、単振動を考える。すると、ハミルトニアン行列は

$$
H(\tilde{P}^\circ, \tilde{Q}^\circ) = \frac{\tilde{P}^{\circ 2}}{2m} + \frac{1}{2} k \tilde{Q}^{\circ 2}
$$

となる。

第9章 固有値問題

ここで
$$\widetilde{U}^{-1}H(\widetilde{\boldsymbol{P}}^\circ, \widetilde{\boldsymbol{Q}}^\circ)\widetilde{U} = \widetilde{U}^{-1}\left(\frac{\widetilde{\boldsymbol{P}}^{\circ 2}}{2m} + \frac{1}{2}k\widetilde{\boldsymbol{Q}}^{\circ 2}\right)\widetilde{U}$$

が対角行列となる。ここで右辺を変形してみよう。

$$\widetilde{U}^{-1}\left(\frac{\widetilde{\boldsymbol{P}}^{\circ 2}}{2m} + \frac{1}{2}k\widetilde{\boldsymbol{Q}}^{\circ 2}\right)\widetilde{U} = \widetilde{U}^{-1}\left(\frac{\widetilde{\boldsymbol{P}}^\circ\widetilde{\boldsymbol{P}}^\circ}{2m} + \frac{1}{2}k\widetilde{\boldsymbol{Q}}^\circ\widetilde{\boldsymbol{Q}}^\circ\right)\widetilde{U}$$
$$= \widetilde{U}^{-1}\frac{\widetilde{\boldsymbol{P}}^\circ\widetilde{\boldsymbol{P}}^\circ}{2m}\widetilde{U} + \frac{1}{2}k\widetilde{U}^{-1}\widetilde{\boldsymbol{Q}}^\circ\widetilde{\boldsymbol{Q}}^\circ\widetilde{U}$$

となる。ここで、行列の性質として

$$\widetilde{U}^{-1}\widetilde{U} = \widetilde{U}\widetilde{U}^{-1} = \widetilde{\boldsymbol{E}}$$

であるから

$$\widetilde{U}^{-1}\frac{\widetilde{\boldsymbol{P}}^\circ\widetilde{\boldsymbol{P}}^\circ}{2m}\widetilde{U} + \frac{1}{2}k\widetilde{U}^{-1}\widetilde{\boldsymbol{Q}}^\circ\widetilde{\boldsymbol{Q}}^\circ\widetilde{U} = \frac{1}{2m}\widetilde{U}^{-1}\widetilde{\boldsymbol{P}}^\circ\widetilde{U}\widetilde{U}^{-1}\widetilde{\boldsymbol{P}}^\circ\widetilde{U} + \frac{1}{2}k\widetilde{U}^{-1}\widetilde{\boldsymbol{Q}}^\circ\widetilde{U}\widetilde{U}^{-1}\widetilde{\boldsymbol{Q}}^\circ\widetilde{U}$$

と変形できる。ここで右辺を

$$\frac{1}{2m}(\widetilde{U}^{-1}\widetilde{\boldsymbol{P}}^\circ\widetilde{U})(\widetilde{U}^{-1}\widetilde{\boldsymbol{P}}^\circ\widetilde{U}) + \frac{1}{2}k(\widetilde{U}^{-1}\widetilde{\boldsymbol{Q}}^\circ\widetilde{U})(\widetilde{U}^{-1}\widetilde{\boldsymbol{Q}}^\circ\widetilde{U})$$

のようにまとめてみよう。

そして
$$\widetilde{\boldsymbol{P}} = \widetilde{U}^{-1}\widetilde{\boldsymbol{P}}^\circ\widetilde{U} \qquad \widetilde{\boldsymbol{Q}} = \widetilde{U}^{-1}\widetilde{\boldsymbol{Q}}^\circ\widetilde{U}$$

と置くと

$$H(\widetilde{P},\widetilde{Q}) = \frac{\widetilde{P}^2}{2m} + \frac{1}{2}k\widetilde{Q}^2$$

となり、しかも、このハミルトニアン行列は対角化されている。つまり、正準交換関係を満たす適当な行列 $\widetilde{P}°$ および $\widetilde{Q}°$ を求め、これら行列にユニタリー変換を施せば、それがめざす行列を与えることになる。

ただし、ユニタリー変換によってえられた行列が正準交換関係を満足するかどうかは不明である。そこで、それを確かめてみよう。

$$\begin{aligned}\widetilde{P}\widetilde{Q} - \widetilde{Q}\widetilde{P} &= \widetilde{U}^{-1}\widetilde{P}°\widetilde{U}\ \widetilde{U}^{-1}\widetilde{Q}°\widetilde{U} - \widetilde{U}^{-1}\widetilde{Q}°\widetilde{U}\ \widetilde{U}^{-1}\widetilde{P}°\widetilde{U} \\ &= \widetilde{U}^{-1}\widetilde{P}°\ \widetilde{Q}°\widetilde{U} - \widetilde{U}^{-1}\widetilde{Q}°\ \widetilde{P}°\widetilde{U} = \widetilde{U}^{-1}(\widetilde{P}°\widetilde{Q}° - \widetilde{Q}°\widetilde{P}°)\widetilde{U} \\ &= \widetilde{U}^{-1}\left(\frac{h}{2\pi i}\widetilde{E}\right)\widetilde{U} = \frac{h}{2\pi i}\widetilde{U}^{-1}\widetilde{E}\widetilde{U} = \frac{h}{2\pi i}\widetilde{U}^{-1}\widetilde{U} = \frac{h}{2\pi i}\widetilde{E}\end{aligned}$$

となって、正準交換関係を満足することもわかる。

つまり、ハミルトン行列を対角化できるユニタリー行列 $\widetilde{U}$ を求めれば、後は簡単な計算でめざす物理量を求めることができるのである。このユニタリー行列を求める方法が固有値問題となる。

つぎにユニタリー変換による対角化の式

$$\widetilde{U}^{-1}H(\widetilde{P}°,\widetilde{Q}°)\widetilde{U} = \begin{pmatrix} E_1 & 0 & \cdots \\ 0 & E_2 & \\ \vdots & & \ddots \end{pmatrix}$$

において、左から $\widetilde{U}$ をかけてみよう。すると

$$\widetilde{U}\widetilde{U}^{-1}H(\widetilde{P}°,\widetilde{Q}°)\widetilde{U} = \widetilde{U}\begin{pmatrix} E_1 & 0 & \cdots \\ 0 & E_2 & \\ \vdots & & \ddots \end{pmatrix}$$

となり

第 9 章　固有値問題

$$H(\widetilde{\boldsymbol{P}}°,\widetilde{\boldsymbol{Q}}°)\widetilde{U} = \widetilde{U}\begin{pmatrix} E_1 & 0 & \cdots \\ 0 & E_2 & \\ \vdots & & \ddots \end{pmatrix}$$

となる。よって

$$H(\widetilde{\boldsymbol{P}}°,\widetilde{\boldsymbol{Q}}°)\begin{pmatrix} U_{11} & U_{12} & \cdots \\ U_{21} & U_{22} & \\ \vdots & & \ddots \end{pmatrix} = \begin{pmatrix} U_{11} & U_{12} & \cdots \\ U_{21} & U_{22} & \\ \vdots & & \ddots \end{pmatrix}\begin{pmatrix} E_1 & 0 & \cdots \\ 0 & E_2 & \\ \vdots & & \ddots \end{pmatrix}$$

$$= \begin{pmatrix} U_{11}E_1 & U_{12}E_2 & U_{13}E_3 & \cdots \\ U_{21}E_1 & U_{22}E_2 & U_{23}E_3 & \cdots \\ U_{31}E_1 & U_{32}E_2 & U_{33}E_3 & \cdots \\ \vdots & \vdots & & \ddots \end{pmatrix} = \begin{pmatrix} E_1 & 0 & \cdots \\ 0 & E_2 & \\ \vdots & & \ddots \end{pmatrix}\begin{pmatrix} U_{11} & U_{12} & \cdots \\ U_{21} & U_{22} & \\ \vdots & & \ddots \end{pmatrix}$$

となる。ここで、ユニタリー行列の第 1 列だけ取り出すと

$$H(\widetilde{\boldsymbol{P}}°,\widetilde{\boldsymbol{Q}}°)\begin{pmatrix} U_{11} \\ U_{21} \\ U_{31} \\ \vdots \end{pmatrix} = E_1\begin{pmatrix} U_{11} \\ U_{21} \\ U_{31} \\ \vdots \end{pmatrix}$$

という関係が成立する。同様にして、第 2 列のベクトルに対しては

$$H(\widetilde{\boldsymbol{P}}°,\widetilde{\boldsymbol{Q}}°)\begin{pmatrix} U_{12} \\ U_{22} \\ U_{32} \\ \vdots \end{pmatrix} = E_2\begin{pmatrix} U_{12} \\ U_{22} \\ U_{32} \\ \vdots \end{pmatrix}$$

以下、同様の関係が成立する。

　このように、ユニタリー行列の列をベクトルとみなすと、これは、ハミルトニアン行列の固有ベクトルとなっている。そして、この固有ベクトル

に対応した固有値がエネルギーを与える。

　これら操作は、線形代数において、行列の固有ベクトルおよび固有値を求めることに他ならない。そして、ハミルトニアン行列の固有値を求めると、その固有値は（各電子軌道の定常状態の）エネルギーを与えることになる。よって、これらを**エネルギー固有値** (energy eigenvalue) と呼んでいる。

第10章　物理量に対応した行列

いままでみてきたように、量子力学の物理量は無限行無限列からなる行列として、表現される。しかし、実際に、どのような行列 $\tilde{q}$、$\tilde{p}$ が正準関係を満足し、それが、どのようにハミルトニアン行列の対角化につながるのか、そして、その結果がどのように量子力学に反映されるかは、必ずしも明確ではない。

そこで、本章では、もっとも簡単な2行2列の正方行列[1]を考え、量子力学の行列としての条件を満足するかどうか確かめてみよう。

10.1. 正準な交換関係

位置に対応した2行2列の正方行列として

$$\tilde{q} = \begin{pmatrix} Q_{11} & Q_{12}\exp(i\omega_{12}t) \\ Q_{21}\exp(i\omega_{21}t) & Q_{22} \end{pmatrix}$$

を考える。量子力学では、まず、この行列がエルミートでなければならない。その条件は

$$\tilde{q} = \begin{pmatrix} Q_{11} & Q_{12}\exp(i\omega_{12}t) \\ Q^*_{12}\exp(-i\omega_{12}t) & Q_{22} \end{pmatrix}$$

---

[1] 行列力学における物理量は無限行無限列の行列によって与えられる。よって、2行2列の行列を考えることにどれほどの意味があろうかと疑問を呈されるかもしれない。しかし、いきなり無限数の成分を有する行列を取り扱うのは大変である。まずは、簡単な例から始めるのが順当であろう。

となる。すると速度行列は

$$\tilde{v} = \frac{d\tilde{q}}{dt} = \begin{pmatrix} 0 & i\omega_{12}Q_{12}\exp(i\omega_{12}t) \\ -i\omega_{12}Q^*_{12}\exp(-i\omega_{12}t) & 0 \end{pmatrix}$$

となり、運動量行列は

$$\tilde{p} = m\tilde{v} = \begin{pmatrix} 0 & im\omega_{12}Q_{12}\exp(i\omega_{12}t) \\ -im\omega_{12}Q^*_{12}\exp(-i\omega_{12}t) & 0 \end{pmatrix}$$

となる。ただし、m は電子の質量である。

よって

$$\tilde{P} = im\omega_{12}\begin{pmatrix} 0 & Q_{12} \\ -Q^*_{12} & 0 \end{pmatrix} \qquad \tilde{Q} = \begin{pmatrix} Q_{11} & Q_{12} \\ Q^*_{12} & Q_{22} \end{pmatrix}$$

となる。

ここでこれら行列のかけ算は

$$\tilde{P}\tilde{Q} = im\omega_{12}\begin{pmatrix} 0 & Q_{12} \\ -Q^*_{12} & 0 \end{pmatrix}\begin{pmatrix} Q_{11} & Q_{12} \\ Q^*_{12} & Q_{22} \end{pmatrix} = im\omega_{12}\begin{pmatrix} Q_{12}Q^*_{12} & Q_{12}Q_{22} \\ -Q_{11}Q^*_{12} & -Q_{12}Q^*_{12} \end{pmatrix}$$

$$\tilde{Q}\tilde{P} = im\omega_{12}\begin{pmatrix} Q_{11} & Q_{12} \\ Q^*_{12} & Q_{22} \end{pmatrix}\begin{pmatrix} 0 & Q_{12} \\ -Q^*_{12} & 0 \end{pmatrix} = im\omega_{12}\begin{pmatrix} -Q_{12}Q^*_{12} & Q_{11}Q_{12} \\ -Q^*_{12}Q_{22} & Q_{12}Q^*_{12} \end{pmatrix}$$

つぎに

$$\tilde{P}\tilde{Q} - \tilde{Q}\tilde{P} = im\omega_{12}\begin{pmatrix} 2Q_{12}Q^*_{12} & Q_{12}(Q_{22}-Q_{11}) \\ Q^*_{12}(Q_{22}-Q_{11}) & -2Q_{12}Q^*_{12} \end{pmatrix}$$

となる。これが正準交換関係を満足するためには、非対角成分の(1, 2)および(2, 1)成分がゼロでなければならない。よって

第 10 章 物理量に対応した行列

$$Q_{12} = 0 \quad \text{あるいは} \quad Q_{11} = Q_{22}$$

となる。しかし Q_{12} が 0 では、対角成分もゼロとなるので、後者の条件が必要となる。すると

$$\widetilde{P}\widetilde{Q} - \widetilde{Q}\widetilde{P} = -i2m\omega_{12}Q_{12}Q^*_{12}\begin{pmatrix} -1 & 0 \\ 0 & 1 \end{pmatrix}$$

となる。

ここで、正準な交換関係は

$$\widetilde{P}\widetilde{Q} - \widetilde{Q}\widetilde{P} = \frac{h}{2\pi i}\begin{pmatrix} 1 & 0 \\ 0 & 1 \end{pmatrix}$$

であるが、いま求めた行列の対角成分の符号は異なるので、この関係を満たすエルミート行列は存在しないことになる。ここまで苦労してきて、目的の行列が見つからないとはどういうことであろうか。

10.2. 単振動に対応したエルミート行列

実は、物理量に対応した行列は無限行無限列の行列である。よって、われわれは、そのような行列から正準な交換関係を満足する行列を探す必要がある。

ところで、第 6 章で紹介したように、ボルンらは、角周波数 ω で単振動する調和振動子に対応する解は

$$Q(n-1;n) = Q(n;n-1) = \sqrt{\frac{nh}{4\pi m\omega}}$$

となることを明らかにした。$n = 1, 2, 3, 4...$ を代入すると

$$Q(0;1) = Q(1;0) = \sqrt{1}\sqrt{\frac{h}{4\pi m\omega}}$$

よって

$$q_{01} = \sqrt{1}\sqrt{\frac{h}{4\pi m\omega}}\exp(i\omega t) \qquad q_{10} = \sqrt{1}\sqrt{\frac{h}{4\pi m\omega}}\exp(-i\omega t)$$

つぎに

$$Q(1;2) = Q(2;1) = \sqrt{2}\sqrt{\frac{h}{4\pi m\omega}}$$

より

$$q_{12} = \sqrt{2}\sqrt{\frac{h}{4\pi m\omega}}\exp(i\omega t) \qquad q_{21} = \sqrt{2}\sqrt{\frac{h}{4\pi m\omega}}\exp(-i\omega t)$$

また

$$Q(2;3) = Q(3;2) = \sqrt{3}\sqrt{\frac{h}{4\pi m\omega}}$$

から

$$q_{23} = \sqrt{3}\sqrt{\frac{h}{4\pi m\omega}}\exp(i\omega t) \qquad q_{32} = \sqrt{3}\sqrt{\frac{h}{4\pi m\omega}}\exp(-i\omega t)$$

となるので、これを行列に反映させると

$$\tilde{q} = A\begin{pmatrix} 0 & \sqrt{1}\exp(i\omega t) & 0 & 0 & \cdots \\ \sqrt{1}\exp(-i\omega t) & 0 & \sqrt{2}\exp(i\omega t) & 0 & \cdots \\ 0 & \sqrt{2}\exp(-i\omega t) & 0 & \sqrt{3}\exp(i\omega t) & \cdots \\ 0 & 0 & \sqrt{3}\exp(-i\omega t) & 0 & \cdots \\ 0 & 0 & 0 & \sqrt{4}\exp(-i\omega t) & \\ \vdots & \vdots & \vdots & & \ddots \end{pmatrix}$$

第10章　物理量に対応した行列

ただし

$$A = \sqrt{\frac{h}{4\pi m\omega}}$$

という位置行列となる。これは確かにエルミート行列となっている。この行列が、単振動の運動方程式を満足するかどうか、まず確かめてみよう。単振動の運動方程式は

$$\frac{d^2\tilde{q}}{dt^2} + \omega^2\tilde{q} = 0$$

であった。すると

$$\frac{d^2\tilde{q}}{dt^2} = -A\omega^2 \begin{pmatrix} 0 & \sqrt{1}\exp(i\omega t) & 0 & 0 & \cdots \\ \sqrt{1}\exp(-i\omega t) & 0 & \sqrt{2}\exp(i\omega t) & 0 & \cdots \\ 0 & \sqrt{2}\exp(-i\omega t) & 0 & \sqrt{3}\exp(i\omega t) & \cdots \\ 0 & 0 & \sqrt{3}\exp(-i\omega t) & 0 & \cdots \\ 0 & 0 & 0 & \sqrt{4}\exp(-i\omega t) & \cdots \\ \vdots & \vdots & \vdots & & \ddots \end{pmatrix}$$

$$= -A\omega^2 \tilde{q}$$

となるので、確かに単振動の運動方程式を満足することがわかる。

つぎに、運動量に対応した行列は

$$\tilde{p} = iAm\omega \begin{pmatrix} 0 & \sqrt{1}\exp(i\omega t) & 0 & 0 & \cdots \\ -\sqrt{1}\exp(-i\omega t) & 0 & \sqrt{2}\exp(i\omega t) & 0 & \cdots \\ 0 & -\sqrt{2}\exp(-i\omega t) & 0 & \sqrt{3}\exp(i\omega t) & \cdots \\ 0 & 0 & -\sqrt{3}\exp(-i\omega t) & 0 & \cdots \\ 0 & 0 & 0 & -\sqrt{4}\exp(-i\omega t) & \cdots \\ \vdots & \vdots & \vdots & & \ddots \end{pmatrix}$$

となる。

行列力学では、第 7 章で紹介したように、時間項を除いた項のみで取り扱うことができるので、あらためて

$$\tilde{Q} = A \begin{pmatrix} 0 & \sqrt{1} & 0 & 0 & 0 & \cdots \\ \sqrt{1} & 0 & \sqrt{2} & 0 & 0 & \cdots \\ 0 & \sqrt{2} & 0 & \sqrt{3} & 0 & \cdots \\ 0 & 0 & \sqrt{3} & 0 & \sqrt{4} & \cdots \\ 0 & 0 & 0 & \sqrt{4} & 0 & \\ \vdots & \vdots & \vdots & \vdots & & \ddots \end{pmatrix}$$

$$\tilde{P} = iAm\omega \begin{pmatrix} 0 & \sqrt{1} & 0 & 0 & 0 & \cdots \\ -\sqrt{1} & 0 & \sqrt{2} & 0 & 0 & \cdots \\ 0 & -\sqrt{2} & 0 & \sqrt{3} & 0 & \cdots \\ 0 & 0 & -\sqrt{3} & 0 & \sqrt{4} & \cdots \\ 0 & 0 & 0 & -\sqrt{4} & 0 & \\ \vdots & \vdots & \vdots & \vdots & & \ddots \end{pmatrix}$$

という無限行無限列の行列を考える。

これら、行列が正準な交換関係を満足するかどうかを確かめてみよう。

$$\tilde{P}\tilde{Q} = iA^2 m\omega \begin{pmatrix} 0 & \sqrt{1} & 0 & 0 & 0 & \cdots \\ -\sqrt{1} & 0 & \sqrt{2} & 0 & 0 & \cdots \\ 0 & -\sqrt{2} & 0 & \sqrt{3} & 0 & \cdots \\ 0 & 0 & -\sqrt{3} & 0 & \sqrt{4} & \cdots \\ 0 & 0 & 0 & -\sqrt{4} & 0 & \\ \vdots & \vdots & \vdots & \vdots & & \ddots \end{pmatrix} \begin{pmatrix} 0 & \sqrt{1} & 0 & 0 & 0 & \cdots \\ \sqrt{1} & 0 & \sqrt{2} & 0 & 0 & \cdots \\ 0 & \sqrt{2} & 0 & \sqrt{3} & 0 & \cdots \\ 0 & 0 & \sqrt{3} & 0 & \sqrt{4} & \cdots \\ 0 & 0 & 0 & \sqrt{4} & 0 & \\ \vdots & \vdots & \vdots & \vdots & & \ddots \end{pmatrix}$$

第10章　物理量に対応した行列

$$= iA^2 m\omega \begin{pmatrix} 1 & 0 & \sqrt{2}\sqrt{1} & 0 & 0 & \cdots \\ 0 & -1+2 & 0 & \sqrt{3}\sqrt{2} & 0 & \cdots \\ -\sqrt{2}\sqrt{1} & 0 & -2+3 & 0 & \sqrt{4}\sqrt{3} & \cdots \\ 0 & -\sqrt{3}\sqrt{2} & 0 & -3+4 & 0 & \cdots \\ 0 & 0 & -\sqrt{4}\sqrt{3} & 0 & -4+5 & \cdots \\ \vdots & \vdots & \vdots & \vdots & & \ddots \end{pmatrix}$$

となる。つぎに

$$\tilde{Q}\tilde{P} = iA^2 m\omega \begin{pmatrix} 0 & \sqrt{1} & 0 & 0 & 0 & \cdots \\ \sqrt{1} & 0 & \sqrt{2} & 0 & 0 & \cdots \\ 0 & \sqrt{2} & 0 & \sqrt{3} & 0 & \cdots \\ 0 & 0 & \sqrt{3} & 0 & \sqrt{4} & \cdots \\ 0 & 0 & 0 & \sqrt{4} & 0 & \cdots \\ \vdots & \vdots & \vdots & \vdots & & \ddots \end{pmatrix} \begin{pmatrix} 0 & \sqrt{1} & 0 & 0 & 0 & \cdots \\ -\sqrt{1} & 0 & \sqrt{2} & 0 & 0 & \cdots \\ 0 & -\sqrt{2} & 0 & \sqrt{3} & 0 & \cdots \\ 0 & 0 & -\sqrt{3} & 0 & \sqrt{4} & \cdots \\ 0 & 0 & 0 & -\sqrt{4} & 0 & \cdots \\ \vdots & \vdots & \vdots & \vdots & & \ddots \end{pmatrix}$$

$$= iA^2 m\omega \begin{pmatrix} -1 & 0 & \sqrt{2}\sqrt{1} & 0 & 0 & \cdots \\ 0 & 1-2 & 0 & \sqrt{3}\sqrt{2} & 0 & \cdots \\ -\sqrt{2}\sqrt{1} & 0 & 2-3 & 0 & \sqrt{4}\sqrt{3} & \cdots \\ 0 & -\sqrt{3}\sqrt{2} & 0 & 3-4 & 0 & \cdots \\ 0 & 0 & -\sqrt{4}\sqrt{3} & 0 & 4-5 & \cdots \\ \vdots & \vdots & \vdots & \vdots & & \ddots \end{pmatrix}$$

よって

$$\tilde{P}\tilde{Q} - \tilde{Q}\tilde{P} = iA^2 m\omega \begin{pmatrix} 2 & 0 & 0 & 0 & 0 & \cdots \\ 0 & 2 & 0 & 0 & 0 & \cdots \\ 0 & 0 & 2 & 0 & 0 & \cdots \\ 0 & 0 & 0 & 2 & 0 & \cdots \\ 0 & 0 & 0 & 0 & 2 & \\ \vdots & \vdots & \vdots & \vdots & & \ddots \end{pmatrix} = i2A^2 m\omega \begin{pmatrix} 1 & 0 & 0 & 0 & 0 & \cdots \\ 0 & 1 & 0 & 0 & 0 & \cdots \\ 0 & 0 & 1 & 0 & 0 & \cdots \\ 0 & 0 & 0 & 1 & 0 & \cdots \\ 0 & 0 & 0 & 0 & 1 & \\ \vdots & \vdots & \vdots & \vdots & & \ddots \end{pmatrix}$$

となり、$A^2 = \dfrac{h}{4\pi m\omega}$ であるから

$$\tilde{P}\tilde{Q} - \tilde{Q}\tilde{P} = i\frac{h}{2\pi} \begin{pmatrix} 1 & 0 & 0 & 0 & 0 & \cdots \\ 0 & 1 & 0 & 0 & 0 & \cdots \\ 0 & 0 & 1 & 0 & 0 & \cdots \\ 0 & 0 & 0 & 1 & 0 & \cdots \\ 0 & 0 & 0 & 0 & 1 & \\ \vdots & \vdots & \vdots & \vdots & & \ddots \end{pmatrix} = -\frac{h}{2\pi i}\tilde{E}$$

となるので、正準な交換関係を満足することがわかる。

そこで、つぎにエネルギーを求めてみよう。単振動のエネルギーは

$$\tilde{H} = \frac{\tilde{P}^2}{2m} + \frac{1}{2}k\tilde{Q}^2 = \frac{\tilde{P}^2}{2m} + \frac{1}{2}m\omega^2 \tilde{Q}^2$$

と与えられる。ここで

$$\tilde{P}^2 = -A^2 m^2 \omega^2 \begin{pmatrix} 0 & \sqrt{1} & 0 & 0 & \cdots \\ -\sqrt{1} & 0 & \sqrt{2} & 0 & \cdots \\ 0 & -\sqrt{2} & 0 & \sqrt{3} & \cdots \\ 0 & 0 & -\sqrt{3} & 0 & \\ \vdots & \vdots & \vdots & & \ddots \end{pmatrix} \begin{pmatrix} 0 & \sqrt{1} & 0 & 0 & \cdots \\ -\sqrt{1} & 0 & \sqrt{2} & 0 & \cdots \\ 0 & -\sqrt{2} & 0 & \sqrt{3} & \cdots \\ 0 & 0 & -\sqrt{3} & 0 & \\ \vdots & \vdots & \vdots & & \ddots \end{pmatrix}$$

$$
= -A^2 m^2 \omega^2 \begin{pmatrix} -1 & 0 & \sqrt{1}\sqrt{2} & 0 & 0 & \cdots \\ 0 & -1-2 & 0 & \sqrt{2}\sqrt{3} & 0 & \cdots \\ \sqrt{1}\sqrt{2} & 0 & -2-3 & 0 & \sqrt{3}\sqrt{4} & \cdots \\ 0 & \sqrt{2}\sqrt{3} & 0 & -3-4 & 0 & \cdots \\ 0 & 0 & \sqrt{3}\sqrt{4} & 0 & -4-5 & \cdots \\ 0 & 0 & 0 & \sqrt{4}\sqrt{5} & 0 & \\ \vdots & \vdots & \vdots & \vdots & & \ddots \end{pmatrix}
$$

となる。つぎに

$$
\tilde{Q}^2 = A^2 \begin{pmatrix} 0 & \sqrt{1} & 0 & 0 & \cdots \\ \sqrt{1} & 0 & \sqrt{2} & 0 & \cdots \\ 0 & \sqrt{2} & 0 & \sqrt{3} & \cdots \\ 0 & 0 & \sqrt{3} & 0 & \\ \vdots & \vdots & \vdots & & \ddots \end{pmatrix} \begin{pmatrix} 0 & \sqrt{1} & 0 & 0 & \cdots \\ \sqrt{1} & 0 & \sqrt{2} & 0 & \cdots \\ 0 & \sqrt{2} & 0 & \sqrt{3} & \cdots \\ 0 & 0 & \sqrt{3} & 0 & \\ \vdots & \vdots & \vdots & & \ddots \end{pmatrix}
$$

$$
= A^2 \begin{pmatrix} 1 & 0 & \sqrt{1}\sqrt{2} & 0 & 0 & \cdots \\ 0 & 1+2 & 0 & \sqrt{2}\sqrt{3} & 0 & \cdots \\ \sqrt{1}\sqrt{2} & 0 & 2+3 & 0 & \sqrt{3}\sqrt{4} & \cdots \\ 0 & \sqrt{2}\sqrt{3} & 0 & 3+4 & 0 & \cdots \\ 0 & 0 & \sqrt{3}\sqrt{4} & 0 & 4+5 & \cdots \\ 0 & 0 & 0 & \sqrt{4}\sqrt{5} & 0 & \\ \vdots & \vdots & \vdots & \vdots & & \ddots \end{pmatrix}
$$

となるので

$$
\tilde{H} = \frac{\tilde{P}^2}{2m} + \frac{1}{2} m \omega^2 \tilde{Q}^2
$$

$$= \frac{1}{2}A^2 m\omega^2 \begin{pmatrix} 1 & 0 & -\sqrt{1}\sqrt{2} & 0 & 0 & \cdots \\ 0 & 1+2 & 0 & -\sqrt{2}\sqrt{3} & 0 & \cdots \\ -\sqrt{1}\sqrt{2} & 0 & 2+3 & 0 & -\sqrt{3}\sqrt{4} & \cdots \\ 0 & -\sqrt{2}\sqrt{3} & 0 & 3+4 & 0 & \cdots \\ 0 & 0 & -\sqrt{3}\sqrt{4} & 0 & 4+5 & \cdots \\ 0 & 0 & 0 & -\sqrt{4}\sqrt{5} & 0 & \\ \vdots & \vdots & \vdots & \vdots & & \ddots \end{pmatrix}$$

$$+ \frac{1}{2}A^2 m\omega^2 \begin{pmatrix} 1 & 0 & \sqrt{1}\sqrt{2} & 0 & 0 & \cdots \\ 0 & 1+2 & 0 & \sqrt{2}\sqrt{3} & 0 & \cdots \\ \sqrt{1}\sqrt{2} & 0 & 2+3 & 0 & \sqrt{3}\sqrt{4} & \cdots \\ 0 & \sqrt{2}\sqrt{3} & 0 & 3+4 & 0 & \cdots \\ 0 & 0 & \sqrt{3}\sqrt{4} & 0 & 4+5 & \cdots \\ 0 & 0 & 0 & \sqrt{4}\sqrt{5} & 0 & \\ \vdots & \vdots & \vdots & \vdots & & \ddots \end{pmatrix}$$

$$= A^2 m\omega^2 \begin{pmatrix} 1 & 0 & 0 & 0 & 0 & \cdots \\ 0 & 1+2 & 0 & 0 & 0 & \cdots \\ 0 & 0 & 2+3 & 0 & 0 & \cdots \\ 0 & 0 & 0 & 3+4 & 0 & \cdots \\ 0 & 0 & 0 & 0 & 4+5 & \cdots \\ 0 & 0 & 0 & 0 & 0 & \\ \vdots & \vdots & \vdots & \vdots & & \ddots \end{pmatrix}$$

となって、ハミルトン行列が確かに対角化されることがわかる。ここで

$$A^2 m\omega^2 = \frac{h}{4\pi m\omega}m\omega^2 = \frac{1}{2}\frac{h}{2\pi}\omega = \frac{1}{2}\hbar\omega = \frac{1}{2}h\nu$$

であるから

第10章　物理量に対応した行列

$$\tilde{H} = \begin{pmatrix} \frac{1}{2}\hbar\omega & 0 & 0 & 0 & 0 & \cdots \\ 0 & \left(1+\frac{1}{2}\right)\hbar\omega & 0 & 0 & 0 & \cdots \\ 0 & 0 & \left(2+\frac{1}{2}\right)\hbar\omega & 0 & 0 & \cdots \\ 0 & 0 & 0 & \left(3+\frac{1}{2}\right)\hbar\omega & 0 & \cdots \\ 0 & 0 & 0 & 0 & \left(4+\frac{1}{2}\right)\hbar\omega & \cdots \\ 0 & 0 & 0 & 0 & 0 & \\ \vdots & \vdots & \vdots & \vdots & \vdots & \ddots \end{pmatrix}$$

となってハミルトン行列の対角成分は最低のエネルギーが

$$E_1 = \frac{1}{2}\hbar\omega$$

である。それよりも大きな軌道のエネルギーは、順次エネルギー量子 $\hbar\omega$ の整数倍を足したもの

$$E_n = \left(n+\frac{1}{2}\right)\hbar\omega = \left(n+\frac{1}{2}\right)h\nu$$

であることがわかる。

　このように物理量に行列を対応させ、その要素を電子軌道間の遷移成分とすることで、原子内の電子の運動を記述することが可能な行列力学が完成したことになる。

第 11 章　行列力学とベクトル

　ハイゼンベルク、ボルン、ヨルダンらの功績によってミクロの世界の電子の運動を記述する行列力学が完成した。ただし、行列力学においては、すべての物理量が行列で表現されるという奇妙なものとなっている。線形代数をかじったものならすぐにわかるが、行列とは単なる数字の羅列であって、それを物理量という実体と対応させることには違和感がある。さらに、行列力学で取り扱うのは、無限行無限列からなる行列である。その取り扱いも簡単ではない。

　ところで、線形代数においては、行列はベクトルに作用して、それを変換するという働きを持っている。このとき、物理量に対応するのはむしろベクトルであって、行列には対応しないはずである。例えば、位置や運動量はベクトルとして定義される。ただし、エネルギーはベクトルではなくスカラーである。これらの点も含めて、行列力学に関する疑問点を少しまとめてみよう。

11.1.　ハイゼンベルクの手法

　まず、ハイゼンベルクの取り組みを簡単に復習してみる。彼は、原子から放出される電磁波という観察することのできる情報をもとに、電子の軌道を表現しようと考えた。つまり、電磁波が放出されるということは、軌道内に、その放出に対応した成分があるはずだという考えである。

　そして、つぎのような和

$$q_n(t) = \sum_{m=1}^{\infty} Q_{nm} \exp(i\omega_{nm} t)$$

第 11 章 行列力学とベクトル

$$= Q_{n1} \exp(i\omega_{n1}t) + Q_{n2} \exp(i\omega_{n2}t) + ... + Q_{nm} \exp(i\omega_{nm}t) + ...$$

を n 軌道における電子の位置を表現する表式と提案した[1]。ここで、m は軌道の番号で、この和の中の (n,m) 成分である

$$Q_{nm} \exp(i\omega_{nm}t)$$

という項に含まれる ω_{nm} は、電子が n 軌道から m 軌道へ遷移するときに発生する電磁波の角周波数に対応しており、軌道のエネルギーとは

$$E_n - E_m = \hbar\omega_{nm}$$

という関係にある。

ハイゼンベルクの式を n 軌道だけではなく、すべての軌道に拡張すると

$$q(t) = \sum_{n=1}^{\infty} \sum_{m=1}^{\infty} Q_{nm} \exp(i\omega_{nm}t)$$

という和となる。

　実際に観察することのできない原子内の電子運動を考えるには、ハイゼンベルクのように、実際に観察できる電磁波という情報をもとに、その運動を推察するという手法は理に適っている。ただし、直接観察できないだけに、それが正しいかどうかを簡単に証明ができないという問題がある。ハイゼンベルクは、この式を代表的な運動である調和振動子（単振動）に適用し、この手法が正しい（らしい）という傍証をえることに成功する。

　このとき、ハイゼンベルクは、そのアプローチにおいて、いくつかの条件を採用している。例えば、この級数和が電子の位置に対応すると考えたとき、すべての物理量は位置の関数であるので、この式が物理量の基礎となる。例えば、速度は位置の時間微分で与えられる。また、エネルギーは

---

[1] もともとのハイゼンベルクの式では、和の範囲や成分の表記法がこの式とは異なるが、ここでは行列との対応をはっきりさせるために、このように表記している。

位置の 2 乗となる。よって、エネルギーを求めるためには、この級数和のかけ算が必要になる。それを、そのまま書くと

$$q(t) \times q(t) = \sum_n \sum_m Q_{nm} \exp(i\omega_{nm}t) \times \sum_l \sum_k Q_{lk} \exp(i\omega_{lk}t)$$

となるが、これを直接計算しようとすると、項の種類がやたらと増えるうえ、作業も膨大かつ煩雑となる[2]。ここで、ハイゼンベルクは彼の級数の成分が、電子軌道間の遷移に対応することから、そのかけ算が

$$\left[q(t)^2\right]_{nk} = \sum_{m=1}^{\infty} Q_{nm} Q_{mk} \exp(i\omega_{nk}t)$$

というルールに従うことを提唱した。これは、$n \to m$ の遷移の次に、$m \to k$ の遷移が続かないと、意味がないということに由来している。この 2 個の連続した遷移は結果的には $n \to k$ という遷移となる。

11.2. 行列への展開

ハイゼンベルクの指導教授であったボルンは、このかけ算ルールが、まさに行列の積に対応することに気づいた。これがきかっけとなって、行列力学が進展することになる。しかし、ハイゼンベルクが電子の位置として表現した式は級数の和となっている。これに対し、行列は成分を単に縦横に並べたものであって、和とはなっていない。例えば、位置に対応した行列を

---

[2] 位置の級数和がすでに無限個の成分からなっているので、もともと膨大な量であることに変わりはないが、その取り扱いが複雑となるという意味である。

$$
\begin{pmatrix}
q_{11} & \cdots & \cdots & q_{1n} & \cdots & \cdots \\
\vdots & \ddots & & q_{2n} & & \\
\vdots & & \ddots & \vdots & & \\
q_{n1} & q_{n2} & \cdots & q_{nn} & \cdots & \cdots \\
\vdots & & & \vdots & \ddots & \\
\vdots & & & \vdots & & \ddots
\end{pmatrix}
$$

$$
= \begin{pmatrix}
Q_{11}\exp(i\omega_{11}t) & \cdots & & \cdots & Q_{1n}\exp(i\omega_{1n}t) & \cdots & \cdots \\
\vdots & \ddots & & & & Q_{2n}\exp(i\omega_{2n}t) & \\
& & & & & \vdots & \\
Q_{n1}\exp(i\omega_{n1}t) & Q_{n2}\exp(i\omega_{n2}t) & \cdots & & Q_{nn}\exp(i\omega_{nn}t) & \cdots & \cdots \\
\vdots & & & & & \vdots & \ddots \\
\vdots & & & & & \vdots & & \ddots
\end{pmatrix}
$$

と書くと、n 軌道に対応したハイゼンベルクの式は、この行列の n 行目の成分の和に相当する。しかし、行列のままでは、成分の和をえることはできない。この行列から、この和を引き出すためには

$$
\begin{pmatrix}
q_{11} & \cdots & \cdots & q_{1n} & \cdots & \cdots \\
\vdots & \ddots & & q_{2n} & & \\
\vdots & & \ddots & \vdots & & \\
q_{n1} & q_{n2} & \cdots & q_{nn} & \cdots & \cdots \\
\vdots & & & \vdots & \ddots & \\
\vdots & & & \vdots & & \ddots
\end{pmatrix}
\begin{pmatrix} 1 \\ 1 \\ \vdots \\ 1 \\ \vdots \\ \vdots \end{pmatrix}
=
\begin{pmatrix} \sum q_{1m} \\ \sum q_{2m} \\ \vdots \\ \sum q_{nm} \\ \vdots \\ \vdots \end{pmatrix}
$$

のように、成分がすべて 1 の列ベクトルを、この行列の右側から作用させる必要がある。すると、この演算の結果えられるベクトルの第 n 成分が、求める和となっている。さらに、左から第 n 成分だけが 1 の行ベクトルをかけると

$$\begin{pmatrix} 0 & \cdots & 0 & 1 & 0 & \cdots \end{pmatrix} \begin{pmatrix} q_{11} & \cdots & & \cdots & q_{1n} & \cdots & \cdots \\ \vdots & \ddots & & & q_{2n} & & \\ \vdots & & \ddots & & \vdots & & \\ q_{n1} & q_{n2} & \cdots & & q_{nn} & \cdots & \cdots \\ \vdots & & & & \vdots & \ddots & \\ \vdots & & & & & & \ddots \end{pmatrix} \begin{pmatrix} 1 \\ 1 \\ \vdots \\ 1 \\ \vdots \end{pmatrix} = \sum q_{nm}$$

となって、n 行の成分の和だけを取り出すことができる。このように、行列の左右からベクトルをかけることで、はじめてスカラーの量を取り出すことができるのである。

11.3. 実数条件

ところで、ハイゼンベルクの級数和に関しては、n 行目の成分の和だけでは、実は不完全である。それは、級数の成分は複素数でも構わないが、その結果えられる位置という物理量は実数でなければならないという制約条件が必要となるからである。そして、残念ながら

$$q_n(t) = \sum_{m=1}^{\infty} Q_{nm} \exp(i\omega_{nm} t) = Q_{n1} \exp(i\omega_{n1} t) + \ldots + Q_{nn} \exp(i\omega_{nn} t) + \ldots$$

という和は実数にはならない。これが実数になるためには、この和の中に共役複素数が入ってくる必要がある。例えば、第一項に対しては

$$Q^*_{n1} \exp(-i\omega_{n1} t)$$

という項が和の中に入ってこないと、実数にならない。

> **演習 11-1** つぎの和が実数になることを確かめよ。
>
> $$Q_{n1}\exp(i\omega_{n1}t)+Q^*{}_{n1}\exp(-i\omega_{n1}t)$$

解) 一般形として $Q_{n1}=a+bi$ と置く。すると $Q^*{}_{n1}=a-bi$ である。さらにオイラーの公式を使って変形すると

$$\begin{aligned}
&Q_{n1}\exp(i\omega_{n1}t)+Q^*{}_{n1}\exp(-i\omega_{n1}t)\\
&=(a+bi)(\cos\omega_{n1}t+i\sin\omega_{n1}t)+(a-bi)(\cos\omega_{n1}t-i\sin\omega_{n1}t)\\
&=(a\cos\omega_{n1}t-b\sin\omega_{n1}t)+i(a\sin\omega_{n1}t+b\cos\omega_{n1}t)\\
&\quad +(a\cos\omega_{n1}t-b\sin\omega_{n1}t)-i(a\sin\omega_{n1}t+b\cos\omega_{n1}t)\\
&=2(a\cos\omega_{n1}t-b\sin\omega_{n1}t)
\end{aligned}$$

となり、実数となることが確かめられる。

以下同様にして、共役複素数項が和に加われば、ハイゼンベルクの級数和は実数となる。

ただし、ここで断っておく必要がある。それは、ハイゼンベルクの式においてフーリエ級数という近似を行うと、この問題は自動的に解決されるという事実である。それは、ハイゼンベルクのもともとの式では

$$q_n(t)=\sum_{k=-\infty}^{+\infty}Q(n;n-k)\exp\{i\omega(n;n-k)t\}$$

となっているが、これをフーリエ級数の複素数表示にあてはめると

$$\omega(n;n-k)\quad と\quad \omega(n;n+k)$$

が複素共役となる。そして、kの和をとるときに$-\infty$から$+\infty$までとっているので、これら項が双方とも和の中に含まれることになる。

これは、フーリエ級数と仮定したときに

$$\omega(n;n-k) = k\omega(n;1)$$

という関係がえられるからである。ここで、$\omega(n;1)$は基本角振動数となり、すべての項は、この整数倍の角振動数を持つことになる。そして、この式に $k=-k$ を代入すると

$$\omega(n;n-(-k)) = \omega(n;n+k) = -k\omega(n;1)$$

となることから、複素共役項となることがわかる。

ただし、何度も繰り返しているが、電子軌道の遷移ということを前提に考えた場合には

$$\omega(n;n-k) \quad と \quad \omega(n-k;n)$$

が複素共役となるはずである[3]。よって、フーリエ級数ではないとすると、上記の関係は成立しない。そして、$(n;m)$ 成分に対しては、$(m;n)$成分が複素共役項として対応することになる。これは、それぞれ $n \to m$ と $m \to n$ の遷移であり、互いに逆の遷移となっている。

よって、先ほどの行列とベクトルの演算においては、n 行目の和だけでは実数にはならないので、n 列目の成分の和も加える必要がある。すなわち

$$q_n(t) = \sum_{m=1}^{\infty}(q_{nm} + q_{mn}) = \sum_{m=1}^{\infty} Q_{nm}\exp(i\omega_{nm}t) + Q_{mn}\exp(i\omega_{mn}t)$$

という和となって、$q_n(t)$ははじめて実数となる。

---

[3] ハイゼンベルクは、電子遷移にともなう制約を認識していたが、本来は使ってはいけないはずのフーリエ級数でも解析を行っている。これは一見問題があるように感じられるが、波動力学の登場によって正当化されることになる。

これは

$$q_n(t) = \sum_{m=1}^{\infty}(q_{nm} + q^*{}_{nm}) = \sum_{m=1}^{\infty} Q_{nm}\exp(i\omega_{nm}t) + Q^*{}_{nm}\exp(-i\omega_{nm}t)$$

と書くこともできる。この制約の結果、行列力学では、物理量に対応した行列は対角成分が共役複素数となる。このような特徴を持つ行列をエルミート行列と呼んでいる。ただし、このような要請は、成分の和をとったときに必要となるもので、行列としては意味がない。もちろん

$$\omega_{nm} = -\omega_{mn}$$

という関係は、級数の和に関係なく、常に成立しているので、Q_{nm} が実数であれば、級数の和が実数でなければならないという条件がなくとも、つねにエルミート性は確保されていることにはなる。

11.4. 行列とベクトル

すでに紹介したように、行列は単なる数字を配置したものであって、何らかの数値に対応しているわけではない。ただし、左からすべて成分が 1 の行ベクトルと、右からすべて成分が 1 の列ベクトルをかける、つまり

$$(1 \ 1 \ \cdots \ 1 \ \cdots) \begin{pmatrix} q_{11} & \cdots & \cdots & q_{1n} & \cdots & \cdots \\ \vdots & \ddots & & q_{2n} & & \\ \vdots & & \ddots & \vdots & & \\ q_{n1} & q_{n2} & \cdots & q_{nn} & \cdots & \cdots \\ \vdots & & & \vdots & \ddots & \\ \vdots & & & \vdots & & \ddots \end{pmatrix} \begin{pmatrix} 1 \\ 1 \\ \vdots \\ 1 \\ \vdots \\ \vdots \end{pmatrix}$$

という操作を行うと、すべての成分の和

$$q(t) = \sum_{n=1}^{\infty}\sum_{m=1}^{\infty} q_{nm}$$

を求めることができる。

　ここで、無限行無限列の行列では取り扱いが大変なので、3行3列で少し考えてみよう。

　まず、成分がすべて1の3次元列ベクトルに、3行3列の行列を作用してみよう。すると

$$\begin{pmatrix} q_{11} & q_{12} & q_{13} \\ q_{21} & q_{22} & q_{23} \\ q_{31} & q_{32} & q_{33} \end{pmatrix} \begin{pmatrix} 1 \\ 1 \\ 1 \end{pmatrix} = \begin{pmatrix} q_{11}+q_{12}+q_{13} \\ q_{21}+q_{22}+q_{23} \\ q_{31}+q_{32}+q_{33} \end{pmatrix}$$

のように、この操作の結果えられる列ベクトルの成分は、行列のそれぞれの行の和になっている。つぎに、第2成分だけが1の列ベクトルをかけると

$$\begin{pmatrix} q_{11} & q_{12} & q_{13} \\ q_{21} & q_{22} & q_{23} \\ q_{31} & q_{32} & q_{33} \end{pmatrix} \begin{pmatrix} 0 \\ 1 \\ 0 \end{pmatrix} = \begin{pmatrix} q_{12} \\ q_{22} \\ q_{32} \end{pmatrix}$$

のように、2列目の成分だけを列ベクトルとして取り出すことができる。さらに左から (0 1 0) の行ベクトルをかけると

$$(0\ \ 1\ \ 0)\begin{pmatrix} q_{11} & q_{12} & q_{13} \\ q_{21} & q_{22} & q_{23} \\ q_{31} & q_{32} & q_{33} \end{pmatrix} \begin{pmatrix} 0 \\ 1 \\ 0 \end{pmatrix} = (0\ \ 1\ \ 0)\begin{pmatrix} q_{12} \\ q_{22} \\ q_{32} \end{pmatrix} = q_{22}$$

となって、行列の成分の中の(2, 2)成分だけを取り出すことができる。この演算は、線形代数では、つぎのように考えられる。まず

$$\begin{pmatrix} q_{11} & q_{12} & q_{13} \\ q_{21} & q_{22} & q_{23} \\ q_{31} & q_{32} & q_{33} \end{pmatrix} \begin{pmatrix} 0 \\ 1 \\ 0 \end{pmatrix} = \begin{pmatrix} q_{12} \\ q_{22} \\ q_{32} \end{pmatrix}$$

という操作でベクトルは

$$\begin{pmatrix} 0 \\ 1 \\ 0 \end{pmatrix} \rightarrow \begin{pmatrix} q_{12} \\ q_{22} \\ q_{32} \end{pmatrix}$$

のように変換される。つぎに、この変換されたベクトルと、ベクトル(0 1 0)の**内積** (inner product) をとると

$$(0 \quad 1 \quad 0) \begin{pmatrix} q_{12} \\ q_{22} \\ q_{32} \end{pmatrix} = q_{22}$$

となる。

$$\vec{u} = (0 \quad 1 \quad 0), \quad \tilde{q} = \begin{pmatrix} q_{11} & q_{12} & q_{13} \\ q_{21} & q_{22} & q_{23} \\ q_{31} & q_{32} & q_{33} \end{pmatrix}, \quad \vec{v} = \begin{pmatrix} 0 \\ 1 \\ 0 \end{pmatrix}$$

と置くと、この演算は

$$\vec{u}\tilde{q}\vec{v} = \vec{u} \cdot (\tilde{q}\vec{v})$$

と書くことができる。
　ただし

$$\vec{u} = {}^t\vec{v}$$

というように $\vec{u}$ は $\vec{v}$ の転置ベクトルという関係にある。
　量子力学では、さらに、これらが複素共役であるとき、つまり

$$\vec{u} = {}^t\vec{v}^*$$

であるとき

$$\langle \vec{v} | \tilde{q} | \vec{v} \rangle \quad \text{あるいは} \quad \langle v | q | v \rangle$$

という表記が一般的に使われている。この表記方法は**ディラック** (P. A. M. Dirac) によって提唱されたものである。

このとき、$\langle v|$ を**ブラベクトル** (bra vector)、$|v\rangle$ を**ケットベクトル** (ket vector)と、それぞれ呼んでいるが、それは、括弧＜＞のことを英語で bracket と呼ぶことにちなんでいる。具体例で書くと

$$|v\rangle = \begin{pmatrix} 1 \\ i \\ 1-i \end{pmatrix}$$

というケットベクトルに対応したブラベクトルは

$$\langle v| = \begin{pmatrix} 1 & -i & 1+i \end{pmatrix}$$

となる。

ブラベクトルがケットベクトルの転置かつ複素共役になるのは

$$\langle u|v\rangle$$

がベクトルの内積に相当するからである。よって複素数を成分とするベクトルでは

$$\langle v|v\rangle = {}^t\vec{v}^* \cdot \vec{v}$$

となる必要がある。

例として複素数ベクトル

第11章 行列力学とベクトル

を考えると

$$\vec{v} = |v\rangle = \begin{pmatrix} 1 \\ i \\ 1-i \end{pmatrix}$$

$$\vec{v} = \langle v|v\rangle = \begin{pmatrix} 1 & -i & 1+i \end{pmatrix} \begin{pmatrix} 1 \\ i \\ 1-i \end{pmatrix} = 1+1+2 = 4$$

が内積として与えられる。

演習 11-2 つぎの行列から、2 行目の和および 2 列目の和を取り出す操作を考えよ。

$$\begin{pmatrix} q_{11} & q_{12} & q_{13} \\ q_{21} & q_{22} & q_{23} \\ q_{31} & q_{32} & q_{33} \end{pmatrix}$$

解) この行列の右から、成分がすべて 1 の列ベクトルをかけると

$$\begin{pmatrix} q_{11} & q_{12} & q_{13} \\ q_{21} & q_{22} & q_{23} \\ q_{31} & q_{32} & q_{33} \end{pmatrix} \begin{pmatrix} 1 \\ 1 \\ 1 \end{pmatrix} = \begin{pmatrix} q_{11}+q_{12}+q_{13} \\ q_{21}+q_{22}+q_{23} \\ q_{31}+q_{32}+q_{33} \end{pmatrix}$$

となっている。

いま欲しいのは、このベクトルの第 2 成分である。よって、左から行ベクトル(0 1 0)をかけると

$$(0\ 1\ 0) \begin{pmatrix} q_{11} & q_{12} & q_{13} \\ q_{21} & q_{22} & q_{23} \\ q_{31} & q_{32} & q_{33} \end{pmatrix} \begin{pmatrix} 1 \\ 1 \\ 1 \end{pmatrix} = (0\ 1\ 0) \begin{pmatrix} q_{11}+q_{12}+q_{13} \\ q_{21}+q_{22}+q_{23} \\ q_{31}+q_{32}+q_{33} \end{pmatrix} = q_{21}+q_{22}+q_{23}$$

となって、2行目の成分の和を取り出すことができる。

同様にして

$$(1 \ 1 \ 1) \begin{pmatrix} q_{11} & q_{12} & q_{13} \\ q_{21} & q_{22} & q_{23} \\ q_{31} & q_{32} & q_{33} \end{pmatrix} \begin{pmatrix} 0 \\ 1 \\ 0 \end{pmatrix} = (1 \ 1 \ 1) \begin{pmatrix} q_{12} \\ q_{22} \\ q_{32} \end{pmatrix} = q_{12} + q_{22} + q_{32}$$

という操作を行えば、2列目の和を取り出すことができる。

以上のように、行列にベクトルをかけることで、行列の成分やその和を取り出すことができる。

11.5. 状態ベクトル

以上の事実を踏まえて行列力学について少し考えてみよう。例えば

$$\begin{pmatrix} q_{11} & \cdots & \cdots & q_{1n} & \cdots & \cdots \\ \vdots & \ddots & & q_{2n} & & \\ \vdots & & \ddots & \vdots & & \\ q_{n1} & q_{n2} & \cdots & q_{nn} & \cdots & \cdots \\ \vdots & & & \vdots & \ddots & \\ \vdots & & & \vdots & & \ddots \end{pmatrix}$$

という行列は電子の位置に対応した行列であるが、このままでは電子の位置を指定することはできない。この行列には、電子の位置に関する情報がたくさんつまっているが、実際に電子がとることのできる運動は、その中の限られたものとなる。

そして、この行列にベクトルをかけることで、その中の必要な情報だけを取り出すことができる。線形代数では、ベクトルを変換するのが行列だ

と考えるが、ベクトルには行列の中につまった情報を選択して取り出す作用があると考えることもできる。つまり、ベクトルには電子の状態を特定する働きがあると考えられ、このベクトルを**状態ベクトル** (state vector) と呼んでいる。そして、行列力学では、物理量に関する情報の入った行列に、状態ベクトルを作用させることで、実体である物理量を取り出しているとみることもできるのである。

　それでは、行列は、すべての情報さえ含まれていればよいかというと、そうではない。行列の方にも制約がある。例えば、ハミルトン行列を考えてみよう。この行列はエネルギーに対応したものであるが、エネルギーであれば、定常状態では時間項（つまり非対角項）がゼロという制約があり、対角行列となる。しかも対角成分は、物理的な実体であるエネルギーに相当するので、すべて実数でなければならないという制約も課せられる。よって

$$\begin{pmatrix} E_1 & 0 & \cdots & 0 & \cdots & \cdots \\ 0 & E_2 & \cdots & 0 & \cdots & \cdots \\ \vdots & \vdots & \ddots & \vdots & & \\ 0 & 0 & \cdots & E_n & \cdots & \cdots \\ \vdots & \vdots & & \vdots & \ddots & \\ \vdots & \vdots & & \vdots & & \ddots \end{pmatrix}$$

というかたちをしており、対角成分はすべて実数で、系の取りうるエネルギーを与える。

　したがって、位置に対応する行列を$\tilde{q}$、運動量に対応する行列を$\tilde{p}$とすると、ハミルトン行列は

$$\tilde{H} = \frac{\tilde{p}^2}{2m} + \frac{k\tilde{q}^2}{2}$$

という関係にあるので、この右辺を計算してえられる行列は、対角成分を実数とする対角行列にならなければならない。

　また、忘れてならないのは、量子化条件に対応した正準な交換関係

$$\widetilde{p}\widetilde{q} - \widetilde{q}\widetilde{p} = \frac{h}{2\pi i}\widetilde{E}$$

も満足する必要があるという事実である。

このような制約条件のもとで、位置や運動に対応した行列がきまり、その上で、これら行列に状態ベクトルを操作して、取り出された情報が、電子の運動を記述することになる。これが行列力学である。このため、物理量がそのまま行列に対応するという表現は、厳密には正しくはないのである。

ここで、注意すべきは、状態ベクトルも行列と関係なく決まっているわけではないという事実である。実は、行列には固有ベクトルと固有値が存在し、これらが実際の物理量と対応するのである。例えば、3行3列の正方行列には、一般には3個の固有値が存在し、それぞれの固有値に対応して固有ベクトルが存在する。これは、すでに紹介したように、対角化という操作と密接な関係にある。

11.6. エルミート行列と固有値

行列力学における物理量に対応した行列は、エルミート行列である。エルミート行列には、その固有値は実数になるという性質がある。つまり $\widetilde{A}$ をエルミート行列、$\vec{u}$ を固有ベクトル（状態ベクトル）とすると

$$\widetilde{A}\vec{u} = \lambda\vec{u}$$

より

$$\begin{pmatrix} A_{11} & A_{12} & \cdots & A_{1n} & \cdots & \cdots \\ A_{12}{}^* & A_{22} & \cdots & A_{2n} & \cdots & \cdots \\ \vdots & \vdots & \ddots & \vdots & & \\ A_{1n}{}^* & A_{2n}{}^* & \cdots & A_{nn} & & \\ \vdots & \vdots & & \vdots & \ddots & \\ \vdots & \vdots & & & & \ddots \end{pmatrix} \begin{pmatrix} u_1 \\ u_2 \\ \vdots \\ u_n \\ \vdots \\ \vdots \end{pmatrix} = \lambda \begin{pmatrix} u_1 \\ u_2 \\ \vdots \\ u_n \\ \vdots \\ \vdots \end{pmatrix}$$

という関係において、その固有値λは実数になる。

演習 11-3 エルミート行列の固有値が実数になることを証明せよ。

解） まず、行列の積の転置は

$$
{}^t(\tilde{A}\tilde{B}) = {}^t\tilde{B}\,{}^t\tilde{A}
$$

となる。これを利用する。いまエルミート行列の固有値と固有ベクトルを

$$
\tilde{A}\vec{u} = \lambda \vec{u}
$$

とする。ここで、これら両辺の転置かつ複素共役をとると

$$
{}^t\vec{u}^*\,{}^t\tilde{A}^* = {}^t\vec{u}^*\lambda^*
$$

ここで、エルミート行列の性質から

$$
{}^t\vec{u}^*\tilde{A} = \lambda^*\,{}^t\vec{u}^*
$$

となる。ここで、両辺の右からベクトル$\vec{u}$をかけると

$$
{}^t\vec{u}^*\tilde{A}\vec{u} = \lambda^*\,{}^t\vec{u}^*\vec{u}
$$

つぎに、最初の関係で左から$\vec{u}$の転置共役ベクトルをかけると

$$
{}^t\vec{u}^*\tilde{A}\vec{u} = \lambda\,{}^t\vec{u}^*\vec{u}
$$

これら2式を比較すると

$$\lambda = \lambda^*$$

となるので、固有値λが実数であることがわかる。

　演習でも示したように、固有ベクトルの転置かつ複素共役なベクトルを左からかけると

$${}^t\vec{u}^*\tilde{A}\vec{u} = {}^t\vec{u}^*\lambda\vec{u} = \lambda|\vec{u}|^2$$

となって、固有値に固有ベクトルの大きさを2乗した値がえられる。同じ操作を成分表示で示すと

$$(u_1^* \quad u_2^* \quad \cdots \quad u_n^* \quad \cdots \quad \cdots) \begin{pmatrix} A_{11} & A_{12} & \cdots & A_{1n} & \cdots & \cdots \\ A_{12}^* & A_{22} & \cdots & A_{2n} & \cdots & \cdots \\ \vdots & \vdots & \ddots & \vdots & & \\ A_{1n}^* & A_{2n}^* & \cdots & A_{nn} & \cdots & \cdots \\ \vdots & \vdots & & \vdots & \ddots & \\ \vdots & \vdots & & \vdots & & \ddots \end{pmatrix} \begin{pmatrix} u_1 \\ u_2 \\ \vdots \\ u_n \\ \vdots \\ \vdots \end{pmatrix}$$

$$= \lambda(u_1^* \quad u_2^* \quad \cdots \quad u_n^* \quad \cdots \quad \cdots) \begin{pmatrix} u_1 \\ u_2 \\ \vdots \\ u_n \\ \vdots \\ \vdots \end{pmatrix} = \lambda(|u_1|^2 + |u_2|^2 + \ldots + |u_n|^2 + \ldots)$$

となる。これは、いままで紹介してきた行列とベクトル演算の一例である。つまり、行列の左右からベクトルをかけて、必要な情報を取り出す操作にあたる。

> **演習 11-4** エルミート行列の異なる固有値に対応した固有ベクトルは互いに直交することを確かめよ。

解） エルミート行列の 2 個の固有値と、それに対応した固有ベクトルの関係を

$$\tilde{A}\vec{u}_1 = \lambda_1 \vec{u}_1 \qquad \tilde{A}\vec{u}_2 = \lambda_2 \vec{u}_2$$

と置く。ただし $\lambda_1 \neq \lambda_2$ である。

ここで $\tilde{A}\vec{u}_1$ と $\vec{u}_2$ との内積をとってみる。すると

$${}^t\vec{u}_2{}^* \tilde{A}\vec{u}_1 = \langle u_2 | A | u_1 \rangle = {}^t\vec{u}_2{}^* \lambda_1 \vec{u}_1 = \lambda_1 {}^t\vec{u}_2{}^* \vec{u}_1 = \lambda_1 \langle u_2 | u_1 \rangle$$

となる。つぎに $\vec{u}_1$ とベクトル $\tilde{A}\vec{u}_2$ の内積をとってみると

$${}^t\left(\tilde{A}\vec{u}_2\right)^* \vec{u}_1 = \lambda_2 {}^t\vec{u}_2{}^* \vec{u}_1 = \lambda_2 \langle u_2 | u_1 \rangle$$

ここで、左辺は

$${}^t\left(\tilde{A}\vec{u}_2\right)^* \vec{u}_1 = {}^t\vec{u}_2{}^* {}^t\tilde{A}^* \vec{u}_1$$

と変形できるが、エルミート行列の性質から

$${}^t\left(\tilde{A}\vec{u}_2\right)^* \vec{u}_1 = {}^t\vec{u}_2{}^* \tilde{A}\vec{u}_1 = \langle u_2 | A | u_1 \rangle$$

となる。したがって、エルミート行列ならば

$$\lambda_1 \langle u_2 | u_1 \rangle = \lambda_2 \langle u_2 | u_1 \rangle$$

となり

$$(\lambda_1 - \lambda_2)\langle u_2 | u_1 \rangle = 0$$

という関係がえられるが、$\lambda_1 \neq \lambda_2$ であるから

$$\langle u_2 | u_1 \rangle = 0$$

となり、固有ベクトルどうしが直交することがわかる。

　以上のように、エルミート行列の固有値は実数であり、また、異なる固有値に対応した固有ベクトルは互いに直交することがわかる。量子力学では、物理量に対応した行列はエルミート行列となるが、その固有値が実数となるということと、物理量が実数でなければならないということが対応している。実際には、ある物理量を測定したとき、その固有値が測定にかかると考えるのである。

　ところで、エルミート行列の固有ベクトルが直交するということは、固有ベクトルで集合をつくれば、その系は、直交系をなすことを示している。ここで、さらに固有ベクトルに操作を与える。

　固有ベクトルの大きさは任意であるから

$$|\vec{u}|^2 = 1$$

としてみよう。

　すると左から固有ベクトルの転置共役ベクトルをかけると

$${}^t\vec{u}^* \tilde{A} \vec{u} = \lambda$$

のように、この演算で、固有値が直接えられることになる。ディラックの表記を使うと

第 11 章　行列力学とベクトル

$$\langle u|A|u\rangle = \lambda$$

となる。

固有ベクトルの大きさは、任意であるから

$$\langle u|u\rangle = 1$$

のように、すべて 1 と規格化することも可能である。こうすると、エルミート行列の固有ベクトルとして

$$\langle u_n|u_n\rangle = 1 \quad \text{かつ} \quad \langle u_n|u_m\rangle = 0 \quad (n \neq m)$$

を満足するベクトルを選ぶことができる。これを**正規化** (normalization) と呼んでいる。また、これらベクトルを**正規直交系** (orthonormal system) と呼んでいる。このとき、この系のベクトルを**基底** (base) と呼んでいる。このような固有ベクトルを使うと、つぎのような操作が可能となる。

行列の成分の数は関係ないので、3 行 3 列の場合を考える。固有ベクトルと固有値を使うと

$$\begin{pmatrix} A_{11} & A_{12} & A_{13} \\ A_{21} & A_{22} & A_{23} \\ A_{31} & A_{32} & A_{33} \end{pmatrix} \begin{pmatrix} u_{11} \\ u_{21} \\ u_{31} \end{pmatrix} = E_1 \begin{pmatrix} u_{11} \\ u_{21} \\ u_{31} \end{pmatrix}$$

という関係がえられる。ここで左から、固有ベクトルの転置共役ベクトルをかけると

$$(u^*_{11} \quad u^*_{21} \quad u^*_{31}) \begin{pmatrix} A_{11} & A_{12} & A_{13} \\ A_{21} & A_{22} & A_{23} \\ A_{31} & A_{32} & A_{33} \end{pmatrix} \begin{pmatrix} u_{11} \\ u_{21} \\ u_{31} \end{pmatrix} = (u^*_{11} \quad u^*_{21} \quad u^*_{31}) E_1 \begin{pmatrix} u_{11} \\ u_{21} \\ u_{31} \end{pmatrix}$$

$$= E_1 (u^*_{11} \quad u^*_{21} \quad u^*_{31}) \begin{pmatrix} u_{11} \\ u_{21} \\ u_{31} \end{pmatrix} = E_1$$

となる。同様にして、他の固有ベクトルと固有値の場合も

$$(u^*_{12} \quad u^*_{22} \quad u^*_{32}) \begin{pmatrix} A_{11} & A_{12} & A_{13} \\ A_{21} & A_{22} & A_{23} \\ A_{31} & A_{32} & A_{33} \end{pmatrix} \begin{pmatrix} u_{12} \\ u_{22} \\ u_{32} \end{pmatrix} = E_2$$

$$(u^*_{13} \quad u^*_{23} \quad u^*_{33}) \begin{pmatrix} A_{11} & A_{12} & A_{13} \\ A_{21} & A_{22} & A_{23} \\ A_{31} & A_{32} & A_{33} \end{pmatrix} \begin{pmatrix} u_{13} \\ u_{23} \\ u_{33} \end{pmatrix} = E_3$$

という結果がえられる。つまり、直接固有値が求められるのである。あるいは

$$\langle u_n | A | u_n \rangle = E_n$$

と書くことができる。

　それでは、固有ベクトルの大きさを1に規格化あるいは正規化することにはどのような意味があるのであろうか。これは、波動関数の絶対値を全空間で積分すると1になるということと等価であり、ボルンの確率解釈によって、その説明が与えられる。ここでは、すこし大雑把ではあるが、つぎのように考えてみよう。

　われわれが求めようとしているのは、原子内での電子の運動である。よって、1個の電子がどのような運動をするかを求めるのが究極の目的である。行列力学では、この電子の位置や運動量などの物理量に関する情報が行列というかたちで与えられる。しかし、電子の運動は、その中の限られたものである。これを引き出すのが状態ベクトルである。この1個の電子には、いろいろな運動をする可能性がある。その分配状態（あるいは分布確率）を決めるのが状態ベクトルであり、その分配率をすべて足したものは1となるという考えである。

11.7. 行列力学を越えて

　このように行列力学によって量子の世界の扉が開かれた。とはいっても、行列力学の取り扱いは大変面倒であるうえ、イメージも沸きにくい。そして、物理量に対応した行列は無限行無限列であるから、少し考えただけで、その演算が大変面倒なことがわかる。さらに、正準交換関係や量子化条件を満足する行列を探しだすのも簡単ではない。

　ところで、われわれの目標は、水素原子から放出される光のスペクトルを説明することであった。そのためには、調和振動子ではなく、水素原子に対応した電子の運動を行列力学で解く必要がある。残念ながら、行列力学を完成させたハイゼンベルク、ボルン、ヨルダンにとっても、その作業は困難を極め、ようやくパウリによって解がえられるのである。喜ばしいことに、その解は、水素原子のスペクトルを見事に説明するものであり、それによって行列力学の正当性は証明されることになるが、最も簡単な水素原子の場合の解でさえ、創始者の 3 人が苦労するくらいであるから、さらに複雑な構造をしたヘリウムや、それよりも原子番号の大きな元素に対しては、対処のしようがないのである。

　実は、この問題を解決したのが、**シュレーディンガー**(Schrödinger) によって完成された波動力学である。そして、シュレーディンガーの手法と行列力学の手法を比較することで、行列や状態ベクトルの役割がより明確になる。

　そこで、次章ではシュレーディンガーの波動方程式の導出方法と、この微分方程式の解である波動関数の意味について簡単に説明する。

第 12 章　シュレーディンガー方程式

　ハイゼンベルクとボルンは、原子から放出される電磁波の情報をもとに、原子内の電子軌道における電子の運動は、これら電磁波の放出に対応した遷移成分の和として表現できると考え、行列力学を完成させた。
　ところで、**ド・ブロイ** (de Broglie) は、波と考えられていた光に粒子性があるならば、粒子と考えられていた電子にも波の性質があるのではないかと提唱した。これは、突飛な考えと思われたが、電子回折現象などの発見によって、電子に波の性質があることが確認され、それが本質的な現象であることが明らかとなった。そして、何よりも、電子に波の性質があるとすると、ボーアが見つけた電子軌道がとびとびになるという事実もうまく説明が可能となる。
　シュレーディンガー (Schrödinger) は、電子が波ということを前提に、その運動を記述する方程式をつくってしまえばよいと考え、行列力学とは異なる視点から、量子の世界を記述する力学を構築していく。それが**波動力学** (wave mechanics) である。

12.1.　電子の波長

　電子が波という前提をもとに、電子の運動を記述する新しい方程式をつくる。これが、シュレーディンガーが自分に課した課題であった。しかし、電子を波と考えると、その波長や振動数を求める必要がある。このために、シュレーディンガーはド・ブロイが提唱した物質波という考えを適用した。
　光は、振動数が ν で、波長が λ の波である。しかし、光には質量がないから、運動量を求めることは、本来はできないはずである。アインシュタインは、大胆にも光の運動量は

第12章 シュレーディンガー方程式

$$p = \frac{h}{\lambda} \quad \left(p = \frac{E}{c} = \frac{h\nu}{c} = \frac{h}{\lambda} \right)$$

という関係式でえられ、粒子としても振舞うと仮定した。ここで $E = h\nu$ は光量子1個のエネルギーである。

ド・ブロイは、アインシュタインの光量子説をさらに発展させ、波と考えられていた光が粒子性を有するならば、粒子と考えられている電子も波動性を有するはずだと考えた。そして、光のエネルギーと運動量の関係を利用して、電子が仮に波とした場合、その運動量がわかれば、波長は

$$\lambda = \frac{h}{p}$$

という式で与えられると提唱した。

演習 12-1 電子を 100V で加速したときの電子の波長を求めよ。

解) 100V で加速された電子の運動エネルギー (E) は 100(eV) である。ここで

$$1(\text{eV}) = 1.602 \times 10^{-19} \, (\text{J})$$

であるので、電子のエネルギーは

$$E = 1.602 \times 10^{-17} \, (\text{J})$$

となる。

つぎに、電子の質量を m とすると、運動量 p は

$$E = \frac{p^2}{2m} \qquad p = \sqrt{2mE}$$

と与えられる。ここで

$$m = 9.109 \times 10^{-31} \text{ (kg)}$$

であり、プランク定数は

$$h = 6.626 \times 10^{-34} \text{ (J·s)}$$

であるから、ド・ブロイ波長は

$$\lambda = \frac{h}{p} = \frac{h}{\sqrt{2mE}} = \frac{6.626 \times 10^{-34}}{\sqrt{2 \times 9.109 \times 10^{-31} \times 1.602 \times 10^{-17}}} \cong 1.226 \times 10^{-10} \text{ (m)}$$

となって、1.2Å 程度である。

　ここで、電子波の波長をより一般的な場合に拡張してみよう。電子を粒子と考えた時の、エネルギー (E) の式は

$$E = \frac{p^2}{2m} + V$$

というかたちをしていた。右辺の第 1 項は運動エネルギーに、第 2 項の V はポテンシャルエネルギーに相当する。ただし、m は電子の質量である。この式を変形すると

第12章 シュレーディンガー方程式

$$p^2 = 2m(E-V) \quad \text{あるいは} \quad p = \pm\sqrt{2m(E-V)}$$

となる。ただし、運動量は正であるから、負の項はないので

$$p = \sqrt{2m(E-V)}$$

となる。

先ほどの電子の波長の式に代入すると、電子波の波長は

$$\lambda = \frac{h}{p} = \frac{h}{\sqrt{2m(E-V)}}$$

となることがわかる。

このように、光量子でえられている波長と運動量の関係を使えば、電子を波と考えた時の波長λを求めることができるのである。もちろん、これは、あくまでも大胆な仮説であって、その正当性が確かめられているわけではない。

また、この式は$E = h\nu$という関係を使えば

$$\lambda = \frac{h}{\sqrt{2m(h\nu - V)}}$$

となる。

以上が電子の波長を求める一般式である。

12.2. 電子波の方程式

前節でえられた関係をもとに、電子波の方程式を考えてみよう。第1章で紹介したように$\exp i\theta$という表現を使うと、波を表現できる。例えば、波長がλの波は、位置をxとすると

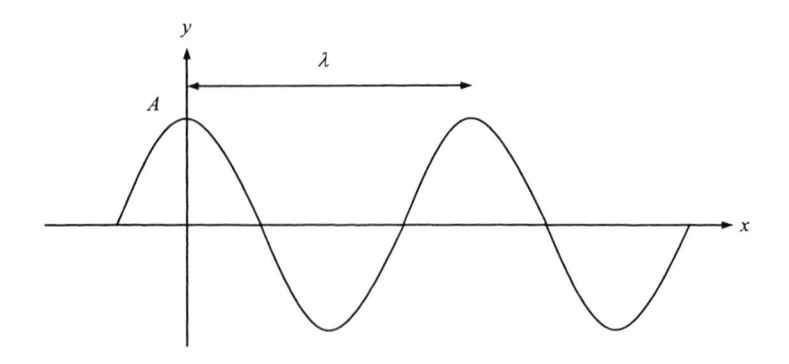

図 12-1　$y = A\cos(2\pi x/\lambda)$ のグラフ。

$$\psi(x) = A\exp\left(i\frac{2\pi}{\lambda}x\right)$$

となる。
　オイラーの公式を使うと

$$\psi(x) = A\exp\left(i\frac{2\pi}{\lambda}x\right) = A\cos\left(\frac{2\pi}{\lambda}x\right) + iA\sin\left(\frac{2\pi}{\lambda}x\right)$$

となるが、この式の実数部は

$$\psi(x) = A\cos\left(\frac{2\pi}{\lambda}x\right)$$

となって、図 12-1 に示した波となる。三角関数の周期は 2π であるが、$x = \lambda$ を代入すると、ちょうどかっこ内が 2π になる。
　この波が、周波数 ν で時間的に振動しているとすると、どうなるであろうか。その場合には、時間項を乗ずればよく

$$\psi(x,t) = A\exp\left(i\frac{2\pi}{\lambda}x\right)\exp(-i2\pi\nu t)$$

第12章　シュレーディンガー方程式

となる。

あるいは、まとめて

$$\psi(x,t) = A \exp i 2\pi \left(\frac{x}{\lambda} - \nu t \right)$$

と書いても良い（補遺6参照）。

以上をもとに、波を表現する微分方程式を考えてみよう。まず$\psi(x,t)$をxに関して2回偏微分してみる。

$$\frac{\partial \psi(x,t)}{\partial x} = \frac{2\pi i}{\lambda} A \exp 2\pi i \left(\frac{x}{\lambda} - \nu t \right)$$

$$\frac{\partial^2 \psi(x,t)}{\partial x^2} = -\left(\frac{2\pi}{\lambda} \right)^2 A \exp 2\pi i \left(\frac{x}{\lambda} - \nu t \right)$$

よって

$$\frac{\partial^2 \psi(x,t)}{\partial x^2} = -\left(\frac{2\pi}{\lambda} \right)^2 \psi(x,t)$$

という偏微分方程式がえられる。ここで、2回偏微分したのはλ^2という係数を取り出すためである。こうすれば、Eが出てくる。

$$\lambda = \frac{h}{\sqrt{2m(E-V)}}$$

を代入すると

$$\frac{\partial^2 \psi(x,t)}{\partial x^2} = -2m \left(\frac{2\pi}{h} \right)^2 (E-V) \psi(x,t)$$

となり、整理すると

$$-\frac{h^2}{8\pi^2 m}\frac{\partial^2 \psi(x,t)}{\partial x^2} + V\psi(x,t) = E\psi(x,t)$$

という偏微分方程式がえられる。

それでは、つぎに$\psi(x,t)$をtに関して偏微分してみよう。すると

$$\frac{\partial \psi(x,t)}{\partial t} = -i2\pi\nu A\exp 2\pi i\left(\frac{x}{\lambda} - \nu t\right)$$

となる。よって

$$\frac{\partial \psi(x,t)}{\partial t} = -i2\pi\nu\psi(x,t)$$

となる。こちらが1回の偏微分で済むのは、エネルギーが

$$E = h\nu$$

という関係にあるため、νを取り出せば、そのままエネルギーに変換できるからである。この式を上式に代入すると

$$\frac{\partial \psi(x,t)}{\partial t} = -i\frac{2\pi}{h}E\psi(x,t)$$

という偏微分方程式ができる。よって

$$E\psi(x,t) = -\frac{h}{2\pi i}\frac{\partial \psi(x,t)}{\partial t} = i\frac{h}{2\pi}\frac{\partial \psi(x,t)}{\partial t}$$

となる。これを先ほどのxに関する偏微分方程式に代入すると

第12章 シュレーディンガー方程式

$$-\frac{h^2}{8\pi^2 m}\frac{\partial^2 \psi(x,t)}{\partial x^2}+V\psi(x,t)=i\frac{h}{2\pi}\frac{\partial \psi(x,t)}{\partial t}$$

という偏微分方程式ができる。このように、エネルギーEを足がかりにして、ひとつの式にまとめることができる。

ただし、ポテンシャルエネルギーは位置と時間の関数であるから

$$-\frac{h^2}{8\pi^2 m}\frac{\partial^2 \psi(x,t)}{\partial x^2}+V(x,t)\psi(x,t)=i\frac{h}{2\pi}\frac{\partial}{\partial t}\psi(x,t)$$

と書ける。

これが電子の運動を記述する方程式で、1次元のシュレーディンガー方程式と呼ばれている。ここで、もし電子の運動が時間とともに変動しない場合、右辺の時間変動項は一定となり

$$-\frac{h^2}{8\pi^2 m}\frac{\partial^2 \psi(x,t)}{\partial x^2}+V(x,t)\psi(x,t)=E\psi(x,t)$$

と書くことができる。これを**時間に依存しないシュレーディンガー方程式** (time independent Schrödinger's equation) と呼んでいる。これは、電子が**定常状態** (stationary state) にあることに対応している。

時間に依存しないのであるから

$$-\frac{h^2}{8\pi^2 m}\frac{\partial^2 \psi(x)}{\partial x^2}+V(x)\psi(x)=E\psi(x)$$

と書くこともできる。これに対し、時間変動を含む方程式を**時間に依存するシュレーディンガー方程式** (time dependent Schrödinger's equation) と呼んでいる。

実際の電子の運動は 3 次元空間であるから、時間に依存するシュレーディンガー方程式を 3 次元に拡張すると

$$-\frac{h^2}{8\pi^2 m}\left(\frac{\partial^2}{\partial x^2}+\frac{\partial^2}{\partial y^2}+\frac{\partial^2}{\partial z^2}\right)\psi(x,y,z,t)+V(x,y,z,t)\psi(x,y,z,t)=i\frac{h}{2\pi}\frac{\partial}{\partial t}\psi(x,y,z,t)$$

となる。
　ここで

$$\Delta=\nabla^2=\frac{\partial^2}{\partial x^2}+\frac{\partial^2}{\partial y^2}+\frac{\partial^2}{\partial z^2}$$

という**演算子** (operator) を**ラプラシアン** (Laplacian) と呼び Δ と表記する。すると、シュレーディンガー方程式は

$$-\frac{h^2}{8\pi^2 m}\Delta\psi(x,y,z,t)+V(x,y,z,t)\psi(x,y,z,t)=i\frac{h}{2\pi}\frac{\partial}{\partial t}\psi(x,y,z,t)$$

と書くことができる。略して

$$-\frac{h^2}{8\pi^2 m}\Delta\psi+V\psi=i\frac{h}{2\pi}\frac{\partial\psi}{\partial t}$$

と書くことも多い。
　あるいは

$$\hbar=\frac{h}{2\pi}$$

という表記を使うと

$$-\frac{\hbar^2}{2m}\Delta\psi+V\psi=i\hbar\frac{\partial\psi}{\partial t}$$

となる。

第 12 章　シュレーディンガー方程式

12.3.　シュレーディンガー方程式の解

　シュレーディンガーは、電子が波の性質を有するという前提をもとに、電子の運動を記述するシュレーディンガー方程式を完成させた。しかし、前節の取り扱いには、何か割り切れなさを感じるひとも居るかもしれない。なぜなら、最初から電子の運動が

$$\psi(x,t) = A \exp i2\pi \left(\frac{x}{\lambda} - \nu t \right)$$

という波を表現する式によって記述できるということを前提にして、単に、この式を偏微分しただけのことだからである。実際に、シュレーディンガー方程式が発表された時に、多くのひとが、その威力を認めたものの、いかにして、この方程式がえられたかという過程に対しては、疑問を抱いたと聞く。困ったことにシュレーディンガーも、どのような思考過程で、波動方程式をえるに至ったかを明らかにしていないのである。
　シュレーディンガー方程式の導出時における疑問点は、位置 x に関しては、2回偏微分しているのに、時間 t に関しては1回しか偏微分していないという点である。これに関しては、すでに説明を加えているが、E を中心に考えれば、ある程度理解できる。まず

$$E = h\nu$$

であるから、エネルギー項である ν を、外に取り出すためには、時間に関しては、1回の偏微分で十分である。これに対し、λ に関してみると

$$\lambda = \frac{h}{\sqrt{2m(E-V)}}$$

という関係にあるので、E と等価の項を取り出すためには、λ^2 の項が必要となる。このため、x に関しては2回の偏微分が必要となるのである。とは

いっても、シュレーディンガー自身も最初から、この式を簡単に導いたわけではない。電子を波と考えたら、どのような微分方程式がえられるかという試行錯誤の中で、生まれたものである。なぜなら、古典論における波動方程式は

$$\frac{\partial^2 \psi(x,t)}{\partial x^2} + \left(\frac{\omega}{u}\right)^2 \psi(x,t) = 0$$

というかたちをしており、虚数など入る余地がないからである。

　しかし、シュレーディンガーの方程式には虚数が入っている。そして、驚くことに、それを使うと電子の運動を簡単に記述することができる。シュレーディンガーも自分で導いた微分方程式が多くの場合に適用できることに正直驚いたらしい。

　それでは、実際にシュレーディンガー方程式を使って電子の運動を解析してみよう。われわれがすべきは、あるポテンシャルの場が与えられた時に、電子（波）はどのような振幅と波長を有するか、また、時間的にどのように振動しているかを決めることである。

　つまり、与えられた条件下で A, λ, ν を求めることが、シュレーディンガー方程式を解くことになる。ところで、電子の波を示す式は

$$\psi(x,t) = A \exp\left(i\frac{2\pi}{\lambda}x\right) \exp(-i2\pi\nu t)$$

と書ける。ところで

$$\omega = 2\pi\nu$$

であるから、振動数のかわりに、角振動数を使うと

$$\psi(x,t) = A \exp\left(i\frac{2\pi}{\lambda}x\right) \exp(-i\omega t)$$

第12章　シュレーディンガー方程式

となる。さらに

$$k = \frac{2\pi}{\lambda}$$

と置くことも多い。このとき、k は周期 2π の中に、どれくらいの波が入っているかという数値になるので、**波数** (wave number) と呼ばれている。また、波数は上式のように定数 (2π) を波長 (λ) で除したものである。ところで、運動量はプランク定数 (h) を波長 (λ) で除したものであった。よって k と p は本質的には同じものなのである。

さて、本論にもどって、k で波の式を表現すると

$$\psi(x,t) = A\exp(ikx)\exp(-i\omega t) = A\exp\{i(kx-\omega t)\}$$

となる。ここで

$$\varphi(x) = A\exp(ikx)$$

と置くと

$$\psi(x,t) = \varphi(x)\exp(-i\omega t)$$

となって、位置だけの関数 $\varphi(x)$ と時間依存項 $\exp(-i\omega t)$ の積となる。これを**変数分離** (separation of variables) と呼んでいる。とはいっても、シュレーディンガー方程式を導く時に、すでに、このような仮定をしている。

12.4. 時間に依存しないシュレーディンガー方程式の解法

それでは、実際にシュレーディンガー方程式を解いてみよう。まず、電子は x 方向にしか運動しないとし、さらに、その運動が時間に依存しない場合を考える。また、ポテンシャルとしては

$$\begin{cases} V(x) = 0 & |x| \leq a \\ V(x) = \infty & |x| > a \end{cases}$$

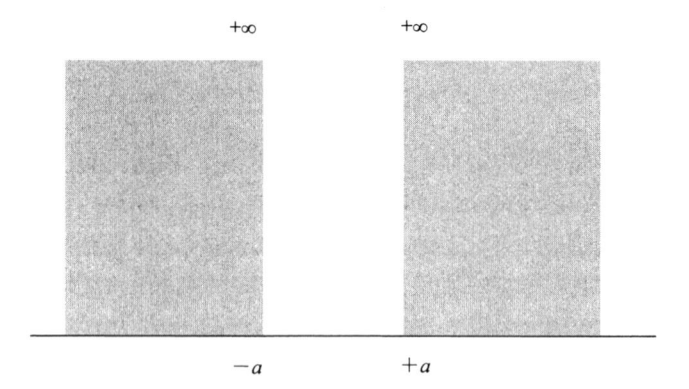

図 12-2 無限の障壁に両端を囲まれた井戸型ポテンシャル。

というものを考える。これは、図示すると図 12-2 のようになり、**1 次元井戸** (one dimensional well) と呼ばれる。つまり、両サイドを無限大の障壁にはさまれているので、電子は、$-a \leq x \leq +a$ の範囲しか運動することができない。このようなポテンシャルは、実際には有りえないが、障壁の高さを無限大としないと、電子の波の性質によって電子が閉じ込められない。また、解法が簡単なので、よく例題として出される。

この場合のシュレーディンガー方程式は $-a \leq x \leq +a$ の範囲だけ考え、この領域では $V(x) = 0$ であるから

$$-\frac{h^2}{8\pi^2 m}\frac{d^2\varphi(x)}{dx^2} = E\varphi(x)$$

となる。移項して

$$\frac{h^2}{8\pi^2 m}\frac{d^2\varphi(x)}{dx^2} + E\varphi(x) = 0$$

これは定係数の2階線形微分方程式であり、よく知られたように

第12章 シュレーディンガー方程式

$$\varphi(x) = \exp(\lambda x)$$

というかたちの解を有する。これを微分方程式に代入すると

$$\frac{h^2}{8\pi^2 m}\lambda^2 + E = 0$$

という特性方程式がえられ、結局 λ としては

$$\lambda = \pm\sqrt{-\frac{8\pi^2 mE}{h^2}} = \pm\frac{2\pi i}{h}\sqrt{2mE}$$

となる。よって一般解としては

$$\varphi(x) = A\exp\left(\frac{2\pi i}{h}\sqrt{2mE}\,x\right) + B\exp\left(-\frac{2\pi i}{h}\sqrt{2mE}\,x\right)$$

となる。ここで、A および B は任意定数である。よって、この解は無数にあることになる。このままでは煩雑であるので

$$\theta = \frac{2\pi}{h}\sqrt{2mE} = \frac{\sqrt{2mE}}{\hbar}$$

と置くと

$$\varphi(x) = A\exp(i\theta x) + B\exp(-i\theta x)$$

と簡単になる。

　いま、考えているポテンシャルでは、つぎの**境界条件** (boundary conditions)

$$\varphi(+a) = 0, \quad \varphi(-a) = 0$$

を満足する必要がある。よって

$$\varphi(a) = A\exp(i\theta a) + B\exp(-i\theta a) = 0$$
$$\varphi(-a) = A\exp(-i\theta a) + B\exp(i\theta a) = 0$$

という連立方程式ができる。

この連立方程式を行列を使って表記すると

$$\begin{pmatrix} \exp(i\theta a) & \exp(-i\theta a) \\ \exp(-i\theta a) & \exp(i\theta a) \end{pmatrix} \begin{pmatrix} A \\ B \end{pmatrix} = \begin{pmatrix} 0 \\ 0 \end{pmatrix}$$

となるが、この方程式が $A = B = 0$ 以外の自明でない解を持つためには、線形代数で習ったように係数行列式が

$$\begin{vmatrix} \exp(i\theta a) & \exp(-i\theta a) \\ \exp(-i\theta a) & \exp(i\theta a) \end{vmatrix} = 0$$

とならなければならない。よって

$$\exp(i2\theta a) - \exp(-i2\theta a) = 0$$

オイラーの公式を使って整理すると

$$\cos(2\theta a) + i\sin(2\theta a) - [\cos(2\theta a) - i\sin(2\theta a)] = 2i\sin(2\theta a) = 0$$

となる。この条件を満足するのは

$$2\theta a = n\pi \quad (n = 1, 2, 3...)$$

となる。ここで

第 12 章　シュレーディンガー方程式

$$\theta = \frac{2\pi}{h}\sqrt{2mE}$$

であったから

$$\frac{4\pi}{h}\sqrt{2mE}\,a = n\pi \quad (n=1,2,3...)$$

これを E について解くと

$$E = \frac{n^2 h^2}{32 m a^2} \quad (n=1,2,3...)$$

となる。つまり、電子のエネルギーは飛び飛びの値になる。
　そして一般解は

$$\varphi(x) = A\exp\left(i\frac{n\pi}{2a}x\right) + B\exp\left(-i\frac{n\pi}{2a}x\right)$$

となる。ただし $\varphi(a)=0$ であるから

$$\begin{aligned}
\varphi(a) &= A\exp\left(i\frac{n\pi}{2a}a\right) + B\exp\left(-i\frac{n\pi}{2a}a\right) = A\exp\left(i\frac{n\pi}{2}\right) + B\exp\left(-i\frac{n\pi}{2}\right) \\
&= A\left\{\cos\left(\frac{n\pi}{2}\right) + i\sin\left(\frac{n\pi}{2}\right)\right\} + B\left\{\cos\left(\frac{n\pi}{2}\right) - i\sin\left(\frac{n\pi}{2}\right)\right\} \\
&= (A+B)\cos\left(\frac{n\pi}{2}\right) + i(A-B)\sin\left(\frac{n\pi}{2}\right) = 0
\end{aligned}$$

となる。ここで n が偶数のときは $\sin(n\pi/2)=0$ であるから

$$A+B=0 \quad B=-A$$

n が奇数のときは $\cos(n\pi/2)=0$ であるから

$$A - B = 0 \quad B = A$$

となる。

結局、一般解としては

$$\varphi(x) = A\exp\left(i\frac{n\pi}{2a}x\right) + A\exp\left(-i\frac{n\pi}{2a}x\right) \quad (n = 1, 3, 5...)$$

$$\varphi(x) = A\exp\left(i\frac{n\pi}{2a}x\right) - A\exp\left(-i\frac{n\pi}{2a}x\right) \quad (n = 2, 4, 6...)$$

となる。

オイラーの公式を使って変形すると

$$\varphi(x) = A\exp\left(i\frac{n\pi}{2a}x\right) + A\exp\left(-i\frac{n\pi}{2a}x\right) = 2A\cos\left(n\frac{\pi}{2a}x\right) \quad (n = 1, 3, 5...)$$

$$\varphi(x) = A\exp\left(i\frac{n\pi}{2a}x\right) - A\exp\left(-i\frac{n\pi}{2a}x\right) = i2A\sin\left(n\frac{\pi}{2a}x\right) \quad (n = 2, 4, 6...)$$

が一般解となる。このようにしてえられた関数を**波動関数** (wave function) と呼んでいる。

ところで、ここで求めた

$$\varphi_n(x) = 2A\cos\left(n\frac{\pi}{2a}x\right) \quad (n = 1, 3, 5...)$$

は何を意味しているのであろうか。

$n = 1, 3, 5$ に対して、この解をプロットしたものを図12-3に示す。これは、弦の振動になぞらえれば、ちょうど固有振動、つまり、長さ $2a$ の弦に許される振動モードに対応している。よって、無限井戸に閉じ込められた電子は、図に示したような振動を繰り返す波と考えられるのである。

ここで、原子内の電子軌道を思い出してほしい。ボーアが発見したよう

第12章 シュレーディンガー方程式

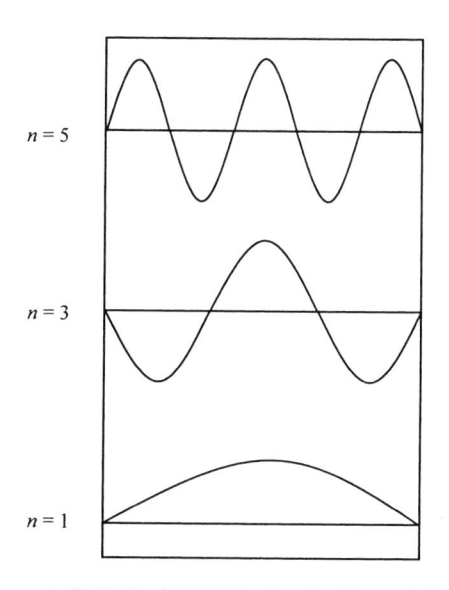

図 12-3 無限井戸の中の電子波のかたち。

に、電子のエネルギーはとびとびの値しかとることができない。これをボーアは、角運動量の量子化によって説明したが、後に、ド・ブロイによって提唱された電子波という考えを導入すると、その波長の整数倍の軌道しか許されないために飛び飛びの値しかとれないということが説明できた。

　シュレーディンガー方程式を解いてえられた解は、まさに、電子の波動性を反映しているのである。もちろん、もともと、電子が波であるという仮定をもとに導入されたのがシュレーディンガー方程式であるから、当然の結果といえないこともない。

演習 12-2 シュレーディンガー方程式を解いてえられる虚数解の実数部が、もとの微分方程式を満足することを確かめよ。

解） えられる虚数解は

$$\varphi(x) = i2A\sin\left(n\frac{\pi}{2a}x\right) \quad (n=2,4,6...)$$

であった。この実数部は

$$2A\sin\left(n\frac{\pi}{2a}x\right)$$

である。元の微分方程式は

$$\frac{h^2}{8\pi^2 m}\frac{d^2\varphi(x)}{dx^2} + E\varphi(x) = 0$$

である。ここで

$$\frac{d\varphi(x)}{dx} = 2A\frac{n\pi}{2a}\cos\left(n\frac{\pi}{2a}x\right) \qquad \frac{d^2\varphi(x)}{dx^2} = -2A\left(\frac{n\pi}{2a}\right)^2\sin\left(n\frac{\pi}{2a}x\right)$$

となる。これをもとの方程式に代入すると

$$-\frac{h^2}{8\pi^2 m}2A\left(\frac{n\pi}{2a}\right)^2\sin\left(n\frac{\pi}{2a}x\right) + 2AE\sin\left(n\frac{\pi}{2a}x\right) = 0$$

$$\left\{E - \frac{h^2}{8\pi^2 m}\left(\frac{n\pi}{2a}\right)^2\right\}\sin\left(n\frac{\pi}{2a}x\right) = 0$$

$$\left\{E - \frac{n^2 h^2}{32ma^2}\right\}\sin\left(n\frac{\pi}{2a}x\right) = 0$$

ところで

$$E = \frac{n^2 h^2}{32ma^2}$$

であったから、方程式を満足することが確認できる。

第 12 章　シュレーディンガー方程式

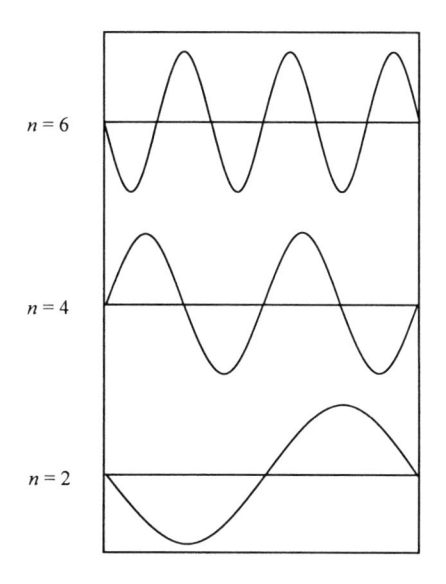

$n = 6$

$n = 4$

$n = 2$

図 12-4　無限井戸の中の電子波のかたち。

　以上のように虚数解がえられた場合には、その実数部が表記の微分方程式を満足する。そして、この虚数解に相当する電子の運動は、図 12-4 に示したものとなる。

12.5.　波動関数の規格化

　前節でえられた解としての波動関数をみると、まだ任意定数の A が入っている。このままでは振幅が任意である。よって、この定数を決めないかぎり本当の意味で解をえたことにはならない。
　ここで、波動関数の**規格化** (normalization) が行われる。規格化とは、波動関数の大きさの 2 乗を全空間にわたって積分すると 1 になるというものである。つまり

$$\int_{-\infty}^{+\infty} |\varphi(x)|^2 dx = 1$$

245

がその条件となる。

これを、いまの無限井戸ポテンシャルの波動関数に適用すると

$$\int_{-\infty}^{+\infty}\left|2A\cos\left(n\frac{\pi}{2a}x\right)\right|^2 dx = \int_{-a}^{+a}\left|2A\cos\left(n\frac{\pi}{2a}x\right)\right|^2 dx = 1$$

となる。よって

$$4A^2 \int_{-a}^{+a} \cos^2\left(n\frac{\pi}{2a}x\right) dx = 1$$

となる。ここで

$$\int_{-a}^{+a} \cos^2\left(n\frac{\pi}{2a}x\right) dx = \frac{1}{2}\int_{-a}^{+a}\left\{1+\cos\left(n\frac{\pi}{a}x\right)\right\} dx = \frac{1}{2}\left[x + \frac{a}{n\pi}\sin\left(n\frac{\pi}{a}x\right)\right]_{-a}^{+a} = a$$

であるから

$$A^2 = \frac{1}{4a} \quad \text{より} \quad A = \pm\frac{1}{2\sqrt{a}}$$

となる。ここで、A は振幅であるから正の値を採用すると、結局、求める波動関数は

$$\varphi_n(x) = \frac{1}{\sqrt{a}}\cos\left(n\frac{\pi}{2a}x\right) \quad (n = 1, 3, 5...)$$

となる。これが規格化された波動関数である。

いまの場合は n が奇数の場合であるが、n が偶数の場合もまったく同様に

$$\varphi_n(x) = \frac{1}{\sqrt{a}}\sin\left(n\frac{\pi}{2a}x\right) \quad (n = 2, 4, 6...)$$

第 12 章　シュレーディンガー方程式

という規格化された波動関数が与えられる。

　以上の取り扱いによって、電子の運動を表現する関数が確定したことになる。しかし、いま行った規格化にはどのような意味があるのであろうか。実は、この操作は、行列力学において、状態ベクトル（固有ベクトル）の大きさを 1 に規格化したのと同じ操作に相当する。

　ここで、規格化に関しては、ボルンの確率解釈を少し説明しておこう。シュレーディンガーが、電子は波であるという前提をもとに構築した波動方程式は、ボーア、ハイゼンベルク、ボルンなどを代表とする量子力学の研究者に大きな衝撃を与えた。

　それは、行列力学では計算が複雑でやっかいな問題が、波動方程式を使うと、いとも簡単に解けてしまったからである。行列力学では、すべての物理量は行列で与えられる。しかし、その成分は遷移成分であって、原子内の、ある電子軌道から別の電子軌道に電子が遷移することに対応している。しかも、物理量に対応した行列は無限行無限列の行列であるので、取り扱いが大変である。

　このため、本節で扱っているような、電子が原子内ではなく、別のポテンシャル場にある時の問題を取り扱うことができない。シュレーディンガー方程式では、適当なポテンシャルさえ与えれば、電子がどのような場所にいても、その運動を記述することができるのである。

　さらに、行列力学よりもシュレーディンガー方程式が支持された理由は、当時の物理学者には線形代数はなじみがない一方で、微分方程式の取り扱いは一般的であったからである。とはいえ、シュレーディンガー方程式を解いてえられる波動関数の意味については不明な点もあった。

　まず、波動関数は電子の運動状態を記述するとしても、その振幅はどのような意味を持っているのであろうか。これが謎であったのである。これに対し、ボルンは確率解釈を与えた。

　われわれが扱っているのは電子 1 個に対応した波である。電子を波と主張しても、電子 1 個を感知できるのも事実である。そこでボルンは、波動関数は、電子が波として存在するのではなく、その絶対値の 2 乗の

$$|\varphi(x)|^2$$

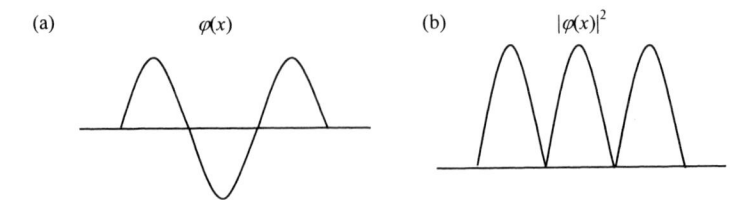

図 12-5　(a) シュレーディンガーは波動関数そのものが電子のかたちを示すと考えていた。(b) これに対し、ボルンは、その絶対値の 2 乗が電子の存在確率を示すと提唱した。

は、電子が x という場所に存在する確率を与えると提唱したのである（図 12-5 参照）。したがって

$$\int_{-\infty}^{+\infty} |\varphi(x)|^2 dx = 1$$

という規格化条件は、全空間にわたって電子の存在確率を足し合わせると 1 になるということを示しているのである。ここで、複素変数の関数の場合

$$|\varphi(x)|^2 = \varphi^*(x)\varphi(x)$$

という関係にある。よって、規格化条件は

$$\int_{-\infty}^{+\infty} |\varphi(x)|^2 dx = \int_{-\infty}^{+\infty} \varphi^*(x)\varphi(x)dx = 1$$

と書くこともできる。

　実は、関数とベクトルには密接な関係があり、関数の内積は積分を利用して

$$\langle \varphi | \varphi \rangle = \int_{-\infty}^{+\infty} \varphi^*(z)\varphi(z)dz$$

と与えられる。つまり、波動関数の規格化はベクトルという観点からは、その内積が 1 になるようにしたことになる。

第12章　シュレーディンガー方程式

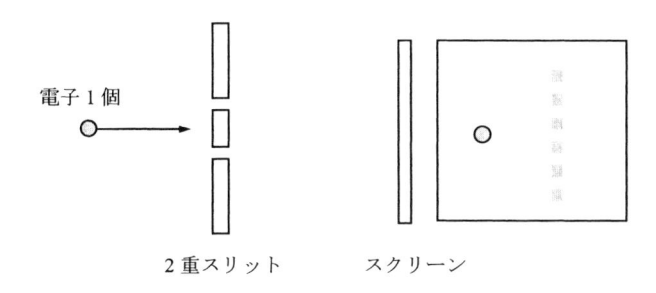

図 12-6　1 個の電子を 2 重スリットを通したら干渉は起こるのだろうか。

ただし、ボルンの確率解釈が簡単に万人の同意をえたわけではなかった。例えば、シュレーディンガーは波動関数は、電子の振動状態そのものを表現すると譲らなかった。彼は、電子を波とみなしてシュレーディンガー方程式を導出したのであるから当然である。しかし、1 個の電子が大きく広がった波のように振動しているという状態は考えにくい。何しろ、電子は 1 個の粒子として、すでに検出されていたからである。例えば、シュレーディンガーは、1 個の電子を 2 つのスリットに通しても、電子波の干渉が生じると提唱した。

しかし、シュレーディンガーの電子が広がって波のような運動をするという考えは、当時の常識からして受け入れがたいことであった。やがて、次第にボルンの解釈が支持されるようになっていった。

さて、確率解釈が議論となった時代には、電子を 1 個 1 個とらえるという実験ができなかったため、結論は下せなかった。最近では実験で確かめることができるようになっている[1]。結論からいうと、1 個の電子を 2 重スリットを通しても、1 個の点しかスクリーンには現れない。つまり、電子は粒子であり、波ではないのである。しかし、スリットを通す電子の数を増やしていくと、スクリーン上に多数の電子が残す軌跡は、やがて波の干渉縞のような模様を描くようになる。つまり、スリットを通った電子はスクリーンに衝突した時は 1 個の粒子となるが、その多数の電子の運動の軌跡をみると、統計的に波動性が現れるということである。この実験結果は、

---

[1] 外村彰氏が実験を行っている。

ボルンの確率解釈を指示しているものと考えられる。ただし、ボルンの確率解釈に対しては、多くのひとが疑問を呈していることも書き添えておきたい。

第13章　波動関数と状態ベクトル

　線形代数では、関数とベクトルは本質的には同じものであることを習う。実は、この対応は量子力学においては重要となる。行列力学における状態ベクトルと波動力学における波動関数が対応関係にあるからである。そこで、本章では、波動関数と行列力学における状態ベクトルとの対応関係を確かめてみよう。

13.1.　波動関数の解空間

　前章で、$-a \leq x \leq a$ の1次元の無限井戸に閉じ込められた電子の波動関数は

$$\varphi_n(x) = \frac{1}{\sqrt{a}} \cos\left(n\frac{\pi}{2a}x\right) \quad (n = 1, 3, 5...)$$

$$\varphi_n(x) = \frac{1}{\sqrt{a}} \sin\left(n\frac{\pi}{2a}x\right) \quad (n = 2, 4, 6...)$$

と与えられることを示した。
　これら解を並べて書くと

$$\varphi_1(x) = \frac{1}{\sqrt{a}} \cos\left(\frac{\pi}{2a}x\right) \quad \varphi_2(x) = \frac{1}{\sqrt{a}} \sin\left(\frac{\pi}{a}x\right) \quad \varphi_3(x) = \frac{1}{\sqrt{a}} \cos\left(\frac{3\pi}{2a}x\right)$$

$$\varphi_4(x) = \frac{1}{\sqrt{a}} \sin\left(\frac{2\pi}{a}x\right) \quad \varphi_5(x) = \frac{1}{\sqrt{a}} \cos\left(\frac{5\pi}{2a}x\right) \quad \varphi_6(x) = \frac{1}{\sqrt{a}} \sin\left(\frac{3\pi}{a}x\right)$$

と続いていき、解は無数に存在することになる。このように解が無数に存在することはシュレーディンガー方程式の特徴であり、行列力学で、物理量に対応した行列の成分が無数にあることと関係している。

ところで、これら関数の間には

$$\int_{-a}^{a} \varphi_n(x)\varphi_m(x)dx = 0 \quad (n \neq m)$$
$$\int_{-a}^{a} \varphi_n(x)\varphi_n(x)dx = 1 \quad (n = m)$$

という関係が成立している。これら演算は、関数の内積に相当し

$$\int_{-a}^{a} \varphi_n(x)\varphi_m(x)dx = \langle \varphi_n | \varphi_m \rangle$$

と書くことができる。

いまの解の集合は、自分自身以外の関数との内積は 0 になり、**直交関数系** (orthogonal functions system) と呼んでいる。さらに、自身の内積が 1 と規格化されているので、**正規直交系** (orthonormal system) となる。これは、行列力学において、状態ベクトルを正規直交化したのと同じ操作に相当する。クロネッカーデルタを使うと

$$\langle \varphi_n | \varphi_m \rangle = \delta_{nm}$$

となる。

このように、内積を通してみると、シュレーディンガー方程式を解いてえられる波動関数と、行列力学の状態ベクトルがよく似たものであることがわかる。さらに、それぞれの波動関数には、決まったエネルギー

$$E_n = \frac{n^2 h^2}{32ma^2}$$

が対応している。これを固有エネルギーあるいはエネルギー固有値と呼んでいる。例えば

$$\varphi_1(x) = \frac{1}{\sqrt{a}} \cos\left(\frac{\pi}{2a} x\right) \quad \text{には} \quad E_1 = \frac{h^2}{32ma^2} \quad \text{という固有エネルギー}$$

$$\varphi_2(x) = \frac{1}{\sqrt{a}} \sin\left(\frac{\pi}{a} x\right) \quad \text{には} \quad E_2 = \frac{2^2 h^2}{32ma^2} = \frac{h^2}{8ma^2} \quad \text{という固有エネルギー}$$

が対応する。これは、行列力学においては、状態ベクトル（固有ベクトル）にエネルギー固有値が対応するのと、よく似ている。これらを**固有関数** (eigen function) と**固有値** (eigen value)と呼んでいる。

ところで、いまわれわれが解法した微分方程式は

$$\frac{h^2}{8\pi^2 m} \frac{d^2 \varphi(x)}{dx^2} + E\varphi(x) = 0$$

というかたちをしていた。これを少し変形してみよう。

$$-\frac{h^2}{8\pi^2 m} \frac{d^2 \varphi(x)}{dx^2} = E\varphi(x)$$

かなり意図的ではあるが、さらに

$$\frac{1}{2m}\left(\frac{h}{2\pi i}\right)^2 \frac{d^2 \varphi(x)}{dx^2} = E\varphi(x)$$

と変形する。ここで

$$p = \frac{h}{2\pi i} \frac{d}{dx}$$

という操作を考える。係数を無視すれば、これは微分に対応しており、一

種の**微分演算子** (differential operator) となる。この表記を使うと、微分方程式は

$$\frac{p^2}{2m}\varphi(x) = E\varphi(x)$$

と書くことができる。この場合、$p^2/2m$ という操作をまとめて、ひとつの演算子とみなすことも可能である。この演算子は 2 階微分に対応している。

　この表式と、行列とベクトルとの関係を対比してみよう。行列の固有値の場合には

$$\tilde{A}\vec{u} = \lambda\vec{u}$$

という関係にある。あるベクトル $\vec{u}$ に行列 $\tilde{A}$ を作用したとき、その結果が、このベクトルの定数倍になるとき、このベクトルを固有ベクトル、また λ を固有値と呼ぶのであった。

　シュレーディンガー方程式の場合は、ある関数に $p^2/2m$ という演算子を作用したとき、その結果が、ある関数の定数倍になるという関係にある。すると、ベクトルを関数、また行列を演算と対応させれば、行列力学と波動力学は 1 対 1 に対応することになる。

　ここで、解空間について少し考えてみる。線形微分方程式においては、基本解の線形結合も、すべて微分方程式の解になることが知られている。よって、一般解は

$$f(x) = a_1\varphi_1(x) + a_2\varphi_2(x) + ... + a_n\varphi_n(x) + ...$$

となり、この関数も微分方程式の解である。それでは、この解の係数は、どのようにして与えられるのであろうか。今の場合は

$$\int_{-a}^{a}\varphi_n(x)f(x)dx = \langle\varphi_n|f\rangle$$

という内積をとればよいのである。例えば、$\varphi_1(x)$ との内積をとってみよう。

第13章 波動関数と状態ベクトル

すると

$$\langle \varphi_1 | f \rangle = a_1 \langle \varphi_1 | \varphi_1 \rangle + a_2 \langle \varphi_1 | \varphi_2 \rangle + \ldots + a_n \langle \varphi_1 | \varphi_n \rangle + \ldots$$

となる。ところで、これら関数は正規直交系であるから、自分自身との内積は1で、それ以外はすべて0となる。よって

$$\langle \varphi_1 | f \rangle = a_1 \langle \varphi_1 | \varphi_1 \rangle = a_1$$

となり、最初の係数が与えられる。同様にして、一般の係数は

$$\langle \varphi_n | f \rangle = a_n \langle \varphi_n | \varphi_n \rangle = a_n$$

と与えられる。このような操作が可能となるのは、これら関数が互いに直交しているからである。

ところで、いまの場合には、正規直交関数系が基本解を形成していたが、一般の場合には、直交化されていない場合もある。そのときは

$$\langle \varphi_1 | f \rangle = a_1 \langle \varphi_1 | \varphi_1 \rangle + a_2 \langle \varphi_1 | \varphi_2 \rangle + \ldots + a_n \langle \varphi_1 | \varphi_n \rangle + \ldots$$
$$\langle \varphi_2 | f \rangle = a_1 \langle \varphi_2 | \varphi_1 \rangle + a_2 \langle \varphi_2 | \varphi_2 \rangle + \ldots + a_n \langle \varphi_2 | \varphi_n \rangle + \ldots$$
$$\langle \varphi_3 | f \rangle = a_1 \langle \varphi_3 | \varphi_1 \rangle + a_2 \langle \varphi_3 | \varphi_2 \rangle + \ldots + a_n \langle \varphi_3 | \varphi_n \rangle + \ldots$$
$$\ldots\ldots$$
$$\langle \varphi_n | f \rangle = a_1 \langle \varphi_n | \varphi_1 \rangle + a_2 \langle \varphi_n | \varphi_2 \rangle + \ldots + a_n \langle \varphi_n | \varphi_n \rangle + \ldots$$
$$\ldots\ldots$$

という一群の連立方程式となる。ところで、この連立方程式の最初の式は

$$\langle \varphi_1 | f \rangle = a_1 \langle \varphi_1 | \varphi_1 \rangle + \ldots + a_n \langle \varphi_1 | \varphi_n \rangle + \ldots = \left(\langle \varphi_1 | \varphi_1 \rangle \ \langle \varphi_1 | \varphi_2 \rangle \ \ldots \ \langle \varphi_1 | \varphi_n \rangle \ \cdots \right) \begin{pmatrix} a_1 \\ \vdots \\ a_n \\ \vdots \end{pmatrix}$$

のように、内積を成分とする行ベクトルと、係数を成分とする列ベクトルの内積として書くこともできる。この方式を使えば、連立方程式は

$$\begin{pmatrix} \langle \varphi_1|f \rangle \\ \langle \varphi_2|f \rangle \\ \vdots \\ \langle \varphi_n|f \rangle \\ \vdots \end{pmatrix} = \begin{pmatrix} \langle \varphi_1|\varphi_1 \rangle & \langle \varphi_1|\varphi_2 \rangle & \cdots & \langle \varphi_1|\varphi_n \rangle & \cdots \\ \langle \varphi_2|\varphi_1 \rangle & \langle \varphi_2|\varphi_2 \rangle & \cdots & \langle \varphi_2|\varphi_n \rangle & \cdots \\ \vdots & \vdots & \ddots & \vdots & \\ \langle \varphi_n|\varphi_1 \rangle & \langle \varphi_n|\varphi_2 \rangle & & \langle \varphi_n|\varphi_n \rangle & \cdots \\ \vdots & \vdots & & \vdots & \ddots \end{pmatrix} \begin{pmatrix} a_1 \\ a_2 \\ \vdots \\ a_n \\ \vdots \end{pmatrix}$$

という行列とベクトルの積として表現することができる。

これは、まさに行列とベクトルである。このとき、行列の(n, m)成分は

$$A_{nm} = \langle \varphi_n | \varphi_m \rangle$$

という関数の内積で与えられることになる。正規直交関数系では

$$\begin{pmatrix} \langle \varphi_1|f \rangle \\ \langle \varphi_2|f \rangle \\ \vdots \\ \langle \varphi_n|f \rangle \\ \vdots \end{pmatrix} = \begin{pmatrix} 1 & 0 & \cdots & 0 & \cdots \\ 0 & 1 & \cdots & 0 & \cdots \\ \vdots & \vdots & \ddots & \vdots & \\ 0 & 0 & & 1 & \cdots \\ \vdots & \vdots & & \vdots & \ddots \end{pmatrix} \begin{pmatrix} a_1 \\ a_2 \\ \vdots \\ a_n \\ \vdots \end{pmatrix}$$

ということになる。

ここで、いまの行列とベクトルの演算において、係数を成分とするベクトルについて考えてみよう。ベクトルの成分である係数は、シュレーディンガー方程式の解の中に、$\varphi_n(x)$の成分がどの程度含まれているかを示す指標であり、いわば電子の状態を指定する役割をはたすことになる。つまり、状態ベクトルに対応すると考えられる。

このように見ると、シュレーディンガー方程式の解は、行列とベクトルによって表現できることになる。ただし、注意する点がある。それは、今回求めた行列は、ハイゼンベルクの行列力学における行列とは完全に一致

しているわけではないという事実である。それを次節で見てみよう。

13.2. 行列力学との対応

シュレーディンガー方程式の一般解は、成分を明記すると

$$\varphi(x) = \frac{a_1}{\sqrt{a}}\cos\left(\frac{\pi}{2a}x\right) + \frac{a_2}{\sqrt{a}}\sin\left(\frac{2\pi}{2a}x\right) + \frac{a_3}{\sqrt{a}}\cos\left(\frac{3\pi}{2a}x\right) + \frac{a_4}{\sqrt{a}}\sin\left(\frac{4\pi}{2a}x\right) + \ldots$$

というかたちになる。

これは、フーリエ級数そのものである。ハイゼンベルクは、フーリエ級数は古典力学でのみ適用できるものであり、量子力学には使えないとして、量子暗号を提唱した。しかし、シュレーディンガー方程式を解くと、その一般解はフーリエ級数になっている。

ここで、再確認の必要な点がある。まず、ハイゼンベルクの式は時間の関数であるのに対し、いまわれわれが取り扱っているシュレーディンガー方程式の解は、位置の関数になっているという点である。実は、波の一般式は

$$\psi(x,t) = A\exp(ikx - i\omega t) = A\exp(ikx)\exp(-i\omega t)$$

で与えられるが、時間に依存しないシュレーディンガー方程式を解いてえられるのは

$$\psi(x,t) = \varphi(x)\phi(t)$$

と変数分離したときの、位置に関する関数部分

$$\varphi(x) = A\exp(ikx)$$

である。よって、シュレーディンガー方程式の解から行列がえられるという説明をしたが、それは、時間変化しない場合の定常的な波の位置に関す

る情報に関する行列であり、ハイゼンベルクの行列とは1対1に対応しないことに注意する必要がある。

それでは、ハイゼンベルクの行列成分の時間項はどうなるのであろうか。時間依存項は、電子がある軌道から別の軌道へ遷移するときに、その軌道間のエネルギー差に相当するエネルギーを電磁波として放出（あるいは吸収）するというものであった。ここでは、無限井戸型ポテンシャルを考えているが、そこで許されるエネルギー準位を考えればよいことになる。いまの場合、量子数に対応して

$$E_1 = \frac{h^2}{32ma^2} \quad E_2 = \frac{2^2 h^2}{32ma^2} = \frac{h^2}{8ma^2} \quad E_3 = \frac{3^2 h^2}{32ma^2} \quad \cdots \quad E_n = \frac{n^2 h^2}{32ma^2} \cdots$$

というエネルギー固有値がえられる。あるいは一般式として

$$E_n = \frac{n^2 \pi^2 \hbar^2}{8ma^2}$$

が n 番目の軌道のエネルギーとなる。

ボーアの振動数関係より

$$\omega_{nk} = \frac{E_k - E_n}{\hbar} = \frac{k^2 \pi^2 \hbar}{8ma^2} - \frac{n^2 \pi^2 \hbar}{8ma^2} = (k^2 - n^2) \frac{\pi^2 \hbar}{8ma^2}$$

であるので

$$\omega_{12} = 3\frac{\pi^2 \hbar}{8ma^2} \quad \omega_{13} = 8\frac{\pi^2 \hbar}{8ma^2} \quad \omega_{14} = 15\frac{\pi^2 \hbar}{8ma^2} \cdots$$

$$\omega_{23} = 5\frac{\pi^2 \hbar}{8ma^2} \quad \omega_{24} = 12\frac{\pi^2 \hbar}{8ma^2} \quad \omega_{25} = 21\frac{\pi^2 \hbar}{8ma^2} \cdots$$

$$\cdots$$

が、遷移の角振動数となる。

よって、(1, 2) 成分の時間項は

$$\exp(i\omega_{12}t) = \exp\left(i\frac{3\pi^2\hbar}{8ma^2}t\right)$$

となる。以下同様にして、時間成分をえることができる。ここで

$$\omega = \frac{\pi^2\hbar}{8ma^2}$$

と置きなおすと、時間依存項からなる行列は

$$\begin{pmatrix} 1 & \exp(i3\omega_{12}t) & \exp(i8\omega_{13}t) & \exp(i15\omega_{14}t) & \cdots \\ \exp(-i3\omega_{12}t) & 1 & \exp(i5\omega_{23}t) & \exp(i12\omega_{24}t) & \cdots \\ \exp(-i8\omega_{13}t) & \exp(-i5\omega_{23}t) & 1 & \exp(i7\omega_{34}t) & \cdots \\ \exp(-i15\omega_{14}t) & \exp(-i12\omega_{24}t) & \exp(-i7\omega_{34}t) & 1 & \\ \vdots & \vdots & \vdots & & \ddots \end{pmatrix}$$

となる。これは確かにエルミート行列となっている。

とはいっても、無限井戸ポテンシャルの中の電子の運動を行列力学で解析するのは簡単ではない。

そこで、行列力学と波動力学の対応をとるために、行列力学を適用して成功した調和振動子について解析してみよう。

第 14 章　調和振動子

　本章では、行列力学を適用することで、その解析に大きな成功を収めた調和振動子（単振動）についてシュレーディンガー方程式を用いて解法してみよう。
　そのうえで、えられた解と、行列力学における解析結果とを比較することで、より具体的に行列力学と波動力学の比較を行ってみる。

14.1. 調和振動子のシュレーディンガー方程式

単振動は

$$-\frac{h^2}{8\pi^2 m}\frac{d^2\varphi(x)}{dx^2}+V(x)\varphi(x)=E\varphi(x)$$

というシュレーディンガー方程式において、ポテンシャルを

$$V(x)=\frac{1}{2}kx^2$$

と置いたものとなる。
　つまり、図 14-1 のようなかたちをしたポテンシャルの中での電子の運動を調べることになる。
　よって、シュレーディンガー方程式は

$$-\frac{h^2}{8\pi^2 m}\frac{d^2\varphi(x)}{dx^2}+\frac{kx^2}{2}\varphi(x)=E\varphi(x)$$

第 14 章　調和振動子

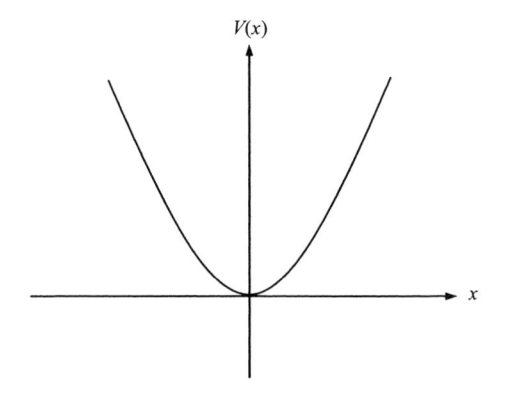

図 14-1　単振動している電子（調和振動子）が感じるポテンシャル。

となる。ここで、単振動の角周波数を ω とすると

$$\omega = \sqrt{\frac{k}{m}}$$

という関係にあるから

$$-\frac{h^2}{8\pi^2 m}\frac{d^2\varphi(x)}{dx^2} + \frac{m\omega^2 x^2}{2}\varphi(x) = E\varphi(x)$$

となる。変形すると

$$\frac{d^2\varphi(x)}{dx^2} - \frac{4\pi^2 m^2 \omega^2}{h^2}x^2\varphi(x) = -\frac{8\pi^2 mE}{h^2}\varphi(x)$$

さらに工夫して

$$\frac{h}{2\pi m\omega}\frac{d^2\varphi(x)}{dx^2} - \frac{2\pi m\omega}{h}x^2\varphi(x) = -\frac{4\pi E}{h\omega}\varphi(x)$$

と変形する。

ここで、つぎのような変数変換を行う。

$$\xi = \sqrt{\frac{2\pi m\omega}{h}}x$$

すると

$$\frac{d^2\varphi(x)}{dx^2} = \frac{2\pi m\omega}{h}\frac{d^2\varphi(\xi)}{d\xi^2} \qquad \xi^2 = \frac{2\pi m\omega}{h}x^2$$

となるから、表記の微分方程式は

$$\frac{d^2\varphi(\xi)}{d\xi^2} - \xi^2\varphi(\xi) = -\frac{4\pi E}{h\omega}\varphi(\xi)$$

と簡単になる。さらに

$$\varepsilon = \frac{4\pi E}{h\omega} \quad \left(=\frac{2E}{\hbar\omega}=\frac{2E}{h\nu}\right)$$

と置きなおす[1]と

$$\frac{d^2\varphi(\xi)}{d\xi^2} - \xi^2\varphi(\xi) = -\varepsilon\varphi(\xi)$$

$$\frac{d^2\varphi(\xi)}{d\xi^2} + (\varepsilon - \xi^2)\varphi(\xi) = 0$$

という簡単なかたちをした微分方程式がえられる。

これは、2階の線形微分方程式である。ただし、このかたちのままでは、簡単に解法することはできず、さらに工夫が必要となる。一般的には、フ

---

[1] これは、エネルギーをエネルギー量子 $h\nu$ で規格化して無次元化したものとみなすことができる。

第14章　調和振動子

ロベニウス法によって級数解を求めるが、それを、このまま行うと大変煩雑になる。そこで、ここでは

$$\varphi(\xi) = f(\xi)\exp\left(-\frac{\xi^2}{2}\right)$$

というかたちの解を仮定する。$\exp(-\xi^2/2)$ の項は、図 14-1 のかたちをしたポテンシャル場では、原点からの距離が増えると、電子の存在確率が急激に低下するということに対応している。これは、無限遠

$$\xi \to \infty$$

においては

$$\xi^2 \gg \varepsilon$$

であるから

$$\frac{d^2\varphi(\xi)}{d\xi^2} + (\varepsilon - \xi^2)\varphi(\xi) = 0$$

は近似的に

$$\frac{d^2\varphi(\xi)}{d\xi^2} - \xi^2\varphi(\xi) = 0$$

となる[2]。この特殊解は

$$\varphi(\xi) = \exp\left(-\frac{\xi^2}{2}\right)$$

と与えられる。よって、表記の微分方程式の解として

$$\varphi(\xi) = f(\xi)\exp(-\xi^2/2)$$

---

[2] あるいはエネルギーが 0 の場合 ($\varepsilon = 0$) の解となる。

というかたちが考えられる[3]。それを確かめてみよう。

$$\frac{d\varphi(\xi)}{d\xi} = \frac{df(\xi)}{d\xi}\exp\left(-\frac{\xi^2}{2}\right) - \xi f(\xi)\exp\left(-\frac{\xi^2}{2}\right)$$

$$\frac{d^2\varphi(\xi)}{d\xi^2} = \frac{d^2 f(\xi)}{d\xi^2}\exp\left(-\frac{\xi^2}{2}\right) - 2\xi\frac{df(\xi)}{d\xi}\exp\left(-\frac{\xi^2}{2}\right)$$
$$-f(\xi)\exp\left(-\frac{\xi^2}{2}\right) + \xi^2 f(\xi)\exp\left(-\frac{\xi^2}{2}\right)$$

であるから、微分方程式に代入すると

$$\frac{d^2 f(\xi)}{d\xi^2}\exp\left(-\frac{\xi^2}{2}\right) - 2\xi\frac{df(\xi)}{d\xi}\exp\left(-\frac{\xi^2}{2}\right) - f(\xi)\exp\left(-\frac{\xi^2}{2}\right) + \xi^2 f(\xi)\exp\left(-\frac{\xi^2}{2}\right)$$
$$+\varepsilon f(\xi)\exp\left(-\frac{\xi^2}{2}\right) - \xi^2 f(\xi)\exp\left(-\frac{\xi^2}{2}\right) = 0$$

整理すると

$$\frac{d^2 f(\xi)}{d\xi^2}\exp\left(-\frac{\xi^2}{2}\right) - 2\xi\frac{df(\xi)}{d\xi}\exp\left(-\frac{\xi^2}{2}\right) + (\varepsilon-1)f(\xi)\exp\left(-\frac{\xi^2}{2}\right) = 0$$

となり

$$\frac{d^2 f(\xi)}{d\xi^2} - 2\xi\frac{df(\xi)}{d\xi} + (\varepsilon-1)f(\xi) = 0$$

という2階線形微分方程式を満足する解$f(\xi)$がえられれば、$f(\xi)\exp(-\xi^2/2)$がもとの微分方程式の解となることがわかる。よって、問題は、この新しい微分方程式を解くことにある。

---

[3] 無限遠での近似解がえられたからといって、このままこの積が微分方程式の解になるということは自明ではない。うまく解けない微分方程式にいろいろな工夫を施して試してみたら、このかたちの解がでてきたというのが本当のところである。数学では、このような手法を目視と呼ぶこともある。

第 14 章　調和振動子

この微分方程式の解を求めるために、級数を利用する。この方法では

$$f(\xi) = a_0 + a_1\xi^1 + a_2\xi^2 + ... + a_n\xi^n + ...$$

というかたちの解を仮定し、微分方程式に代入して、方程式を満足するように係数を求める。係数がえられれば、その級数が方程式の解となる。この方法を、いまの場合に適用すると

$$\frac{df(\xi)}{d\xi} = a_1 + 2a_2\xi + ... + na_n\xi^{n-1} + ...$$

$$\frac{d^2 f(\xi)}{d\xi^2} = 2 \cdot 1 a_2 + 3 \cdot 2 a_3 \xi + ... + n(n-1)a_n\xi^{n-2} + ...$$

であるから、これらを微分方程式に代入すると

$$2 \cdot 1 a_2 + 3 \cdot 2 a_3 \xi + ... + n(n-1)a_n\xi^{n-2} + ... - 2a_1\xi - 4a_2\xi^2 - ... - 2na_n\xi^n - ...$$
$$+ (\varepsilon - 1)a_0 + (\varepsilon - 1)a_1\xi + (\varepsilon - 1)a_2\xi^2 + ... + (\varepsilon - 1)a_n\xi^n + ... = 0$$

となる。この方程式が成立するためには、それぞれのべき項の係数が 0 でなければならない。

よって、係数は

$$2 \cdot 1 a_2 + (\varepsilon - 1)a_0 = 0$$
$$3 \cdot 2 a_3 - 2a_1 + (\varepsilon - 1)a_1 = 0$$
$$4 \cdot 3 a_4 - 4a_2 + (\varepsilon - 1)a_2 = 0$$
$$5 \cdot 4 a_5 - 6a_3 + (\varepsilon - 1)a_3 = 0$$
$$\cdots\cdots$$
$$(n+2)(n+1)a_{n+2} - 2na_n + (\varepsilon - 1)a_n = 0$$

となる。すると

$$a_2 = \frac{1-\varepsilon}{2 \cdot 1} a_0$$

$$a_3 = \frac{3-\varepsilon}{3 \cdot 2} a_1$$

$$a_4 = \frac{5-\varepsilon}{4 \cdot 3} a_2 = \frac{5-\varepsilon}{4 \cdot 3}\frac{1-\varepsilon}{2 \cdot 1} a_0 = \frac{(5-\varepsilon)(1-\varepsilon)}{4!} a_0$$

$$a_5 = \frac{7-\varepsilon}{5 \cdot 4} a_3 = \frac{7-\varepsilon}{5 \cdot 4}\frac{3-\varepsilon}{3 \cdot 2} a_1 = \frac{(7-\varepsilon)(3-\xi)}{5!} a_1$$

……

したがって求める式は

$$f(\xi) = a_0 + a_1\xi + \frac{1-\varepsilon}{2!}a_0\xi^2 + \frac{3-\varepsilon}{3!}a_1\xi^3 + \frac{(5-\varepsilon)(1-\varepsilon)}{4!}a_0\xi^4 + \frac{(7-\varepsilon)(3-\varepsilon)}{5!}a_1\xi^5 + ..$$

という無限べき級数 (infinite power series) となる。

　ところが、このままでは問題がある。この式は無限級数であるため、いくらでも高次の ξ^n が現れる。ξは距離に対応する変数であるから、このままでは、無限遠で発散してしまうのである。実際の解には $\exp(-\xi^2/2)$ という項がかかっているが、これでも発散してしまう。それでは、どうすればよいのであろうか。

　ここで、この式には、エネルギーに相当する ε が変数として入っている。そして

$$a_{n+2} = \frac{2n+1-\varepsilon}{(n+2)(n+1)} a_n$$

という関係にあるので、もし

$$\varepsilon = 2n+1$$

とすると、n+2 以降の係数がすべて 0 となって、発散の問題が回避できることになる。これは、シュレーディンガー方程式を満足する解は、エネルギ

第 14 章 調和振動子

—が離散的であるということを示している。

$$\varepsilon = \frac{2E}{\hbar\omega}$$

であったから

$$E = \left(n + \frac{1}{2}\right)\hbar\omega$$

ということになる。

ただし、これだけでは、まだ問題は解決しない。それは、例えば、$\varepsilon = 1$ のときは、級数の偶数項の分子にはすべて $1 - \varepsilon$ の項が含まれるので、高次の項が 0 となるが、奇数項の係数は

$$\frac{3-\varepsilon}{3!}a_1,\ \frac{(7-\varepsilon)(3-\varepsilon)}{5!}a_1,\ \frac{(11-\varepsilon)(7-\varepsilon)(3-\varepsilon)}{7!}a_1..$$

となっているので、0 とならないからである。つまり、奇数の項が残ってしまい、発散してしまう。よって、発散しないためには、奇数項はすべて 0 となる必要がある。つまり

$$a_1 = 0$$

でなければならない。同様にして、$\varepsilon = 3$ のときは、今度は偶数項の係数

$$\frac{1-\varepsilon}{2!}a_0,\ \frac{(5-\varepsilon)(1-\varepsilon)}{4!}a_0,\ \frac{(9-\varepsilon)(5-\varepsilon)(1-\varepsilon)}{6!}a_0..$$

が 0 とはならないので、こちらは

$$a_0 = 0$$

であることが、解が存在する条件となる。よって、n が偶数と奇数の場合で解が異なり、次のように与えられる。

n が偶数のとき

$$f_n(\xi) = a_0 \left\{ 1 + \frac{1-\varepsilon}{2!}\xi^2 + \frac{(5-\varepsilon)(1-\varepsilon)}{4!}\xi^4 + \frac{(9-\varepsilon)(5-\varepsilon)(1-\varepsilon)}{6!}\xi^6 + \dots \right\}$$

となり、n が奇数のとき

$$f_n(\xi) = a_1 \left\{ \xi + \frac{3-\varepsilon}{3!}\xi^3 + \frac{(7-\varepsilon)(3-\varepsilon)}{5!}\xi^5 + \frac{(11-\varepsilon)(7-\varepsilon)(3-\varepsilon)}{7!}\xi^7 + \dots \right\}$$

となる。実際に解を書き出すと

$$\varepsilon = 1 \text{のとき} \quad f(\xi) = a_0$$
$$\varepsilon = 3 \text{のとき} \quad f(\xi) = a_1 \xi$$
$$\varepsilon = 5 \text{のとき} \quad f(\xi) = a_0 (1 - 2\xi^2)$$
$$\varepsilon = 7 \text{のとき} \quad f(\xi) = a_1 \left(\xi - \frac{2}{3}\xi^3 \right)$$
$$\varepsilon = 9 \text{のとき} \quad f(\xi) = a_0 \left(1 - 4\xi^2 + \frac{4}{3}\xi^4 \right)$$
$$\varepsilon = 11 \text{のとき} \quad f(\xi) = a_1 \left(\xi - \frac{4}{3}\xi^3 + \frac{4}{15}\xi^5 \right)$$

という多項式のシリーズになる。

よって、シュレーディンガー方程式の解は

$$\varepsilon = 1 \text{ (あるいは } n = 0 \text{) のとき} \quad \varphi(\xi) = a_0 \exp\left(-\frac{\xi^2}{2} \right)$$
$$\varepsilon = 3 \text{ (あるいは } n = 1 \text{) のとき} \quad \varphi(\xi) = a_1 \xi \exp\left(-\frac{\xi^2}{2} \right)$$

$\varepsilon = 5$ （あるいは $n = 2$）のとき　$\varphi(\xi) = a_0(1 - 2\xi^2) \exp\left(-\dfrac{\xi^2}{2}\right)$

$\varepsilon = 7$ （あるいは $n = 3$）のとき　$\varphi(\xi) = a_1\left(\xi - \dfrac{2}{3}\xi^3\right) \exp\left(-\dfrac{\xi^2}{2}\right)$

$\varepsilon = 9$ （あるいは $n = 4$）のとき　$\varphi(\xi) = a_0\left(1 - 4\xi^2 + \dfrac{4}{3}\xi^4\right) \exp\left(-\dfrac{\xi^2}{2}\right)$

$\varepsilon = 11$ （あるいは $n = 5$）のとき　$\varphi(\xi) = a_1\left(\xi - \dfrac{4}{3}\xi^3 + \dfrac{4}{15}\xi^5\right) \exp\left(-\dfrac{\xi^2}{2}\right)$

となる。

これら解のうち、$n = 0, 1, 2, 3$ の場合を図14-2に示す。いちばんエネルギーが低い場合には、中心付近に波動関数のピークがあるが、つぎのエネルギーレベルでは、逆に中心付近で波動関数はゼロとなっている。調和振動子では、中心方向に常に力が働いているので、直観では、中心近傍を振動しているように思われるが、実際にシュレーディンガー方程式を解いてみるとそうなっていない。実は、原子内の電子軌道についても同じことが生じる。すなわち、エネルギーレベルの低い s 軌道では、中心から広がっているが、p 軌道や、d 軌道では、軌道が複雑になるとともに原点に節ができるようになる。

しかし、前章でも紹介したように、これらは波の形状を示すもので、時間変化には対応していない。ハイゼンベルクの行列は時間項を含んでいる。よって、時間に依存した項を考える必要がある。

14.2. 時間依存項

行列力学の行列成分のうち、時間項に対応するのは、エネルギー準位間の電子の遷移にともなって発生する電磁波であった。よって、エネルギー差に相当する角振動数を求める必要がある。

ここで、調和振動子のエネルギーは

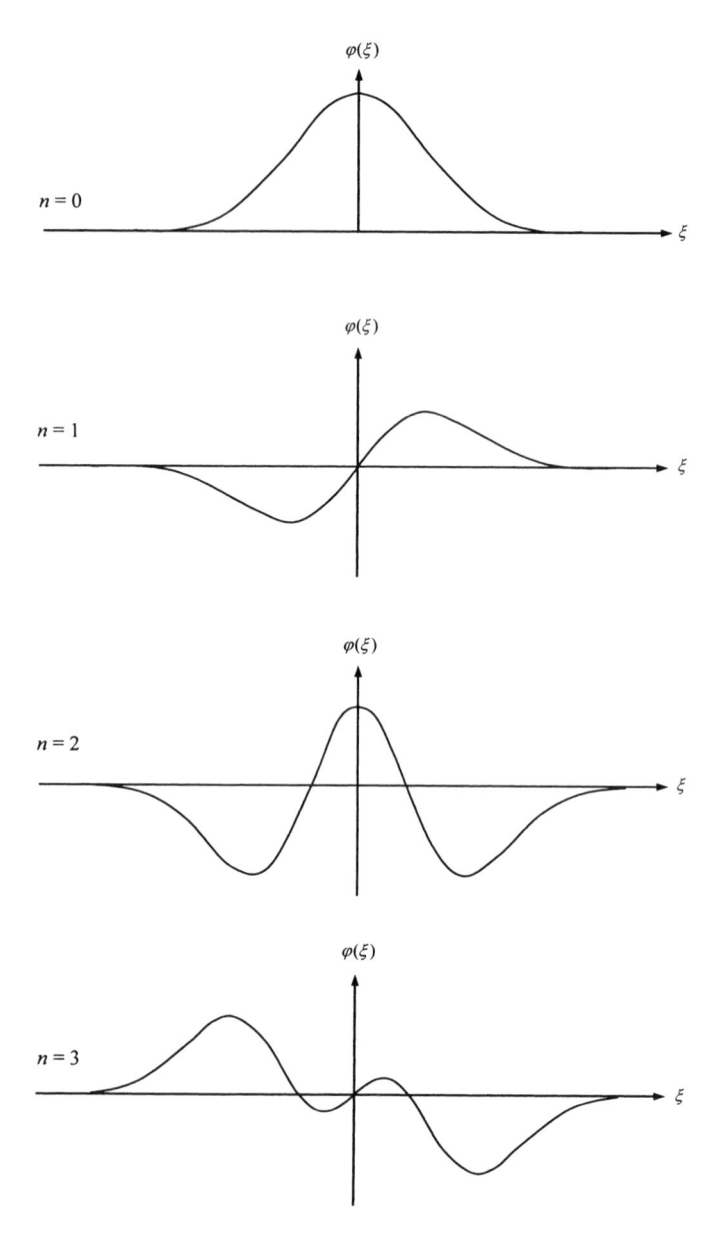

図 14-2　調和振動子に対応したシュレーディンガー方程式の解。

第 14 章　調和振動子

$$E = \left(n + \frac{1}{2}\right)\hbar\omega$$

となっている。
　このとき、$n=0$ という量子数に対して

$$E_0 = \left(0 + \frac{1}{2}\right)\hbar\omega = \frac{1}{2}\hbar\omega$$

というエネルギーが対応する。このため、調和振動子の場合には、奇妙ではあるが、行列成分として 0 行 0 列が存在するのである。第 10 章で、物理量に対応した行列において (0, 1) 成分からはじめたのは、この理由による。
　これより高いエネルギーレベルは

$$E_1 = \frac{3}{2}\hbar\omega \qquad E_2 = \frac{5}{2}\hbar\omega \qquad E_3 = \frac{7}{2}\hbar\omega \qquad E_4 = \frac{9}{2}\hbar\omega \dots$$

となる。これらエネルギーレベルに軌道が対応するとみなすと、軌道間遷移によって生じる電磁波の角振動数は振動数関係より

$$\omega_{nk} = \frac{E_k - E_n}{\hbar} = (k-n)\omega$$

となるが、調和振動子を満足するのは

$$\omega_{nk} = \pm\omega$$

であるので

$$k = n+1 \quad \text{あるいは} \quad k = n-1$$

の項はすべて満足することになる。したがって時間項としては $(n, n+1)$ 成分および $(n, n-1)$ 成分が存在することになる。

ここで、ハイゼンベルクの量子暗号に関しての問題が明らかとなる。ハイゼンベルクは、行列の成分は、原子の中の電子軌道の n 軌道から m 軌道への遷移成分と仮定した。このとき

$$\omega(n;m) = -\omega(m;n)$$

という関係にあり、逆遷移に相当する。この関係は、ボーアの振動数関係からも簡単に導くことができる。

よって

$$\omega(n;n+1) = -\omega(n+1;n)$$

であって

$$\omega(n;n+1) = -\omega(n;n-1)$$

という関係は成立しない。ところが、前にも紹介したように、なぜかハイゼンベルクやボルンは、調和振動子の解析において、原子内の電子軌道間では成立しないはずのこの関係が成立するものとして、少し強引に計算を推し進め、結果的には、怪我の功名ともいえるような正解を導いている。

しかし、原子の中の電子軌道という呪縛から離れて、電子が調和振動子のポテンシャルの中で運動している状態を考えると、ハイゼンベルクが課した制約条件（量子暗号）は意味がないものということがわかる。

もちろん、原子スペクトルを説明するために量子力学が建設されたのであるから、ハイゼンベルクのアプローチは決して間違いではなかった。しかし、電子は何も原子の中にだけ存在するものではない。シュレーディンガー方程式は、電子がどのような場所（ポテンシャル場）に居ても対応できる手法なのである。

また、シュレーディンガー方程式を解いてわかるのは、行列成分の行インデックスと列インデックスは、電子の軌道番号に対応するのではないと

いうことである。これは、電子に許されるエネルギー準位の低いものから順に番号をつけたものである。よって場合によっては $n = 0$ という番号が許されるということにもなる。電子軌道であれば、第 0 軌道などありえない。しかし、調和振動子のポテンシャル場を原点に考えれば、$n = 0$ は問題がないのである。

ここで、前章でも行ったように時間項に対応した行列をつくると

$$\begin{pmatrix} 1 & \exp(i\omega_{12}t) & \exp(i\omega_{13}t) & \exp(i\omega_{14}t) & \cdots \\ \exp(-i\omega_{12}t) & 1 & \exp(i\omega_{23}t) & \exp(i\omega_{24}t) & \cdots \\ \exp(-i\omega_{13}t) & \exp(-i\omega_{23}t) & 1 & & \cdots \\ \exp(-i\omega_{14}t) & \exp(-i\omega_{24}t) & & 1 & \\ \vdots & & \vdots & & \ddots \end{pmatrix}$$

これは、ボーアの振動数関係を使うと

$$\begin{pmatrix} 1 & \exp\left(i\frac{E_2 - E_1}{\hbar}t\right) & \exp\left(i\frac{E_3 - E_1}{\hbar}t\right) & \exp\left(i\frac{E_4 - E_1}{\hbar}t\right) & \cdots \\ \exp\left(i\frac{E_1 - E_2}{\hbar}t\right) & 1 & \exp\left(i\frac{E_3 - E_2}{\hbar}t\right) & \exp\left(i\frac{E_4 - E_2}{\hbar}t\right) & \cdots \\ \exp\left(i\frac{E_1 - E_3}{\hbar}t\right) & \exp\left(i\frac{E_2 - E_3}{\hbar}t\right) & 1 & & \cdots \\ \exp\left(i\frac{E_1 - E_4}{\hbar}t\right) & \exp\left(i\frac{E_2 - E_4}{\hbar}t\right) & & 1 & \\ \vdots & \vdots & \vdots & & \ddots \end{pmatrix}$$

と置き換えることができる。この式からわかるように、時間に依存した項は、電子がエネルギー準位を変えるときにのみ現れるのである。当然のことながら、対角成分には時間依存項は現れない。

ここで、さらに、それぞれの項を分解すると

$$\begin{pmatrix} 1 & \exp\left(-i\dfrac{E_1}{\hbar}t\right)\exp\left(i\dfrac{E_2}{\hbar}t\right) & \exp\left(-i\dfrac{E_1}{\hbar}t\right)\exp\left(i\dfrac{E_3}{\hbar}t\right) & \cdots \\ \exp\left(-i\dfrac{E_2}{\hbar}t\right)\exp\left(i\dfrac{E_1}{\hbar}t\right) & 1 & \exp\left(-i\dfrac{E_2}{\hbar}t\right)\exp\left(i\dfrac{E_3}{\hbar}t\right) & \cdots \\ \exp\left(-i\dfrac{E_3}{\hbar}t\right)\exp\left(i\dfrac{E_1}{\hbar}t\right) & \exp\left(-i\dfrac{E_3}{\hbar}t\right)\exp\left(i\dfrac{E_2}{\hbar}t\right) & 1 & \cdots \\ \exp\left(-i\dfrac{E_4}{\hbar}t\right)\exp\left(i\dfrac{E_1}{\hbar}t\right) & \exp\left(-i\dfrac{E_4}{\hbar}t\right)\exp\left(i\dfrac{E_2}{\hbar}t\right) & & \\ \vdots & \vdots & \vdots & \ddots \end{pmatrix}$$

となる。

ここで、対角成分についても、指数関数の積のかたちで表現すれば、この行列は

$$\begin{pmatrix} \exp\left(-i\dfrac{E_1}{\hbar}t\right)\exp\left(i\dfrac{E_1}{\hbar}t\right) & \exp\left(-i\dfrac{E_1}{\hbar}t\right)\exp\left(i\dfrac{E_2}{\hbar}t\right) & \exp\left(-i\dfrac{E_1}{\hbar}t\right)\exp\left(i\dfrac{E_3}{\hbar}t\right) & \cdots \\ \exp\left(-i\dfrac{E_2}{\hbar}t\right)\exp\left(i\dfrac{E_1}{\hbar}t\right) & \exp\left(-i\dfrac{E_2}{\hbar}t\right)\exp\left(i\dfrac{E_2}{\hbar}t\right) & \exp\left(-i\dfrac{E_2}{\hbar}t\right)\exp\left(i\dfrac{E_3}{\hbar}t\right) & \cdots \\ \exp\left(-i\dfrac{E_3}{\hbar}t\right)\exp\left(i\dfrac{E_1}{\hbar}t\right) & \exp\left(-i\dfrac{E_3}{\hbar}t\right)\exp\left(i\dfrac{E_2}{\hbar}t\right) & \exp\left(-i\dfrac{E_3}{\hbar}t\right)\exp\left(i\dfrac{E_3}{\hbar}t\right) & \cdots \\ \exp\left(-i\dfrac{E_4}{\hbar}t\right)\exp\left(i\dfrac{E_1}{\hbar}t\right) & \exp\left(-i\dfrac{E_4}{\hbar}t\right)\exp\left(i\dfrac{E_2}{\hbar}t\right) & & \ddots \\ \vdots & \vdots & \vdots & \end{pmatrix}$$

となる。以上の事実を踏まえて、ハイゼンベルクとシュレーディンガーのアプローチの違いを最後に整理してみる。

14.3. ハイゼンベルク表示とシュレーディンガー表示

ハイゼンベルクは、調和振動子の解析に

第14章 調和振動子

$$m\frac{d^2q}{dt^2} + kq = 0$$

というように、質量 m の粒子の位置 q が時間 t とともに変化するというニュートンの運動方程式から出発して解をえている。つまり、位置 q が時間の変数となっているのである。

一方、シュレーディンガーの調和振動子では、ポテンシャル V が

$$V = \frac{1}{2}kq^2$$

という場での電子波の運動をエネルギー（ハミルトニアン）：

$$H = E + V = \frac{p^2}{2m} + \frac{1}{2}kq^2$$

をもとに考えている。このため、時間の変化項は入ってこない。

この違いを行列で考えてみよう。まずハイゼンベルクの位置行列は

$$\tilde{q} = \begin{pmatrix} Q_{11} & Q_{12}\exp(i\omega_{12}t) & Q_{13}\exp(i\omega_{13}t) & \cdots \\ Q_{21}\exp(-i\omega_{12}t) & Q_{22} & Q_{23}\exp(i\omega_{23}t) & \cdots \\ Q_{31}\exp(-i\omega_{13}t) & Q_{22}\exp(-i\omega_{23}t) & Q_{33} & \\ \vdots & \vdots & & \ddots \end{pmatrix}$$

のように、物理量に対応した行列の要素に時間項が入っている。これを前節の結果をもとに、電子軌道のエネルギーで表すと

$$\tilde{q} = \begin{pmatrix} Q_{11}\exp\left(i\dfrac{E_1-E_1}{\hbar}t\right) & Q_{12}\exp\left(i\dfrac{E_2-E_1}{\hbar}t\right) & Q_{13}\exp\left(i\dfrac{E_3-E_1}{\hbar}t\right) & \cdots \\ Q_{21}\exp\left(i\dfrac{E_1-E_2}{\hbar}t\right) & Q_{22}\exp\left(i\dfrac{E_2-E_2}{\hbar}t\right) & Q_{23}\exp\left(i\dfrac{E_3-E_2}{\hbar}t\right) & \cdots \\ Q_{31}\exp\left(i\dfrac{E_1-E_3}{\hbar}t\right) & Q_{22}\exp\left(i\dfrac{E_2-E_3}{\hbar}t\right) & Q_{33}\exp\left(i\dfrac{E_3-E_3}{\hbar}t\right) & \\ \vdots & \vdots & & \ddots \end{pmatrix}$$

となる。この行列は、つぎのように分解できる。

$$\tilde{q} = \begin{pmatrix} \exp\left(-i\dfrac{E_1}{\hbar}t\right) & 0 & \cdots \\ 0 & \exp\left(-i\dfrac{E_2}{\hbar}t\right) & \\ \vdots & & \ddots \end{pmatrix} \begin{pmatrix} Q_{11} & Q_{12} & \cdots \\ Q_{21} & Q_{22} & \\ \vdots & & \ddots \end{pmatrix} \begin{pmatrix} \exp\left(i\dfrac{E_1}{\hbar}t\right) & 0 & \cdots \\ 0 & \exp\left(i\dfrac{E_2}{\hbar}t\right) & \\ \vdots & & \ddots \end{pmatrix}$$

ここで、ハイゼンベルクの行列力学における状態ベクトルを思い出してみよう。状態ベクトルは、行列から、物理状態を指定する情報を取り出すという働きをする。状態ベクトルを

$$\vec{u} = \begin{pmatrix} u_1 \\ u_2 \\ \vdots \end{pmatrix}$$

とすると、物理量は

$$\langle u|q|u\rangle = {}^t\vec{u}*\tilde{q}\vec{u}$$

で与えられる。行列とベクトルで書くと

第 14 章 調和振動子

$$\begin{pmatrix} u_1^* & u_2^* & u_3^* & \cdots \end{pmatrix} \begin{pmatrix} Q_{11} & Q_{12}\exp(i\omega_{12}t) & Q_{13}\exp(i\omega_{13}t) & \cdots \\ Q_{21}\exp(-i\omega_{12}t) & Q_{22} & Q_{23}\exp(i\omega_{23}t) & \cdots \\ Q_{31}\exp(-i\omega_{13}t) & Q_{32}\exp(-i\omega_{23}t) & Q_{33} & \\ \vdots & \vdots & & \ddots \end{pmatrix} \begin{pmatrix} u_1 \\ u_2 \\ u_3 \\ \vdots \end{pmatrix}$$

となる。

これをエネルギーで表現した行列に書き改めると

$$\begin{pmatrix} u_1^* & u_2^* & u_3^* & \cdots \end{pmatrix} \begin{pmatrix} Q_{11}\exp\left(i\dfrac{-E_1+E_1}{\hbar}t\right) & Q_{12}\exp\left(i\dfrac{-E_1+E_2}{\hbar}t\right) & \cdots \\ Q_{21}\exp\left(i\dfrac{-E_2+E_1}{\hbar}t\right) & Q_{22}\exp\left(i\dfrac{-E_2+E_2}{\hbar}t\right) & \cdots \\ \vdots & \vdots & \ddots \end{pmatrix} \begin{pmatrix} u_1 \\ u_2 \\ u_3 \\ \vdots \end{pmatrix}$$

となるが、これを、さらに分解すると

$$\begin{pmatrix} u_1^* & u_2^* & \cdots \end{pmatrix} \begin{pmatrix} \exp\left(-i\dfrac{E_1}{\hbar}t\right) & 0 & \cdots \\ 0 & \ddots & \\ \vdots & & \end{pmatrix} \begin{pmatrix} Q_{11} & Q_{12} & \cdots \\ Q_{21} & Q_{22} & \cdots \\ \vdots & & \ddots \end{pmatrix} \begin{pmatrix} \exp\left(i\dfrac{E_1}{\hbar}t\right) & 0 & \cdots \\ 0 & \ddots & \\ \vdots & & \end{pmatrix} \begin{pmatrix} u_1 \\ u_2 \\ \vdots \end{pmatrix}$$

となる。ここで、時間変化項に対応した行列を状態ベクトルに作用させると

$$\begin{pmatrix} u_1^*\exp\left(-i\dfrac{E_1}{\hbar}t\right) & u_2^*\exp\left(-i\dfrac{E_2}{\hbar}t\right) & \cdots \end{pmatrix} \begin{pmatrix} Q_{11} & Q_{12} & \cdots \\ Q_{21} & Q_{22} & \cdots \\ \vdots & & \ddots \end{pmatrix} \begin{pmatrix} u_1\exp\left(i\dfrac{E_1}{\hbar}t\right) \\ u_2\exp\left(i\dfrac{E_2}{\hbar}t\right) \\ \vdots \end{pmatrix}$$

と変形できる。ここで、時間項を含んでいない行列と、時間項を含んだ状態ベクトル

$$\vec{v} = \begin{pmatrix} u_1 \exp\left(i\frac{E_1}{\hbar}t\right) \\ u_2 \exp\left(i\frac{E_2}{\hbar}t\right) \\ \vdots \end{pmatrix}$$

ができる。実は、このベクトルがシュレーディンガー方程式を解いてえられる波動関数に対応しているのである。

　以上のように考えると、ハイゼンベルクの行列力学における行列と状態ベクトルは、それぞれシュレーディンガーの波動力学の演算子と波動関数に対応している。そして、行列と演算子は物理量に対応するが、行列力学では、物理量である行列に時間項が含まれるのに対し、波動力学では、波動関数の方に時間項が含まれることになる。このように、物理量である行列（演算子）に時間項を含ませたものをハイゼンベルク表示、一方、波動関数（状態ベクトル）に時間項を含ませたものをシュレーディンガー表示と呼んでいる。

　ただし、このような違いはあるものの、ハイゼンベルクの行列力学とシュレーディンガーの波動力学は本質的には同じものであることがわかる。

補遺 1　定常振動

　定常振動の問題を取り扱うために、まず弦の振動を考えてみよう。弦の長さを L とし、両端が固定されているものとする。ここで、振動が定常的に生じる**定常波** (stationary wave) では、L が定常波の半波長の整数倍である必要がある。よって、定常波の**波長** (wave length) をλとすると

$$L = \frac{\lambda}{2} \times n = \frac{n\lambda}{2} \qquad (n = 1, 2, 3, ...)$$

という関係がえられる。ここで、この関係を**振動数** (frequency) ν を使って書き換えてみよう。

　波の伝わる速さを c と置くと、振動数ν と波長λは

$$c = \lambda \nu$$

という関係にあるので

$$L = \frac{n\lambda}{2} = \frac{nc}{2\nu}$$

となる。よって

$$\nu = \frac{nc}{2L} \qquad (n = 1, 2, 3, ...)$$

と与えられる。これが、両端が固定された長さが L の弦に許される振動数である。

$$\nu_1 = \frac{c}{2L}, \ \nu_2 = \frac{2c}{2L}, \ \nu_3 = \frac{3c}{2L}, \ \nu_4 = \frac{4c}{2L}, \ldots$$

となるので、これを

$$\nu_n = \frac{nc}{2L}$$

と書く。

これら定常波の振動数を**固有振動数** (eigen-frequency) と呼んでいる。

それでは、2次元の定常波について考えてみよう。図 1A-1 のように1辺の長さ L の正方形の膜が、その周囲を固定されている場合の振動を考える。

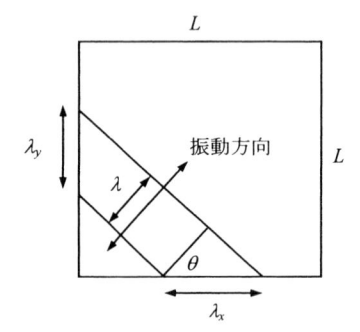

図 1A-1 1辺が L の正方形の膜における定常平面波。

この図では、線と線の間を**平面波** (plane wave) の一波長としている。ここで、波の進行方向が x 軸となす角を θ とする。平面波の波長を λ とすると、この平面波を x 方向および y 方向から見たときの波長は、それぞれ

$$\lambda_x = \frac{\lambda}{\cos\theta} \qquad \lambda_y = \frac{\lambda}{\sin\theta}$$

となる。

この平面波が定常波となるためには、この x 方向及び y 方向の波長成分が、先ほど弦の振動で求めた定常状態の条件を満足する必要がある。よって

$$\lambda_x = \frac{2L}{n_x} \ (n_x = 1, 2, 3, \ldots) \qquad \lambda_y = \frac{2L}{n_y} \ (n_y = 1, 2, 3, \ldots)$$

補遺 1　定常振動

となるので

$$\cos\theta = \frac{n_x \lambda}{2L} \qquad \sin\theta = \frac{n_y \lambda}{2L}$$

ここで

$$\cos^2\theta + \sin^2\theta = 1$$

の関係にあるから

$$\left(\frac{n_x \lambda}{2L}\right)^2 + \left(\frac{n_y \lambda}{2L}\right)^2 = 1 \qquad \left(\frac{\lambda}{2L}\right)^2 (n_x^2 + n_y^2) = 1$$

より、定常波の波長としては

$$\lambda = 2L \Big/ \sqrt{n_x^2 + n_y^2}$$

が与えられる。これは、図 1A-2 のように、正方形の各辺を整数で割った点を結んだ波となる。

　それでは、1 辺の長さが L の立方体で許される定常波の波長を求めてみよう。とはいっても、2 次元の波のように、簡単に図示することができない。2 次元の場合には xy 軸を振動面として、z 方向を振動面と考えることができたが、3 次元の場合にはこの方法がうまくいかない。粗密波のような縦波をイメージすればよいのかもしれない。ただし、数学的な取り扱いは 2 次元の場合を拡張すればよい。つまり、図 1A-3 に示したように、立方体の中の面間距離が定常波の波長とみなすことができる。

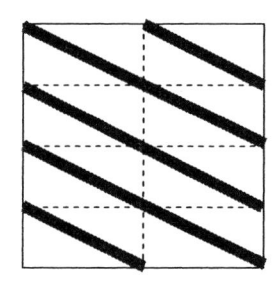

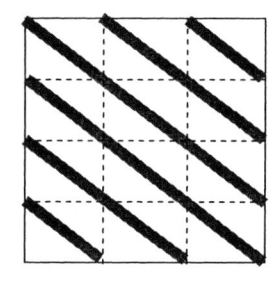

図 1A-2　正方形の形状をした膜の振動において許される定常波。ここでは線と線の間隔は半波長に対応している。

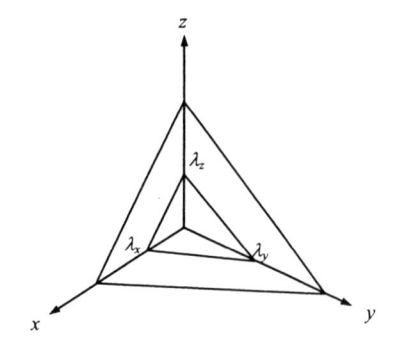

図 1A-3 立方体の場合の定常波の波長は図の面間距離に相当する。

ここで

$$\lambda_x = \frac{2L}{n_x} \qquad \lambda_y = \frac{2L}{n_y} \qquad \lambda_z = \frac{2L}{n_z}$$

という関係にあり、定常波の波長（面間距離: λ）とすると、方向余弦に成立する関係

$$(\lambda/\lambda_x)^2 + (\lambda/\lambda_y)^2 + (\lambda/\lambda_z)^2 = 1$$

が成立するので、定常波の波長として

$$\lambda = \frac{2L}{\sqrt{n_x^2 + n_y^2 + n_z^2}}$$

という値がえられる。よって定常波の振動数は

$$\nu = \frac{c}{2L}\sqrt{n_x^2 + n_y^2 + n_z^2}$$

において n_x, n_y, n_z に整数を代入したものとなる。これが 3 次元の場合の固有振動数である。

　よって、当然のことながら、各辺の分割数: n_x, n_y, n_z が増えるほど周波数

補遺 1　定常振動

は大きくなる。実は (n_x, n_y, n_z) を、xyz 空間の座標と考えると、それは、この座標系において、図 1A-4 に示すような 3 つとも整数の点に相当する。

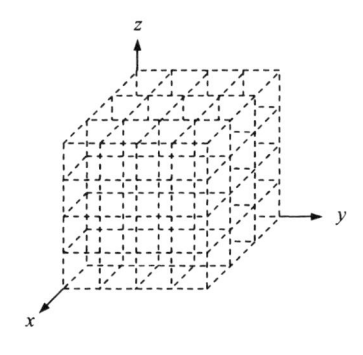

図 1A-4　座標の整数の点が定常波の固有振動数を与える (n_x, n_y, n_z)。

それでは、つぎに定常波の密度を与える式を導出してみよう。まず、定常波のひとつは上の図の格子点に対応する。そこで

$$\nu < \frac{c}{2L}\sqrt{n_x^2 + n_y^2 + n_z^2} < \nu + \Delta\nu$$

に入る確率を求めてみよう。ここで

$$r = \frac{2L\nu}{c}$$

と置くと

$$r < \sqrt{n_x^2 + n_y^2 + n_z^2} < r + \Delta r$$

となり、r は、先ほどの 3 次元直交座標における原点からの距離ということになる。ここで、振動数が大きい領域 ($r \gg 1$) では、半径が r および $r+\Delta r$ に囲まれた $x>0, y>0, z>0$ の領域に入る格子点の数は、その体積にほぼ等しい。この体積は

$$\frac{1}{8}\left(\frac{4}{3}\pi(r+\Delta r)^3 - \frac{4}{3}\pi r^3\right) = \frac{1}{8}\left(4\pi r^2 \Delta r + 4\pi r(\Delta r)^2 + \frac{4}{3}\pi(\Delta r)^3\right)$$

となるが、Δr の 2 乗以上の項を無視すると

$$\frac{\pi}{2}r^2 \Delta r$$

となる。これだけの数の定常波が、半径が r および $r+\Delta r$ に囲まれたの領域に存在するということになる。これを振動数が ν から $\nu + \Delta \nu$ までの間に存在する定常波の数に変換すると

$$r = \frac{2L\nu}{c} \quad \text{より} \quad \Delta r = \frac{2L\Delta \nu}{c}$$

であるから

$$\frac{\pi}{2}r^2 \Delta r = \frac{\pi}{2}\left(\frac{2L\nu}{c}\right)^2 \frac{2L\Delta \nu}{c} = \frac{4\pi L^3}{c^3}\nu^2 \Delta \nu$$

となる。ここで、いま考えている立方体の体積は L^3 であるから、この範囲にある定常波の密度は

$$\frac{4\pi}{c^3}\nu^2 \Delta \nu$$

と与えられる。
　ただし、ひとつの定常波には正負の固有振動があるので、その密度は

$$\rho(\nu)\Delta \nu = \frac{8\pi}{c^3}\nu^2 \Delta \nu$$

となる。

補遺2　ボルツマン分布

2A.1.　ボルツマン分布の導出

　地上で生活している我々は、地に足がついている。この原因は、われわれが地球の重力によって地球の中心方向に引力を受けているからである。重力は、地球の引力圏に存在するあらゆる物体に働いている。このため、海の水は地球にへばりついている。
　ところで、われわれのまわりには空気があり、その中の成分である酸素のおかげで呼吸し生きている。もし、酸素がまわりになければたちどころに人類は滅亡してしまう。
　ここで、疑問が湧く。酸素も酸素分子からなり、質量 m を有している。とすると、mg という力を地球から受けているわけで、本来なら地表にへばりついてもおかしくないはずである。この理由は、酸素分子が熱運動しているからである。もし、この熱運動がなければ、われわれは酸素を呼吸することができずに死んでしまうであろう。ここで、気体分子の熱運動によるエネルギーは絶対温度に比例し

$$E = kT$$

程度の大きさとなっている[1]。比例定数 k は**ボルツマン定数** (Boltzmann constant) と呼ばれる。より一般的には、われわれは気体の状態方程式 (equation of state) と呼ばれる次式

---

[1] 正確には、ミクロ粒子の運動の自由度1あたり$(1/2)kT$ のエネルギーが分配される。

$$PV = nRT$$

によって、ある温度における気体に及ぼす温度効果を知ることができる。ここで、P は気体の圧力、V は体積、n はモル数、T は温度で、R は**気体定数** (gas constant) と呼ばれる定数である。ここで、アボガドロ数を N_0 とすると

$$k = \frac{R}{N_0}$$

の関係にあり、ボツルマン定数は気体分子 1 個あたりの気体定数となる。あるいは、気体定数は気体 1mol が絶対温度 T の時に有するエネルギーを与える係数ということになる。

　ここで、地球の引力圏にある気体分子の高さ方向の濃度分布について考えてみよう。簡単のため、温度は一定と仮定する。そして、図 2A-1 のような単位面積の断面を持つ円筒の中の空気分子を考える。

　下面の高さを z、　上面の高さを $z + \Delta z$ とする。すると、下面にかかる圧力は、この円筒の中に存在する気体分子の分だけ大きくなるはずである。ここで、気体分子 1 個の重さを m、重力加速度を g、気体分子の密度を $N(z)$ とすると

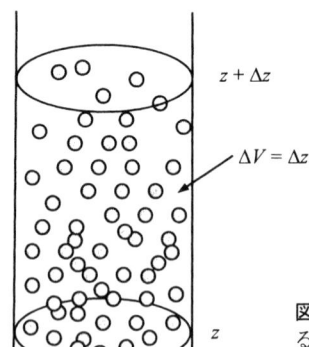

図 2A-1　地上からの高さ z 近傍にある断面積 1 の円筒状の空気層。

補遺2　ボルツマン分布

$$P(z) - P(z+\Delta z) = mgN(z)\Delta V = mgN(z)\Delta z$$

となる。ここで、z 近傍の領域で、気体の状態方程式を考えると

$$P(z)V = N(z)VkT$$

となるから

$$P(z) = N(z)kT$$

という関係にある。

　ここで、十分 Δz が小さい時には、微分の定義式

$$\lim_{\Delta z \to 0} \frac{P(z+\Delta z) - P(z)}{\Delta z} = \frac{dP(z)}{dz}$$

を使って、最初の式の左辺を書き換えると

$$P(z) - P(z+\Delta z) = -\frac{dP(z)}{dz}\Delta z$$

となる。よって最初の式は

$$-\frac{dP(z)}{dz}\Delta z = mgN(z)\Delta z$$

と変形でき、Δz をとると

$$-\frac{dP(z)}{dz} = mgN(z)$$

という微分方程式が得られる。

ここで、状態方程式 $P(z) = N(z)kT$ を代入して、$N(z)$に関する方程式に変形すると

$$-kT\frac{dN(z)}{dz} = mgN(z) \quad \text{よって} \quad \frac{dN(z)}{N(z)} = -\frac{mg}{kT}dz$$

という変数分離型の微分方程式が得られる。

両辺の積分をとると

$$\int\frac{dN(z)}{N(z)} = -\frac{mg}{kT}\int dz \quad \text{より} \quad \ln N(z) = -\frac{mgz}{kT} + C$$

となる。ここで、C は積分定数である。結局、高さ方向の気体分子の濃度は

$$N(z) = A\exp\left(-\frac{mgz}{kT}\right)$$

と与えられる。ただし、A は定数であるが、いまの場合は、地表面 ($z = 0$) での空気の濃度となる。

ここで、指数関数の指数の分子は mgz であるからポテンシャルエネルギーである。よって、これを $E(z)$ と書くと

$$N(z) = A\exp\left(-\frac{E(z)}{kT}\right)$$

という関係が得られる。

これは、ある一定の温度 T の状態にある気体分子では、$E(z)$のポテンシャルエネルギーを有する分子の数は$\exp(-E(z)/(kT))$という因子に比例するということを示している。これをグラフ化すると、図 2A-2 のようになり、高さが増えると空気の密度はどんどん減っていくということを示している。

補遺 2　ボルツマン分布

$$N(z) = A\exp\left(\frac{-E(z)}{kT}\right)$$

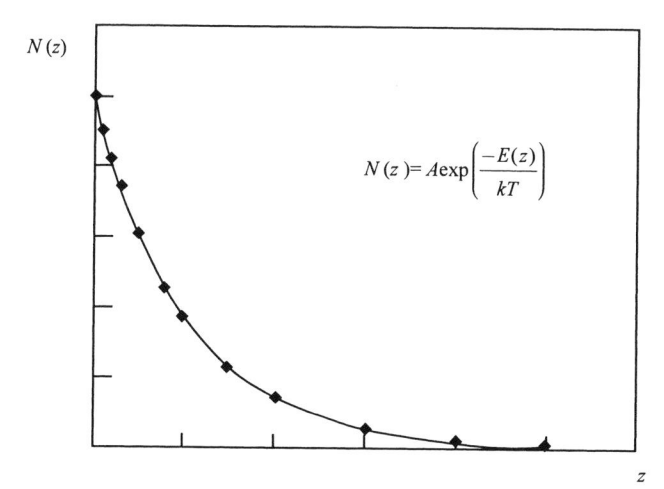

図 2A-2　一定の温度にある空気の濃度の高度依存性。

この図で、z はそのままポテンシャルエネルギーと置き換えることもできるので、エネルギーが大きい気体分子の数はどんどん減少していくと言うこともできる。

これをもっと一般化すると、絶対温度 T で平衡状態にある多くの粒子からなる系においては、その粒子がエネルギー E の状態を占有する確率は

$$\exp\left(-\frac{E}{kT}\right) = e^{-\frac{E}{kT}}$$

に比例すると表現することができる。そして、この因子のことを**ボルツマン因子** (Boltzmann factor) と呼んでいる。また、このようなエネルギー分布のことを**ボルツマン分布** (Boltzmann distribution) と呼んでいる。図 2A-2 は、そのままボルツマン分布に対応する。

2A. 2.　エントロピー最大化法

実は、ボルツマン分布は別な方法によっても導出可能である。それは、

系のエントロピーが最大になるようにエネルギー分布を決める方法である。多くのミクロ粒子からなる系においては、自由エネルギーが最も低い状態が平衡状態となる。これは、混合のエントロピーという観点からは、その値が最大値になる状態である。

いま、n 個の粒子からなる系において、m 種類のエネルギー準位があったとしよう。いま、エネルギーの総和が一定の状態で、系のエントロピーが最大になる分配方法を考えてみる。すると、場合の数は

$$W = \frac{n!}{n_1! n_2! ... n_m!}$$

となる。ただし、$n_1, n_2, ..., n_m$ は、それぞれエネルギー $E_1, E_2, ..., E_m$ を占有している粒子の数である。

エントロピーは

$$S = k \ln W$$

という式で与えられるので

$$S = k \ln W = k \ln \frac{n!}{n_1! n_2! ... n_m!} = k \ln n! - k(\ln n_1! + \ln n_2! + ... + \ln n_m!)$$

が最大になるような分配を見つければよいことになる。

よって制約条件としては

$$n = n_1 + n_2 + n_3 + ... + n_m$$

と

$$n_1 E_1 + n_2 E_2 + ... + n_m E_m = \sum_{k=1}^{m} n_k E_k = \text{constant}$$

となる。まず、制約条件の微分をとってみよう。すると

補遺2　ボルツマン分布

$$dn_1 + dn_2 + ... + dn_m = 0$$

および

$$E_1 dn_1 + E_2 dn_2 + ... + E_m dn_m = 0$$

となる。つぎに、エントロピーが最大である時、その微分は 0 である。しかし

$$S = k \ln n! - k(\ln n_1! + \ln n_2! + ... + \ln n_m!)$$

というかたちをしたままでは数学的な取り扱いが難しい。そこで、スターリング近似

$$\ln N! = N \ln N - N$$

を使う。すると

$$S = k \ln n! - k\{(n_1 \ln n_1 + n_2 \ln n_2 + ... + n_m \ln n_m) - (n_1 + n_2 + ... + n_m)\}$$

ここで、S が極大の場合、その微分はゼロになるので

$$0 = dn_1 \ln n_1 + n_1 \frac{dn_1}{n_1} + dn_2 \ln n_2 + n_2 \frac{dn_2}{n_2} + ... + dn_m \ln n_m + n_m \frac{dn_m}{n_m}$$
$$-(dn_1 + dn_2 + ... + dn_m)$$

となり、整理すると

$$dn_1 \ln n_1 + dn_2 \ln n_2 + ... + dn_m \ln n_m = 0$$

となる。

　ここで、あらためて条件をまとめると

$$\begin{cases} dn_1 + dn_2 + ... + dn_m = 0 \\ E_1 dn_1 + E_2 dn_2 + ... + E_m dn_m = 0 \\ dn_1 \ln n_1 + dn_2 \ln n_2 + ... + dn_m \ln n_m = 0 \end{cases}$$

となる。ここで、少し技巧を使う。最初の式に a を、つぎの式に b をかけたうえで全部の式を足してみよう[2]。すると

$$(a + bE_1 + \ln n_1)dn_1 + (a + bE_2 + \ln n_2)dn_2 + ... + (a + bE_m + \ln n_m)dn_m = 0$$

という等式が得られる。この式が成立するためには

$$a + bE_1 + \ln n_1 = 0$$
$$a + bE_2 + \ln n_2 = 0$$
$$...$$
$$a + bE_m + \ln n_m = 0$$

がすべて成立する必要がある。よって

$$n_1 = \exp(-a - bE_1) = A\exp(-bE_1)$$
$$n_2 = \exp(-a - bE_2) = A\exp(-bE_2)$$
$$...$$
$$n_m = \exp(-a - bE_m) = A\exp(-bE_m)$$

という条件が課される。A と b はすべての項に共通である。結論から言えば、b として $1/(kT)$ を代入すれば

$$n_r = A\exp\left(-\frac{E_r}{kT}\right) \quad (r = 1, 2, ..., m)$$

---

[2] この手法をラグランジュ (Lagrange) の未定係数法 (Undetermined multiplier method) と呼んでいる。

補遺2 ボルツマン分布

となってボルツマン分布が得られるのであるが、ここで、少し考えてみよう。エネルギーは、温度が高くなるほど大きくなる傾向がある。ここで、E_r というエネルギーを占有する粒子の数は $\exp(-bE_r)$ に比例するのであるが、この値は E_r が大きくなると急激に小さくなってしまう。温度が高ければ、エネルギーの高い準位の占有率が高くなる傾向にあるのであるから、b は T に反比例すると考えられる。よって $1/T$ となるが、温度をエネルギーに換算する係数 k をかけて

$$b = \frac{1}{kT}$$

としたものと考えられる。定性的には k をかける必要はなく（いずれ定数項は A という定数にまとめられるので）、係数はあっても無くても良いのであるが、エネルギーという観点からは kT がふさわしいということになる。

このように、全エネルギーおよび全粒子数が一定という条件下で、エントロピーが最大になるようなエネルギー分布は、ボルツマン分布ということになる。

補遺 3　角運動量

角運動量 (angular momentum: M) とは、**運動量** (momentum: mv) に**動径** (r) をかけたものである。

$$M = mvr$$

これは、どのような物理量であろうか。

実は、正確には、角運動量はベクトルであり、つぎのように

$$\vec{M} = \vec{p} \times \vec{r}$$

というベクトル積によって与えられる。ここで、$\vec{p}$ は運動量ベクトル、$\vec{r}$ は動径ベクトルである。この運動量は回転運動に対して定義されるが、なぜ回転の場合には、運動量だけではだめなのであろうか。

ここで、図 3A-1 のように、質量 m の物質が速度 v で等速円運動している

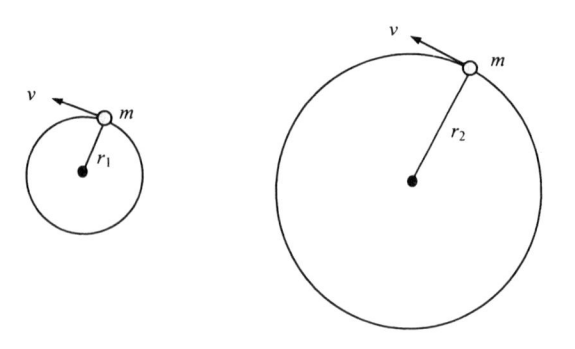

図 3A-1　動径の異なる回転運動。

補遺 3 角運動量

場合を想定してみよう。ただし、回転半径の大きさが異なるものとする。このとき、運動量だけみれば、どちらの回転物質においても $p = mv$ と変わらない。しかし、経験からわかるように、回転半径の大きい方が、回転させる能力は大きくなる。

これを理解するには、図 3A-2 に示した力のモーメントとの対応関係を思い出してもらえばよい。

同じ運動量であっても、当然、腕の長い方が回転能力は大きくなる。この違いを反映したのが角運動量である。

角運動量についていくつか重要事項をまとめてみよう。まず運動量は

$$\vec{p} = m\vec{v} = m\frac{d\vec{x}}{dt}$$

であるから

$$\frac{d\vec{p}}{dt} = m\frac{d^2\vec{x}}{dt^2} = \vec{F}$$

となって、運動量の時間変化は力となる。これを利用すると、角運動量の時間変化は

$$\frac{d\vec{M}}{dt} = \frac{d\vec{p}}{dt} \times \vec{r} = \vec{F} \times \vec{r}$$

という外積で与えられることになる。

ここで、円運動の場合、力の作用する方向は、常に動径方向である。このような力を**中心力** (central force) と呼んでいる。このとき、力ベクトルと動径ベクトルは平行となるので、その外積はゼロとなる。よって

図 3A-2　回転モーメントと角運動量。

$$\frac{d\vec{M}}{dt} = 0$$

となり、角運動量の時間変化がないことになる。いいかえれば、中心力場では角運動量は保存されることになる。これを**角運動量の保存法則** (Law of conservation of angular momentum) と呼んでいる。

それでは、角運動量について、もう少し詳しく見てみよう。角運動量、運動量、動径ともにベクトルであるから、成分で書くと

$$\begin{pmatrix} M_x \\ M_y \\ M_z \end{pmatrix} = \begin{pmatrix} p_x \\ p_y \\ p_z \end{pmatrix} \times \begin{pmatrix} r_x \\ r_y \\ r_z \end{pmatrix} = \begin{pmatrix} p_y r_z - p_z r_y \\ p_z r_x - p_x r_z \\ p_x r_y - p_y r_x \end{pmatrix}$$

となる。ただし、周期的な回転運動の場合には、回転はある決まった平面で生じる。この平面を xy 平面にとると

$$\begin{pmatrix} 0 \\ 0 \\ M_z \end{pmatrix} = \begin{pmatrix} p_x \\ p_y \\ 0 \end{pmatrix} \times \begin{pmatrix} r_x \\ r_y \\ 0 \end{pmatrix} = \begin{pmatrix} 0 \\ 0 \\ p_x r_y - p_y r_x \end{pmatrix}$$

と簡単化される。つまり

$$M_z = p_x r_y - p_y r_x$$

となる。それでは、つぎに最も単純な等速円運動の場合の角運動量について考察してみよう。図 3A-3 に示したように、質量 m の物体が半径 r の円軌道上を一定の速さ v で反時計まわりに回転運動している状態を考える。このとき

$$p_x = -mv\sin\theta \qquad p_y = mv\cos\theta$$
$$r_x = r\cos\theta \qquad r_y = r\sin\theta$$

補遺 3　角運動量

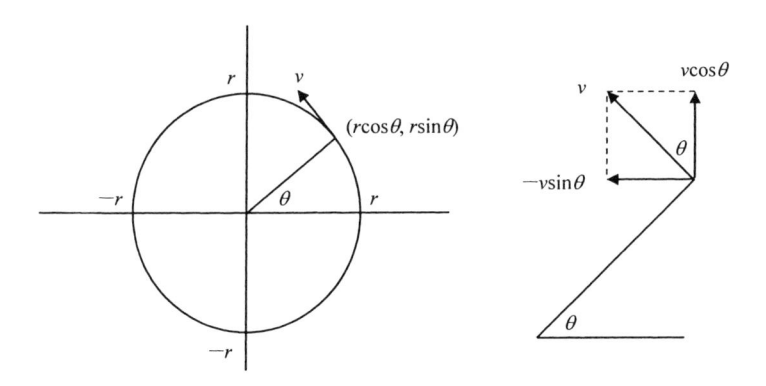

図 3A-3　等速円運動。

となるので、角運動量は

$$M_z = p_x r_y - p_y r_x = -mv\sin\theta\, r\sin\theta - mv\cos\theta\, r\cos\theta = -mvr$$

となり、角運動量の大きさは冒頭で定義した値と一致する。ここで、この円軌道に沿って一周した場合の角運動量の和は

$$\oint p\,dr = \int_0^{2\pi} mvr\,d\theta = 2\pi mvr = 2\pi M$$

となる。

補遺4　量子化条件の導出

4A-1　円運動の量子化条件

速度 v で回転運動をしている質量 m の電子の運動エネルギーは

$$E = \frac{1}{2}mv^2$$

であるが、これを角運動量 M で表記すると

$$E = \frac{1}{2}mv^2 = \frac{M^2}{2r^2 m}$$

となる。n 軌道のエネルギーは

$$E_n = -\frac{hcR}{n^2}$$

であった。
　これらの大きさが等しいと置くと

$$\frac{M^2}{2r^2 m} = \frac{hcR}{n^2} \qquad M^2 = \frac{2r^2 mhcR}{n^2}$$

となる。ところで n 軌道の半径は

$$r = \frac{n^2 h^2}{4\pi^2 me^2}$$

であり、リュードベリ定数は

$$R = \frac{2\pi^2 me^4}{ch^3}$$

であるから

$$M^2 = \frac{2mhc}{n^2} \times \left(\frac{n^2 h^2}{4\pi^2 me^2}\right)^2 \times \frac{2\pi^2 me^4}{ch^3}$$

整理すると

$$M^2 = \frac{n^2 h^2}{4\pi^2}$$

となり、結局

$$M = n \frac{h}{2\pi}$$

となって**ボーアの量子化条件** (Bohr's quantization rule) を導くことができる。

4A.2. 量子化条件の一般化

ボーアの量子化条件は、電子の円運動を仮定したものである。しかし、電子の運動は必ずしも円運動だけではない。**ゾンマーフェルト** (Sommerfeld) は、量子化条件をより一般的な運動にも適用できないかと考えた。

ボーアの量子化条件を書き換えると

$$2\pi M = nh$$

と書くことができる。
　ここで、補遺 3 で示したように、左辺は

$$2\pi M = 2\pi mvr = mv \cdot 2\pi r = p \cdot 2\pi r$$

のように運動量を使って表現することができる。r のかわりに q を使うと

$$p \cdot 2\pi r = \oint p dr = \oint p dq$$

という関係にあることがわかる。
　つぎに、右辺の方を考えてみる。光のエネルギーを思い出してみよう。それは

$$E = nh\nu$$

となる。よって

$$nh = \frac{E}{\nu}$$

と与えられる。E/ν は実は、**断熱不変量** (adiabatic invariant) として知られていたものであり、p-q 平面では、ある周回運動の閉曲線内の面積となる。p-q 平面は位相平面 (phase plane) とも呼ばれる。
　それを確かめてみよう。まず、簡単のために単振動を考える。そのエネルギーは

$$E = \frac{p^2}{2m} + \frac{kq^2}{2}$$

と与えられる。この式を変形すると

補遺 4　量子化条件の導出

$$\frac{p^2}{2mE} + \frac{kq^2}{2E} = 1 \qquad \frac{p^2}{2mE} + \frac{q^2}{\frac{2E}{k}} = 1$$

となる。これは、p-q 平面の楕円となる。ここで楕円の一般式を思い出してみよう。すると

$$\frac{x^2}{a^2} + \frac{y^2}{b^2} = 1$$

であった。いまの場合は、$x = q, y = p$ であるので

$$b = \sqrt{2mE} \qquad a = \sqrt{\frac{2E}{k}}$$

となる（図 4A-1 参照）。

よって、楕円に囲まれた閉曲線の面積は

$$J = \pi ab = \pi\sqrt{\frac{4mE^2}{k}} = 2\pi\sqrt{\frac{m}{k}}E$$

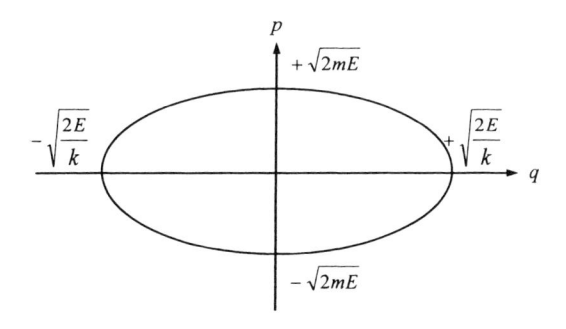

図 4A-1 q-p 平面における単振動の軌跡。

と与えられる。ここで単振動では

$$\omega = \sqrt{\frac{k}{m}}$$

であり

$$\omega = 2\pi\nu$$

の関係にあるから

$$J = \frac{E}{\nu}$$

となる。つまり、q-p 平面における周回運動が描く閉曲線内の面積となる。
　これは p の周回積分となり、つまり

$$J = \frac{E}{\nu} = \oint p\,dq$$

となる。
　したがって、ボーアの量子化条件を一般の場合に拡張すると

$$\oint p\,dq = nh$$

となる。
　これを**ゾンマーフェルトの量子化条件** (Sommerfeld's quantization rule) と呼んでいる。

補遺5　行列の対角化

線形代数を量子力学の行列力学に利用する際の重要な概念として**固有値** (eigen value) と**固有ベクトル** (eigen vector) がある。線形代数の導入においては、行列の対角化手法として、これら値が導入される。

5A.1. 固有ベクトルと固有値

いま、任意の行列 $\widetilde{A}$ があったときに、適当な実数 λ をつかって、ベクトル $\vec{x}$ が

$$\widetilde{A}\vec{x} = \lambda \vec{x}$$

の関係で結ばれるとき、ベクトル $\vec{x}$ を行列の固有ベクトルとよび、λ を固有値と呼んでいる。例として

$$\widetilde{A} = \begin{pmatrix} 4 & 1 \\ -2 & 1 \end{pmatrix} \qquad \vec{x} = \begin{pmatrix} 1 \\ -1 \end{pmatrix}$$

という行列とベクトルを考えてみよう。すると

$$\widetilde{A}\vec{x} = \begin{pmatrix} 4 & 1 \\ -2 & 1 \end{pmatrix}\begin{pmatrix} 1 \\ -1 \end{pmatrix} = \begin{pmatrix} 3 \\ -3 \end{pmatrix} = 3\begin{pmatrix} 1 \\ -1 \end{pmatrix} = 3\vec{x}$$

となる。よって、ベクトル $\vec{x}$ は行列 $\widetilde{A}$ の固有ベクトルであり、固有値は 3 となる。

それでは、より一般的な場合を考えてみてみよう。いま2×2行列$\widetilde{A}$の固有値および固有ベクトルとして、それぞれλ_1およびλ_2に対応して$\vec{x}_1 = (x_1, y_1)$および$\vec{x}_2 = (x_2, y_2)$を考える。すると

$$\widetilde{A}\begin{pmatrix} x_1 \\ y_1 \end{pmatrix} = \lambda_1 \begin{pmatrix} x_1 \\ y_1 \end{pmatrix} \qquad \widetilde{A}\begin{pmatrix} x_2 \\ y_2 \end{pmatrix} = \lambda_2 \begin{pmatrix} x_2 \\ y_2 \end{pmatrix}$$

となる。ここで、固有ベクトルを成分とする行列を考える。

$$\widetilde{P} = \begin{pmatrix} x_1 & x_2 \\ y_1 & y_2 \end{pmatrix}$$

すると、上式の関係から

$$\widetilde{A}\widetilde{P} = \widetilde{A}\begin{pmatrix} x_1 & x_2 \\ y_1 & y_2 \end{pmatrix} = \begin{pmatrix} \lambda_1 x_1 & \lambda_2 x_2 \\ \lambda_1 y_1 & \lambda_2 y_2 \end{pmatrix}$$

となる。ところで

$$\begin{pmatrix} \lambda_1 x_1 & \lambda_2 x_2 \\ \lambda_1 y_1 & \lambda_2 y_2 \end{pmatrix} = \begin{pmatrix} x_1 & x_2 \\ y_1 & y_2 \end{pmatrix}\begin{pmatrix} \lambda_1 & 0 \\ 0 & \lambda_2 \end{pmatrix}$$

という関係にあるから、結局

$$\widetilde{A}\widetilde{P} = \widetilde{P}\begin{pmatrix} \lambda_1 & 0 \\ 0 & \lambda_2 \end{pmatrix}$$

という関係式がえられることがわかる。ここで、左から行列$\widetilde{P}$の逆行列$\widetilde{P}^{-1}$をかけると

$$\widetilde{P}^{-1}\widetilde{A}\widetilde{P} = \widetilde{P}^{-1}\widetilde{P}\begin{pmatrix} \lambda_1 & 0 \\ 0 & \lambda_2 \end{pmatrix} = \begin{pmatrix} \lambda_1 & 0 \\ 0 & \lambda_2 \end{pmatrix}$$

補遺 5　行列の対角化

と**対角行列** (diagonal matrix) に変形できる。このような操作を**行列の対角化** (diagonalization of matrix) と呼んでいる。このときの**対角要素** (diagonal entity) は固有値となる。さらに、この関係は

$$\widetilde{A} = \widetilde{P}\begin{pmatrix} \lambda_1 & 0 \\ 0 & \lambda_2 \end{pmatrix}\widetilde{P}^{-1}$$

という関係に落ち着く。いったん行列が右のかたちに変形できると、そのべき乗が簡単になる。普通の行列を n 乗するのは大変な労力を要するが

$$\widetilde{A}^n = \underbrace{\widetilde{P}\begin{pmatrix} \lambda_1 & 0 \\ 0 & \lambda_2 \end{pmatrix}\widetilde{P}^{-1}\widetilde{P}\begin{pmatrix} \lambda_1 & 0 \\ 0 & \lambda_2 \end{pmatrix}\widetilde{P}^{-1}\cdots\widetilde{P}\begin{pmatrix} \lambda_1 & 0 \\ 0 & \lambda_2 \end{pmatrix}\widetilde{P}^{-1}}_{n}$$

と変形できる。ここで

$$\widetilde{P}^{-1}\widetilde{P} = \widetilde{E}$$

であるから、結局

$$\widetilde{A}^n = \widetilde{P}\underbrace{\begin{pmatrix} \lambda_1 & 0 \\ 0 & \lambda_2 \end{pmatrix}\begin{pmatrix} \lambda_1 & 0 \\ 0 & \lambda_2 \end{pmatrix}\cdots\begin{pmatrix} \lambda_1 & 0 \\ 0 & \lambda_2 \end{pmatrix}}_{n}\widetilde{P}^{-1} = \widetilde{P}\begin{pmatrix} \lambda_1 & 0 \\ 0 & \lambda_2 \end{pmatrix}^n\widetilde{P}^{-1}$$

となる。ここで、対角行列の n 乗は

$$\begin{pmatrix} \lambda_1 & 0 \\ 0 & \lambda_2 \end{pmatrix}^n = \begin{pmatrix} \lambda_1^n & 0 \\ 0 & \lambda_2^n \end{pmatrix}$$

と計算できるので、行列のべき乗は

$$\widetilde{A}^n = \widetilde{P}\begin{pmatrix} \lambda_1^{\,n} & 0 \\ 0 & \lambda_2^{\,n} \end{pmatrix}\widetilde{P}^{-1}$$

の関係を使って計算することができる。

5A.2. 固有方程式

このように、固有ベクトルと固有値が求められれば、行列の**対角化が可能** (diagonalizable) であることはわかったが、それでは、肝心の固有値はどうやって求めればよいのであろうか。そこで、原点に戻って、固有値の定義が何であったかを振り返ってみよう。任意の行列 $\widetilde{A}$ に対して

$$\widetilde{A}\vec{x} = \lambda\vec{x}$$

の関係を満足するベクトル $\vec{x}$ が固有ベクトル、λ が固有値である。ここで、この式を変形すると

$$(\lambda\widetilde{E} - \widetilde{A})\vec{x} = \vec{0}$$

となる。これは、連立 1 次方程式を考えたときに、定数項がすべて 0 となることを示している。専門的には、このような**1 次方程式群** (systems of linear equations) を**同次方程式** (homogeneous equation) と呼んでいる。

このような、連立 1 次方程式は、**自明な解** (trivial solutions) として、すべての成分が 0 となる解を有する。同次方程式が 0 以外の解を有する場合もあり、そのような解を**自明でない解** (non-trivial solution) と呼んでいる。実践的には、こちらの方が重要である。ところで、0 以外の解を持つのは、どのようなときであろうか。

ここで、**クラメールの公式** (Cramer's rule) を思い出してみよう。3 元連立 1 次方程式の場合を書くと

補遺5　行列の対角化

$$a_{11}x_1 + a_{12}x_2 + a_{13}x_3 = b_1$$
$$a_{21}x_1 + a_{22}x_2 + a_{23}x_3 = b_2$$
$$a_{31}x_1 + a_{32}x_2 + a_{33}x_3 = b_3$$

の方程式の解は、行列式を使って機械的に

$$x_1 = \frac{\begin{vmatrix} b_1 & a_{12} & a_{13} \\ b_2 & a_{22} & a_{23} \\ b_3 & a_{32} & a_{33} \end{vmatrix}}{\begin{vmatrix} a_{11} & a_{12} & a_{13} \\ a_{21} & a_{22} & a_{23} \\ a_{31} & a_{32} & a_{33} \end{vmatrix}} \quad x_2 = \frac{\begin{vmatrix} a_{11} & b_1 & a_{13} \\ a_{21} & b_2 & a_{23} \\ a_{31} & b_3 & a_{33} \end{vmatrix}}{\begin{vmatrix} a_{11} & a_{12} & a_{13} \\ a_{21} & a_{22} & a_{23} \\ a_{31} & a_{32} & a_{33} \end{vmatrix}} \quad x_3 = \frac{\begin{vmatrix} a_{11} & a_{12} & b_1 \\ a_{21} & a_{22} & b_2 \\ a_{31} & a_{32} & b_3 \end{vmatrix}}{\begin{vmatrix} a_{11} & a_{12} & a_{13} \\ a_{21} & a_{22} & a_{23} \\ a_{31} & a_{32} & a_{33} \end{vmatrix}}$$

と与えられるのであった。ところが、同次方程式では定数項がすべて 0 であるから、そのまま代入すると

$$x_1 = \frac{\begin{vmatrix} 0 & a_{12} & a_{13} \\ 0 & a_{22} & a_{23} \\ 0 & a_{32} & a_{33} \end{vmatrix}}{\begin{vmatrix} a_{11} & a_{12} & a_{13} \\ a_{21} & a_{22} & a_{23} \\ a_{31} & a_{32} & a_{33} \end{vmatrix}} = \frac{0}{\begin{vmatrix} a_{11} & a_{12} & a_{13} \\ a_{21} & a_{22} & a_{23} \\ a_{31} & a_{32} & a_{33} \end{vmatrix}}$$

となって、分子は必ず 0 となってしまう。他の変数も同様である。この場合に、0 以外の解を持つためには、分子の 0 を打ち消す必要があり、結局、分母の行列式の値も 0 とならなければない。

$$\begin{vmatrix} a_{11} & a_{12} & a_{13} \\ a_{21} & a_{22} & a_{23} \\ a_{31} & a_{32} & a_{33} \end{vmatrix} = 0$$

つまり、分子、分母がともに 0 であれば、0 ではない解、すなわち自明ではない解を持つ可能性があるのである。

この考えはすぐに一般化され、同次方程式において自明ではない解を持つ条件は、**係数行列** (coefficient matrix) の**行列式** (determinant) が 0 になることである。これを、先ほどの固有値の方程式に適用すると

$$\det(\lambda \widetilde{E} - \widetilde{A}) = 0$$

これが、固有値が有する条件であり、このようにして作られる方程式を**固有方程式** (eigenequation) と呼んでいる。つまり、この方程式を解くことで、固有値を求めることができる。

具体例で体験した方がわかりやすいので、さっそく行列の固有値を求めてみよう。行列として、つぎの 2×2 行列を考える。

$$\widetilde{A} = \begin{pmatrix} 4 & 1 \\ -2 & 1 \end{pmatrix}$$

固有値を λ とすると、固有方程式は

$$\begin{vmatrix} \lambda - 4 & -1 \\ 2 & \lambda - 1 \end{vmatrix} = (\lambda - 4)(\lambda - 1) + 2 = \lambda^2 - 5\lambda + 6 = (\lambda - 2)(\lambda - 3) = 0$$

となって、固有値として $\lambda = 2, \lambda = 3$ がえられる。ついでに固有ベクトルを求めてみよう。

$$\begin{pmatrix} 4 & 1 \\ -2 & 1 \end{pmatrix}\begin{pmatrix} x_1 \\ y_1 \end{pmatrix} = 2\begin{pmatrix} x_1 \\ y_1 \end{pmatrix} \qquad \begin{pmatrix} 4 & 1 \\ -2 & 1 \end{pmatrix}\begin{pmatrix} x_2 \\ y_2 \end{pmatrix} = 3\begin{pmatrix} x_2 \\ y_2 \end{pmatrix}$$

より

$$\begin{cases} 4x_1 + y_1 = 2x_1 \\ -2x_1 + y_1 = 2y_1 \end{cases} \qquad \begin{cases} 4x_2 + y_2 = 3x_2 \\ -2x_2 + y_2 = 3y_2 \end{cases}$$

補遺5 行列の対角化

の条件式がえられる。最初の式から、0 ではない任意の実数を t_1 とおくと、$x = t_1, y = -2t_1$ が一般解としてえられる。つぎの式からは、0 ではない任意の実数を t_2 とおくと、$x = t_2, y = -t_2$ が一般解としてえられる。よって固有ベクトルは

$$t_1 \begin{pmatrix} 1 \\ -2 \end{pmatrix} \qquad t_2 \begin{pmatrix} 1 \\ -1 \end{pmatrix}$$

で与えられる。ここで、t_1, t_2 は任意であるので、それぞれ 1 とおいて

$$\tilde{P} = \begin{pmatrix} 1 & 1 \\ -1 & -2 \end{pmatrix}$$

という行列をつくる。この逆行列は、つぎの係数拡大行列の行基本変形から

$$\begin{pmatrix} 1 & 1 & 1 & 0 \\ -1 & -2 & 0 & 1 \end{pmatrix} \rightarrow \begin{pmatrix} 1 & 1 & 1 & 0 \\ 0 & -1 & 1 & 1 \end{pmatrix} r_2 + r_1 \rightarrow \begin{pmatrix} 1 & 0 & 2 & 1 \\ 0 & -1 & 1 & 1 \end{pmatrix} r_1 + r_2$$

$$\rightarrow \begin{pmatrix} 1 & 0 & 2 & 1 \\ 0 & 1 & -1 & -1 \end{pmatrix} r_2 \times (-1)$$

となる。ただし、行列の右に書いているのは、それぞれの変形で行った操作で r_1 は 1 行、r_2 は 2 行に対応している。結局、逆行列は

$$\tilde{P}^{-1} = \begin{pmatrix} 2 & 1 \\ -1 & -1 \end{pmatrix}$$

と与えられる。これらを使って、対角化を行うと、

$$\widetilde{P}^{-1}\widetilde{A}\widetilde{P} = \begin{pmatrix} 2 & 1 \\ -1 & -1 \end{pmatrix}\begin{pmatrix} 4 & 1 \\ -2 & 1 \end{pmatrix}\begin{pmatrix} 1 & 1 \\ -1 & -2 \end{pmatrix} = \begin{pmatrix} 6 & 3 \\ -2 & -2 \end{pmatrix}\begin{pmatrix} 1 & 1 \\ -1 & -2 \end{pmatrix} = \begin{pmatrix} 3 & 0 \\ 0 & 2 \end{pmatrix}$$

となって、確かに対角化することでき、対角行列の対角成分は固有値となっている。

つぎに3次正方行列の固有値と固有ベクトルを求め、対角化してみよう。例として次の行列の対角化を行う

$$\widetilde{A} = \begin{pmatrix} 1 & -1 & 3 \\ 0 & -1 & 1 \\ 0 & 3 & 1 \end{pmatrix}$$

まず、固有値をλとすると、固有方程式は

$$\begin{vmatrix} \lambda-1 & 1 & -3 \\ 0 & \lambda+1 & -1 \\ 0 & -3 & \lambda-1 \end{vmatrix} = 0$$

と与えられる。これを第1列めで余因子展開すると

$$(\lambda-1)\begin{vmatrix} \lambda+1 & -1 \\ -3 & \lambda-1 \end{vmatrix} = (\lambda-1)\{(\lambda+1)(\lambda-1) - 3\}$$

よって固有方程式は

$$(\lambda-1)(\lambda-2)(\lambda+2) = 0$$

となり、固有値としては1, 2, -2 がえられる。つぎに、それぞれに対応した固有ベクトルを求めてみよう。まず、固有値1に対しては、固有ベクトルを

補遺 5 行列の対角化

$$\vec{x} = \begin{pmatrix} x_1 \\ x_2 \\ x_3 \end{pmatrix}$$

とおくと

$$\begin{pmatrix} 1 & -1 & 3 \\ 0 & -1 & 1 \\ 0 & 3 & 1 \end{pmatrix} \begin{pmatrix} x_1 \\ x_2 \\ x_3 \end{pmatrix} = 1 \begin{pmatrix} x_1 \\ x_2 \\ x_3 \end{pmatrix}$$

を満足する。

$$\begin{array}{l} x_1 - x_2 + 3x_3 = x_1 \\ -x_2 + x_3 = x_2 \\ 3x_2 + x_3 = x_3 \end{array} \qquad \begin{cases} x_1 = x_1 \\ x_2 = 0 \\ x_3 = 0 \end{cases}$$

よって、この関係を満足するのは、任意の実数を u とおいて

$$\vec{x} = u \begin{pmatrix} 1 \\ 0 \\ 0 \end{pmatrix}$$

となる。つぎに固有値 2 に対する固有ベクトルを

$$\vec{y} = \begin{pmatrix} y_1 \\ y_2 \\ y_3 \end{pmatrix}$$

とおくと

$$\begin{pmatrix} 1 & -1 & 3 \\ 0 & -1 & 1 \\ 0 & 3 & 1 \end{pmatrix} \begin{pmatrix} y_1 \\ y_2 \\ y_3 \end{pmatrix} = 2 \begin{pmatrix} y_1 \\ y_2 \\ y_3 \end{pmatrix}$$

を満足する。よって条件は

$$\begin{aligned} y_1 - y_2 + 3y_3 &= 2y_1 \\ -y_2 + y_3 &= 2y_2 \\ 3y_2 + y_3 &= 2y_3 \end{aligned} \qquad \begin{cases} y_1 + y_2 - 3y_3 = 0 \\ 3y_2 - y_3 = 0 \\ 3y_2 - y_3 = 0 \end{cases}$$

適当な実数を t とおくと

$$\vec{y} = t \begin{pmatrix} 8 \\ 1 \\ 3 \end{pmatrix}$$

で与えられる。

最後に固有値 -2 に対する固有ベクトルを

$$\vec{z} = \begin{pmatrix} z_1 \\ z_2 \\ z_3 \end{pmatrix}$$

とおくと

$$\begin{pmatrix} 1 & -1 & 3 \\ 0 & -1 & 1 \\ 0 & 3 & 1 \end{pmatrix} \begin{pmatrix} z_1 \\ z_2 \\ z_3 \end{pmatrix} = -2 \begin{pmatrix} z_1 \\ z_2 \\ z_3 \end{pmatrix}$$

を満足する。よって条件は

$$\begin{aligned} z_1 - z_2 + 3z_3 &= -2z_1 \\ -z_2 + z_3 &= -2z_2 \\ 3z_2 + z_3 &= -2z_3 \end{aligned} \qquad \begin{cases} 3z_1 - z_2 + 3z_3 = 0 \\ z_2 + z_3 = 0 \\ 3z_2 + 3z_3 = 0 \end{cases}$$

適当な実数を v とおくと

$$\vec{y} = v \begin{pmatrix} 4 \\ 3 \\ -3 \end{pmatrix}$$

補遺 5　行列の対角化

で与えられる。ここで、それぞれ $u=1, t=1, v=1$ と置いて行列 $\widetilde{P}$ をつくると

$$\widetilde{P} = \begin{pmatrix} 1 & 8 & 4 \\ 0 & 1 & 3 \\ 0 & 3 & -3 \end{pmatrix}$$

がえられる。ここで、この行列の逆行列を求めるためにつぎの行列の行基本変形を行う。

$$\begin{pmatrix} 1 & 8 & 4 & 1 & 0 & 0 \\ 0 & 1 & 3 & 0 & 1 & 0 \\ 0 & 3 & -3 & 0 & 0 & 1 \end{pmatrix} \to \begin{pmatrix} 1 & 0 & -20 & 1 & -8 & 0 \\ 0 & 1 & 3 & 0 & 1 & 0 \\ 0 & 0 & -12 & 0 & -3 & 1 \end{pmatrix} \begin{matrix} r_1 - 8 \times r_2 \\ \\ r_3 - 3 \times r_2 \end{matrix} \to$$

$$\begin{pmatrix} 1 & 0 & -20 & 1 & -8 & 0 \\ 0 & 1 & 3 & 0 & 1 & 0 \\ 0 & 0 & 1 & 0 & 1/4 & -1/12 \end{pmatrix} r_3/(-12) \to \begin{pmatrix} 1 & 0 & 0 & 1 & -3 & -5/3 \\ 0 & 1 & 0 & 0 & 1/4 & 1/4 \\ 0 & 0 & 1 & 0 & 1/4 & -1/12 \end{pmatrix} \begin{matrix} r_1 + 20 \times r_3 \\ r_2 - 3 \times r_3 \end{matrix}$$

よって、逆行列は

$$\widetilde{P}^{-1} = \begin{pmatrix} 1 & -3 & -5/3 \\ 0 & 1/4 & 1/4 \\ 0 & 1/4 & -1/12 \end{pmatrix}$$

となる。ここで、最初の行列の対角化を行ってみよう。

$$\widetilde{P}^{-1}\widetilde{A}\widetilde{P} = \begin{pmatrix} 1 & -3 & -5/3 \\ 0 & 1/4 & 1/4 \\ 0 & 1/4 & -1/12 \end{pmatrix} \begin{pmatrix} 1 & -1 & 3 \\ 0 & -1 & 1 \\ 0 & 3 & 1 \end{pmatrix} \begin{pmatrix} 1 & 8 & 4 \\ 0 & 1 & 3 \\ 0 & 3 & -3 \end{pmatrix}$$

まず、右 2 つの行列のかけ算を実行すると

$$\begin{pmatrix} 1 & -1 & 3 \\ 0 & -1 & 1 \\ 0 & 3 & 1 \end{pmatrix} \begin{pmatrix} 1 & 8 & 4 \\ 0 & 1 & 3 \\ 0 & 3 & -3 \end{pmatrix} = \begin{pmatrix} 1 & 16 & -8 \\ 0 & 2 & -6 \\ 0 & 6 & 6 \end{pmatrix}$$

よって

$$\widetilde{P}^{-1}\widetilde{A}\widetilde{P} = \begin{pmatrix} 1 & -3 & -5/3 \\ 0 & 1/4 & 1/4 \\ 0 & 1/4 & -1/12 \end{pmatrix} \begin{pmatrix} 1 & 16 & -8 \\ 0 & 2 & -6 \\ 0 & 6 & 6 \end{pmatrix} = \begin{pmatrix} 1 & 0 & 0 \\ 0 & 2 & 0 \\ 0 & 0 & -2 \end{pmatrix}$$

と対角化でき、確かに対角成分が固有値になっていることが確かめられる。

5A. 3. 固有ベクトルの正規化

以上の対角化においては、対角化が可能な行列は無数にある。これは、固有ベクトルに自由度があることに原因がある。例えば

$$\widetilde{A} = \begin{pmatrix} 4 & 1 \\ -2 & 1 \end{pmatrix}$$

という行列の固有ベクトルは

$$t_1 \begin{pmatrix} 1 \\ -2 \end{pmatrix} \qquad t_2 \begin{pmatrix} 1 \\ -1 \end{pmatrix}$$

で与えられる。ここで、t_1, t_2 は任意である。前節では、任意であるので、これらを 1 と置いたが、固有ベクトルの大きさを 1 とする操作もよく行われる。この操作を**正規化** (normalization) と呼んでいる。まず、最初のベクトルでは

$$\sqrt{1^2 + (-2)^2} = \sqrt{5}$$

補遺 5　行列の対角化

であるから、大きさ 1 に正規化すると

$$\frac{1}{\sqrt{5}}\begin{pmatrix} 1 \\ -2 \end{pmatrix}$$

が**正規化固有ベクトル** (normalized eigenvector) となる。別の固有ベクトルに関しては、大きさが

$$\sqrt{1^2 + (-1)^2} = \sqrt{2}$$

であるので

$$\frac{1}{\sqrt{2}}\begin{pmatrix} 1 \\ -1 \end{pmatrix}$$

が正規化ベクトルとなる。

実は、**対称行列**（対角線に沿って対称位置にある成分が同じ行列：symmetric matrix）の対角化を行うときに、固有ベクトルを正規直交化すると、この基底からつくられる行列は**直交行列**（転置行列が逆行列となる行列：orthogonal matrix）となる。

それを確認してみよう。対称行列として

$$\begin{pmatrix} 2 & 2 \\ 2 & -1 \end{pmatrix}$$

を考える。固有値を λ とすると、固有方程式は

$$\begin{vmatrix} \lambda-2 & -2 \\ -2 & \lambda+1 \end{vmatrix} = (\lambda-2)(\lambda+1) - 4 = \lambda^2 - \lambda - 6 = (\lambda-3)(\lambda+2) = 0$$

となって、固有値として $\lambda = 3, \lambda = -2$ がえられる。つぎに、固有ベクトルは

$$\begin{pmatrix} 2 & 2 \\ 2 & -1 \end{pmatrix}\begin{pmatrix} x_1 \\ y_1 \end{pmatrix} = 3\begin{pmatrix} x_1 \\ y_1 \end{pmatrix} \qquad \begin{pmatrix} 2 & 2 \\ 2 & -1 \end{pmatrix}\begin{pmatrix} x_1 \\ y_1 \end{pmatrix} = -2\begin{pmatrix} x_1 \\ y_1 \end{pmatrix}$$

より

$$\begin{cases} 2x_1 + 2y_1 = 3x_1 \\ 2x_1 - y_1 = 3y_1 \end{cases} \qquad \begin{cases} 2x_1 + 2y_1 = -2x_1 \\ 2x_1 - y_1 = -2y_1 \end{cases}$$

の条件式がえられる。最初の式から、0 ではない任意の実数を t_1 とおくと、$x_1 = 2t_1, y_1 = t_1$ が一般解としてえられる。つぎの式からは、0 ではない任意の実数を t_2 とおくと、$x_1 = t_2, y_1 = -2t_2$ が一般解としてえられる。よって固有ベクトルは

$$t_1 \begin{pmatrix} 2 \\ 1 \end{pmatrix} \qquad t_2 \begin{pmatrix} 1 \\ -2 \end{pmatrix}$$

で与えられる。

よって正規化した固有ベクトルは

$$\begin{pmatrix} \dfrac{2}{\sqrt{5}} \\ \dfrac{1}{\sqrt{5}} \end{pmatrix} \qquad \begin{pmatrix} \dfrac{1}{\sqrt{5}} \\ \dfrac{-2}{\sqrt{5}} \end{pmatrix}$$

よって、求める行列は

$$\begin{pmatrix} \dfrac{2}{\sqrt{5}} & \dfrac{1}{\sqrt{5}} \\ \dfrac{1}{\sqrt{5}} & \dfrac{-2}{\sqrt{5}} \end{pmatrix}$$

となる。この転置行列は、この行列自身であるが、それが逆行列かどうかを確かめてみる。すると

補遺5　行列の対角化

$$\begin{pmatrix} \dfrac{2}{\sqrt{5}} & \dfrac{1}{\sqrt{5}} \\ \dfrac{1}{\sqrt{5}} & \dfrac{-2}{\sqrt{5}} \end{pmatrix} \begin{pmatrix} \dfrac{2}{\sqrt{5}} & \dfrac{1}{\sqrt{5}} \\ \dfrac{1}{\sqrt{5}} & \dfrac{-2}{\sqrt{5}} \end{pmatrix} = \begin{pmatrix} \dfrac{4}{5}+\dfrac{1}{5} & \dfrac{2}{5}-\dfrac{2}{5} \\ \dfrac{2}{5}-\dfrac{2}{5} & \dfrac{1}{5}+\dfrac{4}{5} \end{pmatrix} = \begin{pmatrix} 1 & 0 \\ 0 & 1 \end{pmatrix}$$

となって確かに逆行列となる。それでは、対角化が可能かどうかを確かめてみよう。

$$\begin{pmatrix} \dfrac{2}{\sqrt{5}} & \dfrac{1}{\sqrt{5}} \\ \dfrac{1}{\sqrt{5}} & \dfrac{-2}{\sqrt{5}} \end{pmatrix} \begin{pmatrix} 2 & 2 \\ 2 & -1 \end{pmatrix} \begin{pmatrix} \dfrac{2}{\sqrt{5}} & \dfrac{1}{\sqrt{5}} \\ \dfrac{1}{\sqrt{5}} & \dfrac{-2}{\sqrt{5}} \end{pmatrix} = \begin{pmatrix} \dfrac{6}{\sqrt{5}} & \dfrac{3}{\sqrt{5}} \\ \dfrac{-2}{\sqrt{5}} & \dfrac{4}{\sqrt{5}} \end{pmatrix} \begin{pmatrix} \dfrac{2}{\sqrt{5}} & \dfrac{1}{\sqrt{5}} \\ \dfrac{1}{\sqrt{5}} & \dfrac{-2}{\sqrt{5}} \end{pmatrix} = \begin{pmatrix} 3 & 0 \\ 0 & -2 \end{pmatrix}$$

となって確かに対角化可能である。

　量子力学の場合は、行列の成分が複素数となり、対称行列は**エルミート行列** (Hermitian matrix)、直交行列は**ユニタリー行列** (unitary matrix) というものに変わる。そして、エルミート行列はユニタリー行列によって対角化することができる。この操作を**ユニタリー変換** (unitary transformation) と呼んでいる。

補遺6　波の方程式

任意の位置 x，および任意の時間 t における波の方程式は

$$y = A\sin\left(\frac{2\pi}{\lambda}x - \frac{2\pi}{T}t\right)$$

で与えられる。ここで、A は振幅で、λ は波長、T は周期である。この式は、波数 k および角振動数 ω を使うと

$$y = A\sin(kx - \omega t)$$

となる。第1章で紹介したように、オイラーの公式を使うと

$$y = A\exp i(kx - \omega t)$$

と表記することも可能である。量子力学のシュレーディンガー方程式は、このオイラーの公式で表現した波の式をもとに導出されている。

それでは、波の方程式がどうして、このようなかたちになるのかを考えてみよう。まず、波は、空間的に波のかたちをしたうえで、時間的にも振動していることに注意する必要がある。

そこで、最初に、空間的な波のかたちを表現してみよう。波のかたちとしては、sin 波でも cos 波でも同じである。あるいは、これらを合成した exp ix でも同じとなる。ここでは、原点を通る波である sin 波

$$y = \sin x$$

補遺6　波の方程式

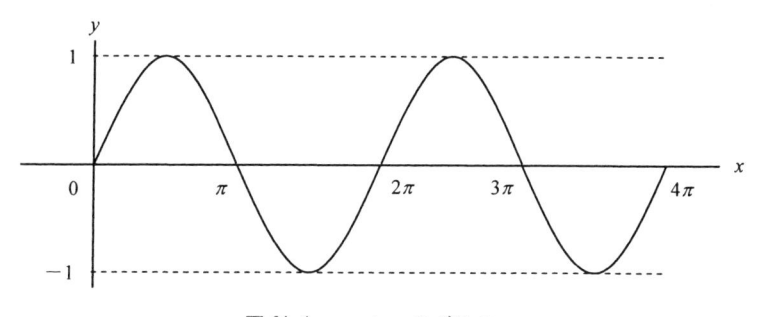

図 6A-1　$y = \sin x$ のグラフ。

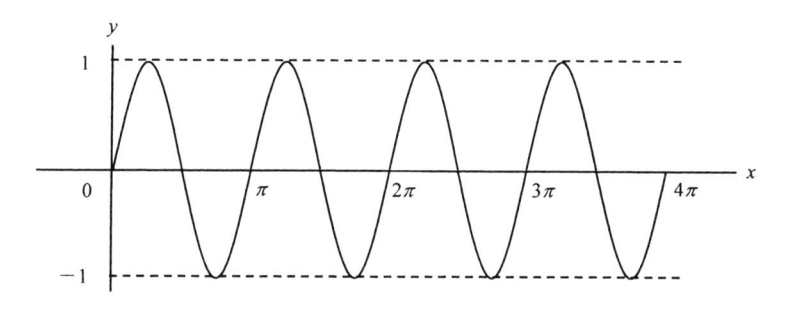

図 6A-2　$y = \sin 2x$ のグラフ。

を考える。この式をグラフにすると図 6A-1 のようになる。ところで、波長という観点では、この波は$\lambda = 2\pi$ の波に対応している。それでは、波長がその半分の$\lambda = \pi$ の場合はどうであろうか。この場合を図示すると図 6A-2 のようになる。

このグラフは

$$y = \sin 2x$$

となる。実は、これらグラフは

$$y = \sin\left(\frac{2\pi}{2\pi}x\right) = \sin x \qquad y = \sin\left(\frac{2\pi}{\pi}x\right) = \sin 2x$$

という対応関係にある。よって、波長がλの波の一般式は

$$y = \sin\left(\frac{2\pi}{\lambda}x\right)$$

となる。例えば、$\lambda = \pi/2$ のときは $y = \sin 4x$ となる。ここで

$$k = 2\pi/\lambda$$

のことを**波数** (wave number) と呼んでいる。これは、基本式の周期 2π の中に波が何個あるかという数に対応するからである。ここで、振幅を任意とすれば

$$y = A\sin\left(\frac{2\pi}{\lambda}x\right) = A\sin kx$$

が空間的な波のかたちを表す式となる。

しかし、実際の波は、このかたちを保って時間的に振動している。この時間項を取り入れる必要がある。そこで、時間的な変化を取り入れるために、$x = 0$ の点での振動に着目してみる。

すると、$x = 0$ の点では、時間とともに上方向（y の正方向）に動き、$y = 1$ に達した時点で反転して、今度は下方向に動きだす。そして $y = -1$ に達した点で再び反転して上方向に動き出す。T を周期として、その振動の様子は図 6A-3 に描いたような sin 波となる。sin の本来の周期は 2π であるから

$$y = \sin\left(\frac{2\pi}{T}t\right)$$

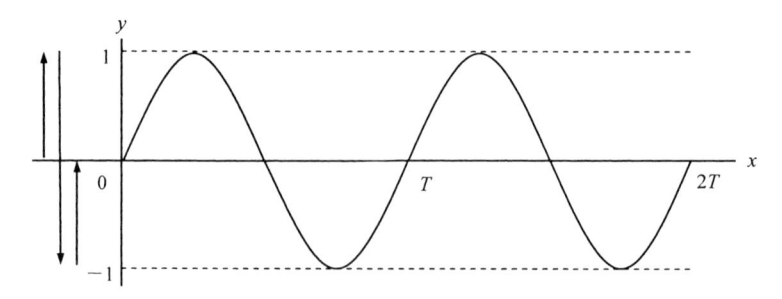

図 6A-3　$x = 0$ の位置での y 方向の運動と時間変化。

補遺 6　波の方程式

となる。この関係を踏まえて、実際の時間の経過にともなう空間的な変化を、図示してみると図 6A-4 のようになる。

ここで、周期が T で振動している波の場合、時間が周期の 1/4 の $T/4$ だけ経過したときには、図 6A-4(c)に示すように $\pi/2$ だけ原点が負の方向にずれたグラフとなっている。同様にして、時間が $T/2$ だけ経過したときには、図 6A-4(d)に示すように π だけ原点が負の方向にずれたグラフとなる。これを任意の時間 t とすると、グラフは原点から負の方向にずれて、その座標は

$$x' = x - \frac{2\pi}{T}t$$

となる。よって、T 時間経過したとき

$$y = \sin x' = \sin\left(x - \frac{2\pi}{T}t\right)$$

と与えられる。ここで、位置に関する波も一般化し、振幅も任意とすると

$$y = A\sin\left(\frac{2\pi}{\lambda}x - \frac{2\pi}{T}t\right)$$

となる。これが任意の位置 x, 任意の時間 t における波の方程式となる。ここで、周期と振動数および角振動数の関係は

$$1/T = \nu \qquad 2\pi/T = \omega$$

であるから、波数を使うと

$$y = A\sin(kx - 2\pi\nu t) = A\sin(kx - \omega t)$$

と表現できることになる。

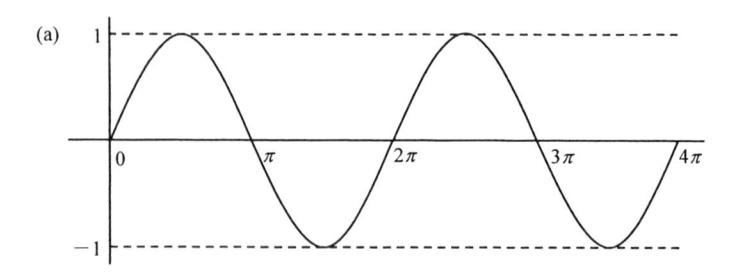

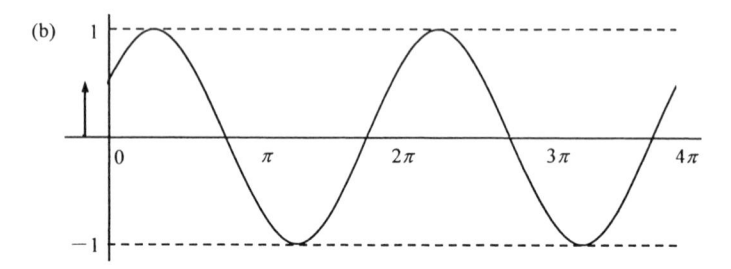

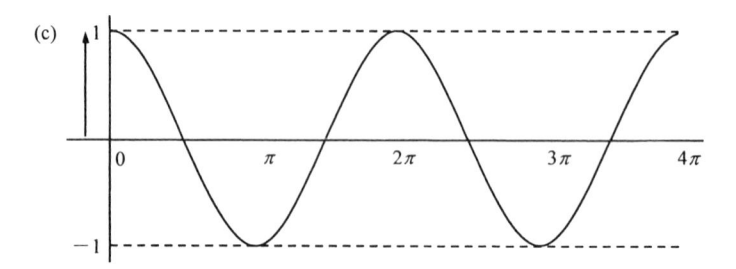

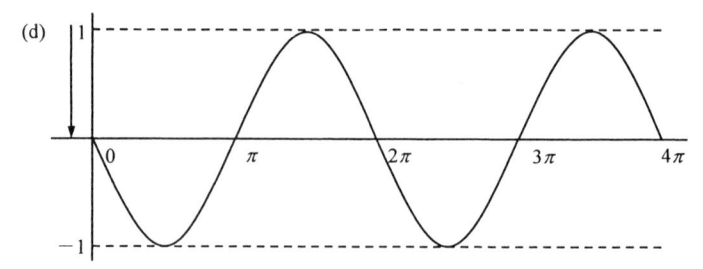

図 6A-4　振動している波の時間変化: (a) $t = 0$, (b) $0 < t < T/4$, (c) $t = T/4$, (d) $t = T/2$

索引

あ行
位相　31
一般解　30
井戸型ポテンシャル　238
ウィーンの輻射法則　45
ウィーンの変位則　43
運動方程式　82
エイチバー　86
X線回折　55
エネルギー固有値　192
エネルギースペクトル　42
エネルギー保存の法則　122, 166
エルミート　136
エルミート行列　137
演算子　234
遠心力　66
エントロピー　290
オイラーの公式　19
オイラーの等式　20

か行
ガーマー　79
解　29
解析力学　172
回転演算子　25
可換　131
角運動量　72, 294
角運動量の保存法則　296
角速度　26, 84
荷電粒子　67
干渉縞　36
規格化　245
菊池正士　80
気体定数　286

基底　223
逆行列　179, 304
級数解　263
級数展開　13
行インデックス　127
境界条件　239
行基本変形　179
共役複素数　24, 95
行列　127, 211
行列の対角化　305
行列力学　119
極形式　23
虚部　21
クーロン定数　65
クラメールの公式　306
クロネッカーデルタ　167
係数行列　308
ケットベクトル　214
原子核　64
交換子　131, 153
交換法則　130
光子　39
高調波成分　104
光電効果　36
光電子　36
黒体放射　40
コヒーレント　31
固有関数　253
固有振動数　280
固有値　180, 253, 303
固有ベクトル　191, 303
固有方程式　308
コンプトン効果　54

さ行

差分　142
三角関数　17
時間に依存しない
　シュレーディンガー方程式　233
時間に依存する
　シュレーディンガー方程式　233
仕事関数　37
指数関数　16
自然対数　16
自然放射性元素　63
実部　21
自明でない解　306
周回積分　32, 91
シュテファン・ボルツマン定数　41
シュレーディンガー　226
シュレーディンガー表示　278
シュレーディンガー方程式　233, 260
状態ベクトル　217
真空の誘電率　65
随伴行列　136
スカラー　204
スターリング近似　291
正規化　178, 314
正規直交系　223, 252
正準運動方程式　157
正準交換関係　152
成分　127
正方行列　127, 176
ゼロ行列　149
遷移成分　99
線形微分方程式　82
線スペクトル　68
ゾンマーフェルト　299
ゾンマーフェルトの量子化条件　302

た行

対応原理　101
対角化　180
多項式　15
単位円　24
単位行列　147
単振動　28, 82
断熱不変量　300
中心力場　296
中心力　295
超伝導　31
調和振動子　260
直交　182, 221
直交関数系　252
直交行列　315
チルダ　128
底　16
定常波　279
ディラック　214
デヴィッソン　79
電気素量　65
電子線回折　80
電子の存在確立　248
電子の波動説　78
電子波　228
電磁波　67
転置　136
転置行列　136, 179
転置ベクトル　213
等分配の法則　44
特殊解　30
特性方程式　28, 83
ド・ブロイ　73
トムソン　62, 80

な行

内積　213
長岡半太郎　63
波の方程式　319
2項定理　19
ニュートン　35

は行

ハイゼンベルク　101
ハイゼンベルクの運動方程式　163
ハイゼンベルクの遷移式　132

索引

ハイゼンベルク表示　278
波数　237, 320
波動関数　242
波動力学　226
ばね定数　82
ハミルトニアン　157
ハミルトニアン行列　173
バルマー　68
判別式　28
非可換　131
非対角成分　148
微分　16
微分演算子　254
微分方程式　27
複素フーリエ級数　88
複素平面　23
物質波　79
ブラッグの法則　56
ブラベクトル　214
プランク定数　38
プランクの輻射式　48
平面波　280
ベクトル　204, 211
変数分離　237
ボーアの量子化条件　73, 299
ボーア半径　75
方向余弦　282
ボルツマン因子　289
ボルツマン定数　285
ボルツマン分布　46, 289
ボルン　126, 147
ボルンの確率解釈　249

ま行

無限等比級数　49
無限べき級数　13, 266
無理数　17

や行

ヤングの実験　35
ユニタリー行列　176

ユニタリー変換　176, 317
ヨルダン　148

ら行

ラグランジュの未定係数法　292
ラザフォード　63
ラプラシアン　234
リュードベリ　69
リュードベリ定数　69, 77
量子暗号　124
量子化条件　138, 146
量子数　75
レーリー-ジーンズの法則　45
列インデックス　127
ローレンツ　62

325

著者：村上　雅人（むらかみ　まさと）

　　　1955 年，岩手県盛岡市生まれ．東京大学工学部金属材料工学科卒，同大学工学系大学院博士課程修了．工学博士．超電導工学研究所第一および第三研究部長を経て，2003 年 4 月から芝浦工業大学教授．2008 年 4 月同副学長，2011 年 4 月より同学長．

　　　1972 年米国カリフォルニア州数学コンテスト準グランプリ，World Congress Superconductivity Award of Excellence，日経 BP 技術賞，岩手日報文化賞ほか多くの賞を受賞．

　　　著書：『なるほど虚数』『なるほど微積分』『なるほど線形代数』『なるほど量子力学』など「なるほど」シリーズを十数冊のほか，『日本人英語で大丈夫』．編著書に『元素を知る事典』（以上，海鳴社），『はじめてナットク超伝導』（講談社，ブルーバックス），『高温超伝導の材料科学』（内田老鶴圃）など．

なるほど量子力学 I

2006 年　2 月 3 日　　第 1 刷発行
2022 年　10月12日　　第 4 刷発行

発行所：㈱海 鳴 社　http://www.kaimeisha.com/
　　　〒101-0065　東京都千代田区西神田 2 − 4 − 6
　　　E メール：info@kaimeisha.com,.
　　　Tel．：03-3262-1967　Fax：03-3234-3643

JPCA

本書は日本出版著作権協会 (JPCA) が委託管理する著作物です．本書の無断複写などは著作権法上での例外を除き禁じられています．複写（コピー）・複製，その他著作物の利用については事前に日本出版著作権協会（電話 03-3812-9424, e-mail:info@e-jpca.com）の許諾を得てください．

発　行　人：辻　信行
組　　　版：海鳴社
印刷・製本：シナノ

出版社コード：1097　　　　　　　　　© 2006 in Japan by Kaimeisha
ISBN 978-4-87525-229-0　　落丁・乱丁本はお買い上げの書店でお取替えください

村上雅人の理工系独習書「なるほどシリーズ」

なるほど虚数──理工系数学入門	A5判 180頁、1800円
なるほど微積分	A5判 296頁、2800円
なるほど線形代数	A5判 246頁、2200円
なるほどフーリエ解析	A5判 248頁、2400円
なるほど複素関数	A5判 310頁、2800円
なるほど統計学	A5判 318頁、2800円
なるほど確率論	A5判 310頁、2800円
なるほどベクトル解析	A5判 318頁、2800円
なるほど回帰分析　　　（品切れ）	A5判 238頁、2400円
なるほど熱力学	A5判 288頁、2800円
なるほど微分方程式	A5判 334頁、3000円
なるほど量子力学Ⅰ──行列力学入門	A5判 328頁、3000円
なるほど量子力学Ⅱ──波動力学入門	A5判 328頁、3000円
なるほど量子力学Ⅲ──磁性入門	A5判 260頁、2800円
なるほど電磁気学	A5判 352頁、3000円
なるほど整数論	A5判 352頁、3000円
なるほど力学	A5判 368頁、3000円
なるほど解析力学	A5判 238頁、2400円
なるほど統計力学	A5判 270頁、2800円
なるほど統計力学　　◆応用編	A5判 260頁、2800円
なるほど物性論	A5判 360頁、3000円
なるほど生成消滅演算子	A5判 268頁、2800円
なるほどベクトルポテンシャル	A5判 312頁、3000円
なるほどグリーン関数	A5判 272頁、2800円

（本体価格）